理工系の基礎

工学の基幹数学

牛島 邦晴／登坂 宣好／陳 玳珩 著

丸善出版

刊行にあたって

科学における発見は我々の知的好奇心の高揚に寄与し，また新たな技術開発は日々の生活の向上や目の前に山積するさまざまな課題解決への道筋を照らし出す．その活動の中心にいる科学者や技術者は，実験や分析，シミュレーションを重ね，仮説を組み立てては壊し，適切なモデルを構築しようと，日々研鑽を繰り返しながら，新たな課題に取り組んでいる．

彼らの研究や技術開発の支えとなっている武器の一つが，若いときに身に付けた基礎学力であることは間違いない．科学の世界に限らず，他の学問やスポーツの世界でも同様である．基礎なくして応用なし，である．

本シリーズでは，理工系の学生が，特に大学入学後1，2年の間に，身に付けておくべき基礎的な事項をまとめた．シリーズの編集方針は大きく三つあげられる．第一に掲げた方針は，「一生使える教科書」を目指したことである．この本の内容を習得していればさまざまな場面に応用が効くだけではなく，行き詰ったときの備忘録としても役立つような内容を随所にちりばめたことである．

第二の方針は，通常の教科書では複数冊の書籍に分かれてしまう分野においても，1冊にまとめたところにある．教科書として使えるだけではなく，ハンドブックや便覧のような網羅性を併せ持つことを目指した．

また，高校の授業内容や入試科目によっては，前提とする基礎学力が習得されていない場合もある．そのため，第三の方針として，講義における学生の感想やアンケート，また既存の教科書の内容などと照らし合わせながら，高校との接続教育という視点にも十分に配慮した点にある．

本シリーズの編集・執筆は，東京理科大学の各学科において，該当の講義を受け持つ教員が行った．ただし，学内の学生のためだけの教科書ではなく，広く理工系の学生に資する教科書とは何かを常に念頭に置き，上記編集方針を達成するため，議論を重ねてきた．本シリーズが国内の理工系の教育現場にて活用され，多くの優秀な人材の育成・養成につながることを願う．

2017年12月

東京理科大学　学長
藤　嶋　　　昭

序　文

常日ごろ，工学部の学生と接触するなかで，数学が専門分野を学ぶ課程のどこで役立っているのかを学生は実感できていないと痛感する．特に，学部の初年次に習ってきた数学，すなわち教養数学と専門科目で展開される数理との関連が理解されていないことが多い．そのような現状に対して，「工学部で数学を学ぶ意義は何か」，さらに，「数学とは何か」を明らかにしなければならないと考える．

数学は，文字通りに考えれば“数”に対する論理の体系であるが，数だけを対象としているわけではなく，“形”，“関係”，“記号”さらに“論理”さえもその対象としている．すなわち，論理の対象となるものはすべて考察できる．したがって，我々が直接認識できないようなものでも対象とできる．この点が主として直接認識できることやモノを対象とする物理学，化学，生物学などと大きく異なっている．

一方，工学は“モノづくり”に関する知の体系であるから，我々が積極的に世界とかかわり，その世界の中で“モノ”を創生するのに必要となる論理（理論）の構築と技術（手法）の開発を行わなければならない．数学は，厳密な論理展開のみならず解析や計算法の開発という2つの側面を有し，その成果を我々に提供している．ここに数学が工学に深くかかわってくる．

工学では合理的なモノづくりを行うために数理的に表現された理論を構築し，その解析を通して“解”を見出さなければならない．したがって，常に基礎方程式とよばれる関係式の解析が要求される．現在ではその解析の多くがコンピュータを用いたいわゆる“数値的解析”である．この解析法の発展が理工学分野でさまざまな成果を産み出し技術革新がなされていることの原動力である．この発展を支えているベースが数学である．したがって，工学では多くの数学知識を必要とする．

本書は，上述のように数学が工学にとってきわめて有用な基幹知識であることを強く意識し，その中でもっとも基本となる微積分と線形代数を2部構成としてまとめたものである．

第1部は，微分積分として「偏微分と重積分」をまとめたものである．共著者の一人である陳が講義で使用したノートを牛島が引き継ぎ，修正を加えた．

微分積分学はいわゆる教養数学の必修科目の1つとして多くの学部生が学んでいる．

その内容は主として微分では数列の極限，級数，関数の極限と微分可能，関数の極値問題（極大・極小，最大・最小），積分では多変数関数の積分（重積分）の定義，各種座標系における重積分の計算，重積分の応用（体積，曲面積，質量，慣性能率の計算）である．

高校のころに単なる計算のテクニックとして微分・積分を理解していた学生にとっては，おそらく大学の講義で初めて聞く「極限の厳密な定義（ε-δ 論法を用いた定義）」，「偏微分と全微分」，「勾配ベクトル」，「接平面と微分可能性」，「陰関数」，「曲面と曲面の交わりとその重積分」などに戸惑うだろう．高校のときとは異なり，大学の講義では「2 変数以上の関数」の取扱いを対象とした微分積分が主であり，この十分な理解が，二年次以降に学習するベクトル解析，偏微分方程式の学習を大いに助ける．

そこで第 1 部では，多変数関数の微分（偏微分）と積分（重積分）をメインに構成した．上述の内容についてできるだけわかりやすい説明を試みるとともに，豊富な例題を用意し，解答も計算過程まで丁寧に記した．単なる計算テクニックとして理解する学生が陥りやすい誤解も挙げながら，理解のための勘所も押さえた．読者には実際に手を動かして，正しい理解のもとで正確に計算ができるようになることを望む．

第 2 部は，線形代数として「線形変換とその表現」をまとめたものである．共著者の一人である登坂が担当した．

線形代数学もまた教養数学の必修科目の 1 つとして多くの学部生が学んでいる．その内容は主として，ベクトル・行列・行列式，連立 1 次方程式，線形空間，線形写像，行列の固有値問題である．工学部の学生にとって，その内容は行列や連立 1 次方程式などの計算に終始する印象が強く，“線形性” が基礎的概念であることに気づかないのではないかと憂慮する．一方，工学の専門科目では “線形性” が専門科目の中でも枢要な数理となっていて，線形構造の理解と解析が求められる．特に線形問題の解析では，線形写像や線形変換の表現がきわめて重要な視点となる．残念ながら時間の制約もあり，教養の線形代数の講義では，その最後の方で行列の固有値問題を扱うことにとどまり，固有値問題の成果が，微分方程式，関数解析，数値解析，最適化法などの理解に必要となること，また線形構造に着目した理論を習得しているとそれらを見通しよく理解できることまでを十分伝えきれない現状にある．

そこで，第 2 部では，線形代数学の基礎知識の確認に基づき，線形変換に焦点を合わせて，その働きをさまざまな見方でとらえることによって得られる表現を与えることにした．それらは，線形変換の「スペクトル分解」，「特異値分解」，「極分解」である．この分解を通して線形問題を解析するための視座を与えることになる．なおこれらの表現を支える論理は,「固有値問題」であることを明らかにした.したがって,第2部の学習目標は,工学における線形現象や線形問題を線形変換の表現を用いて解明し解析できる知識の修得にある.

本書がまとめられたのは,これまでに先学が残してくれた知の体系であり,多くの文献を参照することができたことである.著者の誤読がないことを祈り謝意を表したい.

最後に,本書の編集を担当していただいた丸善出版株式会社の三崎一朗氏には,編集作業だけではなく,本書の最初の読者として大変貴重なご指摘と適切なコメントをいただき,内容を充実させることができた.この多大なご尽力に対して感謝し厚く御礼を申し上げる.

2017年12月

著者一同

目　次

第1部 多変数の微積分

1. 偏　微　分　3

2. 重　積　分　57

第 2 部
線形変換とその表現―工学への適用―

4. ベクトルと線形変換の行列表現 91

5. ベクトルの線形変換積とその表現 101

6. 交代線形変換とその表現 107

7. 線形変換の表現 111

第1部

多変数の微積分

第1章「偏微分」では，まず微積分の基本となる概念である関数とその極限について，1変数の場合から多変数の場合に拡張しながら説明する．以降は2変数関数ないし3変数関数を主とし，まず多変数関数の偏微分，任意方向の関数の偏微分といえる方向微分，勾配ベクトルを扱う．定義とともに，幾何学的な理解も併せて，偏微分と方向微分，また方向微分係数と勾配ベクトルの関係を理解されたい．さらに多変数関数としての微分可能性を考察し，全微分を考える．関数のグラフとしての曲面の接平面と，関数の全微分の関係を理解されたい．続く節では合成関数の微分として，変数変換，座標変換を中心に解説する．また陰関数は，関数関係に留意して合成関数の微分と似た要領で計算できることを理解しよう．続く節では，関数のテイラー展開，関数の極値を扱う．テイラー展開，マクローリン展開は関数の近似としても強力であり当たり前のように用いられるが，これらの違いを理解するとともに，関数の近似について理解されたい．また，極値，あるいは最大値，最小値は，関数のもっとも重要な情報である．幾何学的理解も踏まえながら確実に求められるようになりたい．最後の節では平面曲線，空間の曲線などを扱う．

第2章「重積分」では，まず積分の定義を1変数の場合から多変数の場合に拡張しながら説明する．以降の節で，累次積分の考え方，積分順序を変えて計算できる場合の注意点を考える．さらに，以降の節では変数変換を利用した積分の計算法，広義積分（積分の定義を拡張した計算法）を扱う．続く節では，面積と体積を考える．工学においてもっとも重要である重心，慣性能率の計算を含む積分の応用であり，確実に習得されたい．最後の節で線積分について，定義およびその計算法を扱う．

1. 偏　微　分

1.1　関数とその極限

1.1.1　関　数

1 変数関数　1 つの変数 x の値が与えられると，それに応じて変数 y の値が定まるとき，y を x の関数とよび，

$$y = f(x)$$

のように書き表す．x, y を軸とする座標平面上で関数 $y = f(x)$ は曲線を表す（図 **1.1.1**(a) 参照）．

2 変数関数　2 つの変数 x, y の値が与えられると，それに応じて変数 z の値が定まるとき，z を x, y の関数とよび，

$$z = f(x, y)$$

のように書き表す．x, y, z を軸とする座標空間上で関数 $z = f(x, y)$ は曲面を表す（図 **1.1.1**(b) 参照）．

多変数関数　n 個の変数 $x_1, x_2, \cdots, x_n$ の値が与えられると，それに応じて変数 z の値が定まるとき，z を $x_1, x_2, \cdots, x_n$ の関数とよび，

$$z = f(x_1, x_2, \cdots, x_n)$$

のように書き表す．さらに，後に説明する n 次元ユークリッド空間 $\boldsymbol{R}^n$ を用いて，多変数関数を次のように定義する．

> 関数 $z = f(x_1, x_2, \cdots, x_n)$ とは，空間 $\boldsymbol{R}^n$ の部分集合 A の各点 $\boldsymbol{x} = (x_1, x_2, \cdots, x_n)$ に対して，一つの実数 z を与える規則のことである．このとき，z を $\boldsymbol{R}^n$ の A から $\boldsymbol{R}$ への関数という．

なお，ユークリッド空間 $\boldsymbol{R}^n$ については，以下のように定義する．

$\boldsymbol{R}^1$　数直線，すなわち，実数 x 全体で，点 $P_1 = x_1$，点 $P_2 = y_1$ に対して次の条件を満たすものである．

(1) $\overrightarrow{OP}_1 + \overrightarrow{OP}_2 = x_1 + y_1$

(2) $\alpha\overrightarrow{OP}_1 = \alpha x_1$

(3) 2 点 P_1，P_2 間の距離は以下の式で定まる．

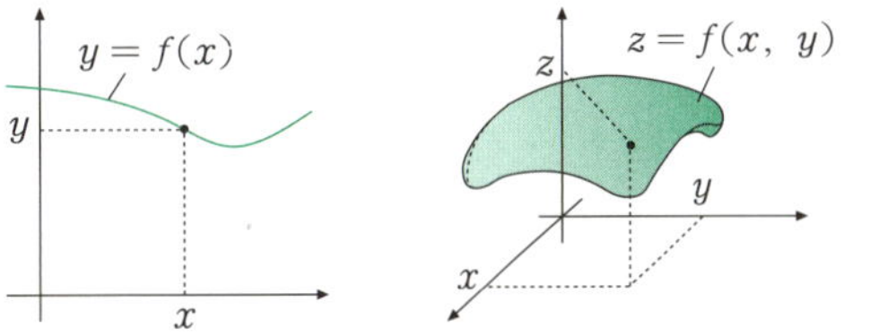

(a) 1 変数関数 $y = f(x)$　(b) 2 変数関数 $z = f(x, y)$

図 **1.1.1**

$$||P_1P_2|| = |x_1 - y_1| = \sqrt{(x_1 - y_1)^2}$$

$\boldsymbol{R}^2$　2 次元の平面，すなわち，実数 x_1, x_2 の組で，点 $P_1 = (x_1, x_2)$，点 $P_2 = (y_1, y_2)$ に対して，次の条件を満たすものである．

(1) $\overrightarrow{OP}_1 + \overrightarrow{OP}_2 = (x_1 + y_1, x_2 + y_2)$

(2) $\alpha\overrightarrow{OP}_1 = (\alpha x_1, \alpha x_2)$

(3) 2 点 P_1，P_2 間の距離は以下の式で定まる．

$$||P_1P_2|| = \sqrt{(x_1 - y_1)^2 + (x_2 - y_2)^2}$$

$\boldsymbol{R}^n$　n 次元の空間，すなわち，実数 $x_1, x_2, \cdots, x_n$ の組で，$P_1 = (x_1, x_2, \cdots, x_n)$，$P_2 = (y_1, y_2, \cdots, y_n)$ に対して，次の条件を満たすものである．

(1) $\overrightarrow{OP}_1 + \overrightarrow{OP}_2 = (x_1 + y_1, x_2 + y_2, \cdots, x_n + y_n)$

(2) $\alpha\overrightarrow{OP}_1 = (\alpha x_1, \alpha x_2, \cdots, \alpha x_n)$

(3) 2 点 P_1，P_2 間の距離は以下の式で定まる．

$$||P_1P_2|| = \sqrt{\sum_{i=1}^{n}(x_i - y_i)^2}$$

定義域と値域　変数のとりうる範囲を関数の**定義域**という．例えば 2 変数関数 $f(x, y)$ に対し，実数 x, y の組 (x, y) の変化する範囲は，xy 平面上の広がりをもったある範囲となる場合が多い．これは一般に**領域**とよばれ，一つの文字 D や Ω などで表す．領域にその境界を付加した場合は，**閉領域**とよぶ．

A を関数 f の定義域とするとき，$f(A) = \{z | z = f(\boldsymbol{x}), \boldsymbol{x} \in A\}$ を関数 f の**値域**という．また，関数 f の値が無限大にならなければ，**有界である**という．

グラフ　座標系 O-xyz において，座標が $\bigl(x, y, f(x, y)\bigr)$ であるような点全体のつくる図形を，関

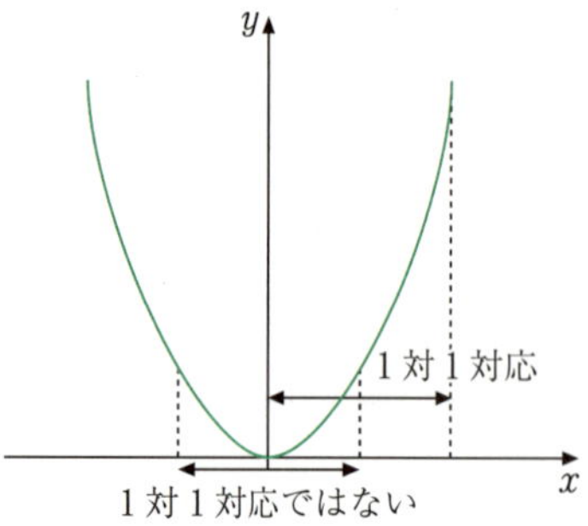

図 1.1.2

数 $z = f(x, y)$ のグラフという．また，n 変数関数 $f(x_1, x_2, \cdots, x_n)$ に対して，$n+1$ 次元空間 $\boldsymbol{R}^{n+1}$ の図形

$$\Gamma_f = \{(x_1, x_2, \cdots, x_n, f(x_1, x_2, \cdots, x_n)) | (x_1, x_2, \cdots, x_n) \in S\} \subseteq \boldsymbol{R}^{n+1}$$

を関数 $f(x_1, x_2, \cdots, x_n)$ の**グラフ**という．

1対1対応と逆関数　1変数関数 $y = f(x)$ を例に考えると，

$$x_1 \neq x_2 \Leftrightarrow f(x_1) \neq f(x_2)$$

を満足するとき，この関数 $f(x)$ を **1対1対応の関数**とよぶ．ただし，この「1対1対応」という特徴は，その関数の定義域によっても異なる．例えば関数 $y = x^2$ において，$-2 \leq x \leq 2$ であれば1対1対応ではないが，$0 \leq x \leq 4$ であれば1対1対応を満足する（図 1.1.2 参照）．

また，関数 $f(x)$ が1対1対応する領域において，**逆関数** $f^{-1}(x)$ が存在する．例えば $y = f(x) = x^2$（ただし，$0 \leq x \leq 2$）の場合，逆関数 $y = f^{-1}(x) = \sqrt{x}$（ただし，$0 \leq x \leq 4$）となる．

> 1対1対応の関数 $y = f(x)$ の逆関数 $y = f^{-1}(x)$ は以下の手順により求めることができる．
> (1) x と y を入れ替える $(x = f(y))$
> (2) y を x の式で表す $(y = f^{-1}(x))$

1.1.2　関数 $f(x, y)$ の極限

1変数関数 $f(x)$ の極限　関数 $f(x)$ において，x が a と異なる値をとりながら限りなく a に近づくとき，$f(x)$ の値が限りなく一定の値 α に近づくならば，**$x \to a$ のとき $f(x)$ は α に収束**するといい，$\lim_{x \to a} f(x) = \alpha$ と表記する．

2変数関数 $f(x, y)$ の極限　関数 $f(x, y)$ において，(x, y) が (a, b) と異なる値をとりながら限りなく (a, b) に近づくとき，$f(x, y)$ の値が限りなく一定の値 α に近づくならば，**$(x, y) \to (a, b)$ のとき $f(x, y)$ は α に収束**するといい，$\lim_{(x,y) \to (a,b)} f(x, y) = \alpha$ と表記する．ここに，$(x, y) \to (a, b)$ とは，$x \to a$ かつ $y \to b$ のことを意味する．

いくつかの注意

> (a) 極限 $\lim_{x \to a} f(x)$ と $x = a$ の値とは無関係である．

例えば，

$$f(x) = \begin{cases} 5x & (x \neq 1) \\ 10 & (x = 1) \end{cases}$$

とすると，$f(1) = 10$ であるが，$\lim_{x \to 1} f(x) = 5$ である．

> (b) 関数 $f(x)$ は点 a で極限値 α に収束するとき，点 a に収束する定義域内の任意の点列 x_n
> $$\lim_{n \to \infty} x_n = a$$
> に対して，
> $$\lim_{n \to \infty} f(x_n) = \alpha$$
> が成り立つ．

例えば，

$$\lim_{x \to 1} \sin \frac{\pi x}{2} = 1$$

に対して，

$$a_n = 1 + \frac{1}{n}, \quad b_n = 1 + \frac{1}{n^2}$$

とすれば，

$$\lim_{n \to \infty} a_n = \lim_{n \to \infty} b_n = 1$$

より

$$\lim_{n \to \infty} \sin \frac{\pi a_n}{2} = \lim_{n \to \infty} \sin \frac{\pi b_n}{2} = 1$$

が成り立つ．また，例えば $\lim_{x \to \infty} \sin x$ の極限が存在しないことは，このような点列を用いた考え方に基づいて証明することができる．

$$a_n = \frac{\pi}{2} + 2n\pi$$

とすれば，

$$\lim_{n \to \infty} a_n = \infty$$

であって，

$$\lim_{n\to\infty}\sin a_n = 1$$

一方,

$$b_n = 2n\pi$$

とすれば,

$$\lim_{n\to\infty} b_n = \infty$$

であって,

$$\lim_{n\to\infty}\sin b_n = 0$$

となる．両者の収束値が異なるので，極限 $\lim_{x\to\infty}\sin x$ が存在しないといえる.

(c) 二変数関数の場合，極限が存在すれば，$(x, y) \to (a, b)$ のあらゆる方向で点 (a, b) に近づくとき，常に同じ極限が得られる（1 変数関数の場合，$x \to a$ の方向は右か左か，二つしかないので，極限が存在すれば，「右からの極限 = 左からの極限」ということになる).

例えば，極限

$$\lim_{(x,y)\to(0,0)}\frac{2x^2+3y^2}{x^2+y^2}$$

が存在しないことは，次のように理解される.

$$\lim_{x\to0}\left[\lim_{y\to0} f(x, y)\right] = 2$$

であるが,

$$\lim_{y\to0}\left[\lim_{x\to0} f(x, y)\right] = 3$$

すなわち (0, 0) に近づく経路によって収束値が異なるので，この極限は存在しない.

また，一般的には，$x = r\cos\theta, y = r\sin\theta$ と置き換えれば,

$$\begin{aligned}&\lim_{(x,y)\to(0,0)}\frac{2x^2+3y^2}{x^2+y^2}\\&=\lim_{r\to0}\frac{2r^2\cos^2\theta+3r^2\sin^2\theta}{r^2\cos^2\theta+r^2\sin^2\theta}\\&=\lim_{r\to0}\left(2\cos^2\theta+3\sin^2\theta\right)\end{aligned}$$

すなわち，(x, y) が (0, 0) に近づく方向 θ によって収束値が異なるので，極限が存在しない．同様に，極限

$$\lim_{(x,y)\to(0,0)}\frac{xy}{x^2+y^3}$$

が存在しないことを示すことができる.

$$\begin{aligned}&\lim_{(x,y)\to(0,0)}\frac{xy}{x^2+y^3}\\&=\lim_{r\to0}\frac{\cos\theta\sin\theta}{\cos^2\theta+r\sin^3\theta}\\&=\begin{cases}\sin\theta/\cos\theta & (\cos\theta\neq0)\\ \dfrac{\sin\theta\times0}{r\sin^3\theta}=0 & (\cos\theta=0)\end{cases}\end{aligned}$$

また，極限が存在する例として,

$$x = 1 + r\cos\theta, \qquad y = 2 + r\sin\theta$$

を用いて次の関数の極限を求めると,

$$\begin{aligned}&\lim_{(x,y)\to(1,2)}\frac{(x-1)^2(y-2)}{(x-1)^2+2(y-2)^2}\\&=\lim_{r\to0}\frac{r\cos^2\theta\sin\theta}{\cos^2\theta+2\sin^2\theta}\\&=0\end{aligned}$$

と得られる.

1.1.3 関数の連続

次の三つの条件を満たすとき，関数 $f(x, y)$ は点 (p, q) で連続であるという.

(a) $\displaystyle\lim_{(x,y)\to(p,q)} f(x, y)$ が存在する,

(b) 関数 $f(x, y)$ は点 (p, q) で定義されている,

(c) 上の 2 つの値が等しい：$\displaystyle\lim_{(x,y)\to(p,q)} f(x, y) = f(p, q)$.

例題 1.1.1. 次の関数 $f(x, y)$ は点 (0, 0) で不連続であることを示せ.

$$f(x, y) = \begin{cases}\dfrac{xy}{x^2+y^3} & (x, y) \neq (0, 0)\\ 0 & (x, y) = (0, 0)\end{cases}$$

解答 $\displaystyle\lim_{(x,y)\to(0,0)} xy/(x^2+y^3)$ は存在しないので，条件 (a) を満たさないため，点 (0, 0) で不連続である.

□

関数 $f(x, y)$ は，定義域 A の各点 (p, q) で連続であれば，A で連続という.

1.2 偏微分とその計算

1.2.1 偏微分係数と偏導関数

定義

偏微分係数 2 変数の関数 $z = f(x, y)$ において，$y = b$（一定）とすると，x の 1 変数関数 $f(x, b)$ がで

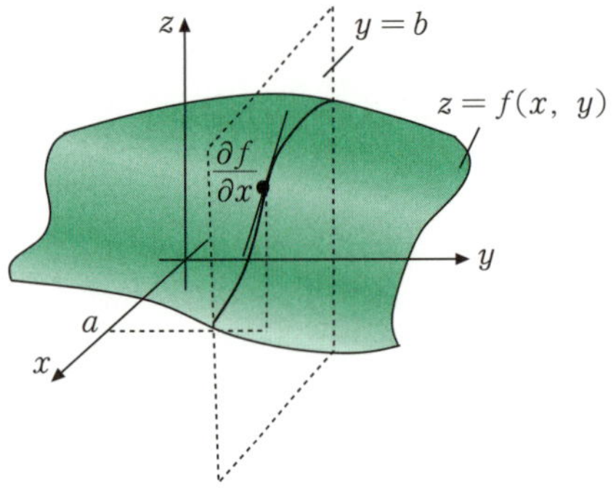

図 1.2.1

きる．この関数の $x=a$ での微分係数を (a, b) における $f(x, y)$ の x に関する偏微分係数とよび，

$$\frac{\partial f}{\partial x}(a, b),\ f_x(a, b),\ z_x(a, b)$$

などと書く．すなわち，

$$\frac{\partial f}{\partial x}(a, b) = \lim_{h\to 0}\frac{f(a+h, b)-f(a, b)}{h}$$

のように書ける．よって，偏微分係数 $f_x(a, b)$ を，曲面 $z=f(x, y)$ と平面 $y=b$ の交線 $z=f(x, b)$ 上の $x=a$ の点における接線の傾きと理解できる（図 1.2.1 参照）．

偏導関数　関数 $f(x, y)$ が定義域内のすべての点 (x, y) で x について偏微分可能のとき，$f_x(x, y)$ を $f(x, y)$ の x に関する偏導関数といい，

$$\frac{\partial f}{\partial x}(x, y),\ f_x(x, y),\ z_x(x, y)$$

などと書く．すなわち，

y を定数とみなして，x だけの関数と考えて微分したものを偏導関数という．

$$\frac{\partial f}{\partial x}(x, y) = \lim_{\Delta x\to 0}\frac{f(x+\Delta x, y)-f(x, y)}{\Delta x}$$

である．

偏導関数の計算

(a) $f_x(x, y)$ は，x 以外の変数を定数とみなせば，$\partial f/\partial x$ の計算は，これまでの df/dx の計算とまったく同じである．例えば，

$$\frac{d}{dx}\sin ax = a\cos ax$$
$$\frac{\partial}{\partial x}\sin yx = y\cos yx$$

同様に，

$$\frac{\partial}{\partial y}\sin yx = x\cos yx$$

となる．

(b) $f_x(a, b)$ は，$f_x(x, y)$ を求めてから，それに $x=a$, $y=b$ を代入する方法と，$y=b$ を先に代入して，$f_x(a, b)$ を求める方法との 2 つのやり方がある．

例題 1.2.1. $z = 3x^2+4xy-5y^2$ のとき，偏導関数 z_x, z_y を求めよ．

解答　$\dfrac{\partial z}{\partial x} = 6x+4y,\qquad \dfrac{\partial z}{\partial y} = 4x-10y$　□

例題 1.2.2. $z=\sin(y/x)$ のとき，偏導関数 z_x, z_y を求めよ．

解答　$\dfrac{\partial z}{\partial x} = -\dfrac{y}{x^2}\cos\dfrac{y}{x},\qquad \dfrac{\partial z}{\partial y} = \dfrac{1}{x}\cos\dfrac{y}{x}$　□

例題 1.2.3. $z=\log(x^2+y^2)$ のとき，偏微分係数 $z_x(2, 3)$ を求めよ．

解答

$$\frac{\partial z}{\partial x}(x, y) = \frac{2x}{x^2+y^2}$$

より

$$\frac{\partial z}{\partial x}(2, 3) = \frac{2\times 2}{2^2+3^2} = \frac{4}{13}$$　□

例題 1.2.4. 次の関数の偏微分係数 $f_x(2, 0)$ を求めよ．

$$f(x, y) = \frac{x(6x+y)^4}{(2x+y)^3}$$

解答

$$\frac{\partial f}{\partial x}(x, y) = \frac{(30x+y)(6x+y)^3}{(2x+y)^3} - \frac{6x(6x+y)^4}{(2x+y)^4}$$

よって，

$$\frac{\partial f}{\partial x}(2, 0) = \frac{60\times 12^3\times 4 - 12\times 12^4}{4^4} = 648$$

一方，ここでは x に対する偏微分のみを求めるので，先に $y=0$ を代入してもよい（これによって計算は簡単になる）．

$$f(x, 0) = 162x^2$$
$$\frac{\partial f}{\partial x}(x, 0) = 324x$$
$$\frac{\partial f}{\partial x}(2, 0) = 648$$　□

例題 1.2.5. $f(x, y) = \cos\left(x^2 e^{\tan(xy)}\right)$ のとき，偏微分係数 $f_x\left(\sqrt{\pi/6}, 0\right)$ を求めよ．

解答

$$\frac{\partial f}{\partial x}\left(\sqrt{\pi/6}, 0\right) = \frac{d}{dx}\cos x^2\Big|_{x=\sqrt{\pi/6}} = -\frac{2\sqrt{\pi}}{\sqrt{6}}\sin(\pi/6) = -\frac{\sqrt{\pi}}{\sqrt{6}}$$　□

1.2.2 高階偏導関数

1 階の偏導関数が偏微分可能ならば，さらにそれらの偏導関数

$$\frac{\partial^2 z}{\partial x^2} = z_{xx} = \frac{\partial}{\partial x}\left(\frac{\partial z}{\partial x}\right),$$

$$\frac{\partial^2 z}{\partial y \partial x} = z_{xy} = \frac{\partial}{\partial y}\left(\frac{\partial z}{\partial x}\right),$$

$$\frac{\partial^2 z}{\partial x \partial y} = z_{yx} = \frac{\partial}{\partial x}\left(\frac{\partial z}{\partial y}\right),$$

$$\frac{\partial^2 z}{\partial y^2} = z_{yy} = \frac{\partial}{\partial y}\left(\frac{\partial z}{\partial y}\right)$$

が考えられる．これらを 2 階偏導関数という．さらに，高階偏導関数，例えば，3 階偏導関数，

$$z_{xxx} = \frac{\partial^3 z}{\partial x^3},\quad z_{xxy} = \frac{\partial^3 z}{\partial y \partial x x},\quad z_{xyy} = \frac{\partial^3 z}{\partial y^2 \partial x},$$
$$z_{yyy} = \frac{\partial^3 z}{\partial y^3}$$

が考えられる．

注意

$\left(\frac{\partial z}{\partial x}\right)^2$ と $\frac{\partial^2 z}{\partial x^2}$ は異なる．

例えば $z = \sin(xy)$ の場合，

$$\left(\frac{\partial z}{\partial x}\right)^2 = y^2\cos^2(xy),\quad \frac{\partial^2 z}{\partial x^2} = -y^2\sin(xy)$$

となる．

例題 1.2.6. $f(x, y) = e^{x^2 y}$ の 2 階偏導関数を求めよ．

解答 1 階の偏導関数は

$$\frac{\partial f}{\partial x} = 2xye^{x^2y},\qquad \frac{\partial f}{\partial y} = x^2e^{x^2y},$$

であり，これらを x, y でさらに偏微分して

$$\begin{aligned}
\frac{\partial^2 f}{\partial x^2} &= 2ye^{x^2y} + 4x^2y^2e^{x^2y},\\
\frac{\partial^2 f}{\partial x \partial y} &= 2xe^{x^2y} + x^2 \cdot 2xye^{x^2y}\\
&= 2xe^{x^2y}(1 + x^2y),\\
\frac{\partial^2 f}{\partial y^2} &= x^4e^{x^2y},\\
\frac{\partial^2 f}{\partial y \partial x} &= 2xe^{x^2y} + 2xy \cdot x^2e^{x^2y}\\
&= 2xe^{x^2y}(1 + x^2y)
\end{aligned}$$

□

微分順序の交換

定理 1.2.1. f_{yx}，f_{xy} がともに連続であるときに，$f_{yx} = f_{xy}$ が成り立つ．

証明 $\Phi = f(a+h, b+k) - f(a, b+k) - f(a+h, b) + f(a, b)$ を考える．$\phi(x) = f(x, b+k) - f(x, b)$ とすれば，

$$\begin{aligned}
\Phi &= \phi(a+h) - \phi(a)\\
&= h\phi'(a + \theta_1 h) \qquad （平均値の定理）\\
&= h\{f_x(a+\theta_1 h, b+k) - f_x(a+\theta_1 h, b)\}\\
&= hkf_{xy}(a+\theta_1 h, b+\theta_2 k)
\end{aligned}$$

ここで，f_{xy} が連続であれば，

$$\lim_{\substack{h\to 0\\ k\to 0}} \frac{\Phi}{hk} = f_{xy}(a, b) \qquad \text{(a)}$$

が成り立つ．一方，$\phi(y) = f(a+h, y) - f(a, y)$ とすれば，

$$\begin{aligned}
\Phi &= \phi(b+k) - \phi(b)\\
&= k\phi'(b + \theta_3 k)\\
&= k\left\{f_y(a+h, b+\theta_3 k) - f_y(a, b+\theta_3 k)\right\}\\
&= hkf_{yx}(a+\theta_4 h, b+\theta_3 k)
\end{aligned}$$

が成り立つ．また，f_{yx} が連続であれば，

$$\lim_{\substack{h\to 0\\ k\to 0}} \frac{\Phi}{hk} = f_{yx}(a, b) \qquad \text{(b)}$$

よって，f_{xy} と f_{yx} が連続であれば，式 (a) と (b) から，

$$f_{xy}(a, b) = f_{yx}(a, b)$$

となる． □

定理 1.2.2. 関数 $f(x, y)$ が初等関数であれば，$f_{xy}(x, y) = f_{yx}(x, y)$ が成り立つ．

これは，(1) 初等関数は定義域内で連続であり，(2) 初等関数の導関数も初等関数であるからである．ここで，初等関数とは有理関数，基本初等関数およびその合成関数のことである．また，有理関数と基本初等関数およびその合成関数を以下に説明する．

(a) 有理関数とは ＋ − × ÷ のみが含まれている関数（$y = \dfrac{a_0x^n + a_1x^{n-1} + \cdots + a_n}{b_0x^m + b_1x^{m-1} + \cdots + b_m}$）のことである．

(b) 基本初等関数とは指数関数（$y = a^x$），対数関数（$y = \log x$），無理関数（$y = \sqrt[n]{x}$），べき関数（$y = x^b = e^{b\log x}$），三角関数（$y = \sin x, \ldots$），逆三角関数（$y = \sin^{-1} x, \ldots$）のことである．

(c) 合成関数とは $z = f(y)$，$y = g(x)$ より $z =$

$f(g(x))$ のように定義されるものである．

注意

一般的には $f_{xy}=f_{yx}$ とは限らない．例えば

$$f(x,y)=\begin{cases} xy\dfrac{x^2-y^2}{x^2+y^2} & (x^2+y^2\neq 0)\\ 0 & (x=y=0)\end{cases}$$

は $f_{xy}(x,y)\neq f_{yx}(x,y)$ である．

例題 1.2.7. 関数 $f(x,y)=\sin^{-1}(xy)$ の 2 階偏導関数を求めよ．

解答
$$\frac{\partial f}{\partial x}(x,y)=\frac{y}{\sqrt{1-x^2y^2}},$$
$$\frac{\partial f}{\partial y}(x,y)=\frac{x}{\sqrt{1-x^2y^2}}$$

となるので，

$$\frac{\partial^2 f}{\partial x^2}(x,y)=\frac{\partial}{\partial x}\left(\frac{y}{\sqrt{1-x^2y^2}}\right)=\frac{xy^3}{\sqrt{(1-x^2y^2)^3}}$$

$$\frac{\partial^2 f}{\partial x\partial y}(x,y)=\frac{\partial^2 f}{\partial y\partial x}(x,y)=\frac{\partial}{\partial x}\left(\frac{x}{\sqrt{1-x^2y^2}}\right)=\frac{1}{\sqrt{(1-x^2y^2)^3}}$$

$$\frac{\partial^2 f}{\partial y^2}(x,y)=\frac{\partial}{\partial y}\left(\frac{x}{\sqrt{1-x^2y^2}}\right)=\frac{x^3y}{\sqrt{(1-x^2y^2)^3}}$$

□

例題 1.2.8. $z=\log(x^2+y^2)$ のとき，

$$\frac{\partial^2 z}{\partial x^2}+\frac{\partial^2 z}{\partial y^2}=0$$

であることを示せ．

解答　z の x に関する偏導関数，y に関する偏導関数は

$$\frac{\partial z}{\partial x}=\frac{2x}{x^2+y^2},\qquad \frac{\partial z}{\partial y}=\frac{2y}{x^2+y^2}$$

となるので，

$$\frac{\partial^2 z}{\partial x^2}=\frac{\partial}{\partial x}\left(\frac{2x}{x^2+y^2}\right)=\frac{2(x^2+y^2)-2x\cdot 2x}{(x^2+y^2)^2}=\frac{2y^2-2x^2}{(x^2+y^2)^2}$$

$$\frac{\partial^2 z}{\partial y^2}=\frac{\partial}{\partial y}\left(\frac{2y}{x^2+y^2}\right)=\frac{2(x^2+y^2)-2y\cdot 2y}{(x^2+y^2)^2}=\frac{2x^2-2y^2}{(x^2+y^2)^2}$$

したがって，$\dfrac{\partial^2 z}{\partial x^2}+\dfrac{\partial^2 z}{\partial y^2}=0$ □

例題 1.2.9. 関数 $f(x,y,z)=x^3+y^3+z^3-3xyz$ の 2 階偏導関数を求めよ．

解答　$f(x,y,z)$ の 1 階偏導関数は

$$\frac{\partial f}{\partial x}=3x^2-3yz,\ \frac{\partial f}{\partial y}=3y^2-3zx,$$
$$\frac{\partial f}{\partial z}=3z^2-3xy$$

となるので，

$$\frac{\partial^2 f}{\partial x^2}=6x,\ \frac{\partial^2 f}{\partial y\partial z}=-3x$$
$$\frac{\partial^2 f}{\partial y^2}=6y,\ \frac{\partial^2 f}{\partial z\partial x}=-3y$$
$$\frac{\partial^2 f}{\partial z^2}=6z,\ \frac{\partial^2 f}{\partial x\partial y}=-3z$$

□

1.3　方向微分係数

定義

図 1.3.1 に示すように，点 $P(x,y)$ から，ℓ 方向（x 軸との角度を θ とする）に沿って微小距離 t だけ移動して，点 $P'(x+\Delta x, y+\Delta y)$（ここに，$\Delta x=t\cos\theta$，$\Delta y=t\sin\theta$）へ移ったときの関数の増加と微小距離 t との比の極限

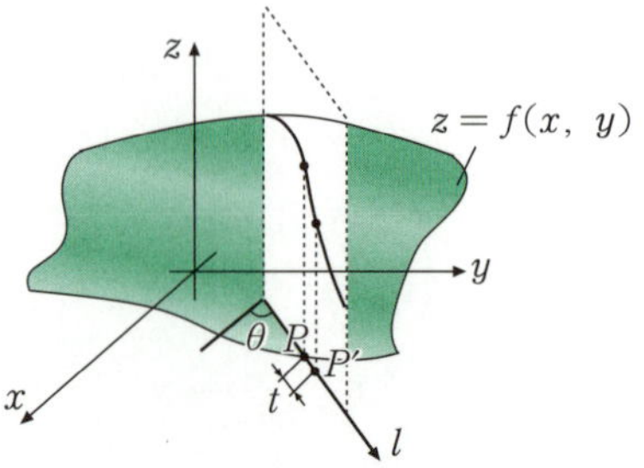

図 1.3.1　方向微分係数

$$\frac{\partial f}{\partial \ell}(P) = \lim_{P' \to P} \frac{f(P') - f(P)}{|P'P|}$$

を点 $P(x, y)$ における ℓ 方向の**方向微分係数**といい，

$$\frac{\partial f}{\partial \ell}(x, y)$$

と書く．

方向微分係数は，これまでに述べた x に関する偏微分係数と y-偏微分係数の拡張とみなされる．$\partial f/\partial x$ と $\partial f/\partial y$ は，それぞれ x 方向と y 方向の方向微分係数とみなすことができる．

例えば，

$$\frac{\partial f}{\partial x} = \lim_{\Delta x \to 0} \frac{f(x + \Delta x, y) - f(x, y)}{\Delta x}$$

で定義されるが，それは，

$$\frac{\partial f}{\partial x} = \lim_{P' \to P} \frac{f(P') - f(P)}{|P'P|}$$

のように書くこともできる．ただし，ここでは，PP' は x 軸の方向に沿うものである．

方向微分係数の計算

$$\begin{aligned}
\frac{\partial f}{\partial \ell}(a, b) &= \lim_{P' \to P} \frac{f(P') - f(P)}{|P'P|} \\
&= \lim_{t \to 0} \frac{f(a + t\cos\theta, b + t\sin\theta) - f(a, b)}{t} \\
&= \lim_{t \to 0} \frac{f(a + t\cos\theta, b + t\sin\theta) - f(a, b + t\sin\theta)}{t} \\
&\quad + \frac{f(a, b + t\sin\theta) - f(a, b)}{t} \\
&= \lim_{t \to 0} \frac{f(a + t\cos\theta, b + t\sin\theta) - f(a, b + t\sin\theta)}{t\cos\theta} \frac{t\cos\theta}{t} \\
&\quad + \lim_{t \to 0} \frac{f(a, b + t\sin\theta) - f(a, b)}{t\sin\theta} \frac{t\sin\theta}{t} \\
&= \lim_{t \to 0} f_x(a, b + t\sin\theta)\cos\theta + f_y(a, b)\sin\theta \\
&= f_x(a, b)\cos\theta + f_y(a, b)\sin\theta
\end{aligned}$$

すなわち，

$$\begin{aligned}
\frac{\partial f}{\partial \ell}(a, b) &= f_x(a, b)\cos(\ell, x) + f_y(a, b)\cos(\ell, y) \\
&= \nabla f(a, b) \cdot \vec{l}
\end{aligned}$$

である．ここで，(ℓ, x) と (ℓ, y) は，ℓ 方向と x，y 軸との角度である．

同様に，3 つの変数 x, y, z の関数 $f(x, y, z)$ に対して，方向微分係数は，

$$\begin{aligned}
\frac{\partial f}{\partial \ell} &= f_x\cos(\ell, x) + f_y\cos(\ell, y) + f_z\cos(\ell, z) \\
&= \nabla f \cdot \vec{l}
\end{aligned}$$

を表す．ただし，

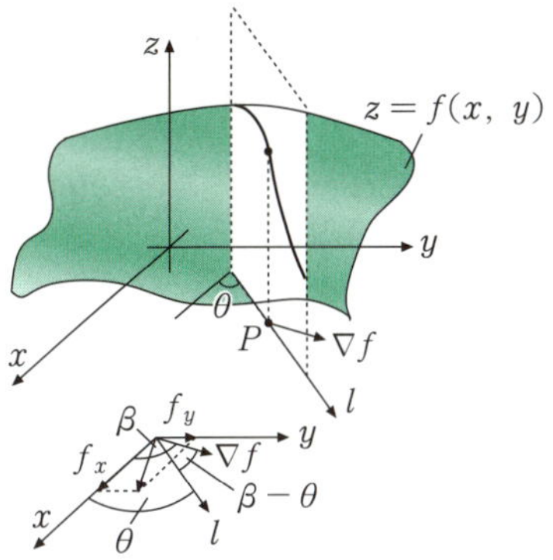

図 1.3.2　方向微分係数と勾配ベクトル ∇f との関係

$$\cos^2(\ell, x) + \cos^2(\ell, y) + \cos^2(\ell, z) = 1$$

勾配ベクトル ∇f については次節で説明する．

方向微分係数の角度依存性（図 1.3.2 参照）

$$\begin{aligned}
\frac{\partial f}{\partial \ell}(a, b) &= f_x\cos\theta + f_y\sin\theta \\
&= \sqrt{f_x^2 + f_y^2}\cos(\beta - \theta)
\end{aligned}$$

ただし，

$$\cos\beta = \frac{f_x}{\sqrt{f_x^2 + f_y^2}}, \qquad \sin\beta = \frac{f_y}{\sqrt{f_x^2 + f_y^2}}$$

よって，

$$\begin{cases}
\theta = \beta \text{ のとき，} \dfrac{\partial f}{\partial \ell} \text{ は最大となり} \\
\qquad \dfrac{\partial f}{\partial \ell}(\beta) = \sqrt{f_x^2 + f_y^2} \\
\theta = \beta + \pi \text{ のとき，} \dfrac{\partial f}{\partial \ell} \text{ は最小となり} \\
\qquad \dfrac{\partial f}{\partial \ell}(\beta + \pi) = -\sqrt{f_x^2 + f_y^2} \\
\theta = \beta \pm \dfrac{\pi}{2} \text{ のとき，} \dfrac{\partial f}{\partial \ell} \text{ はゼロ．}
\end{cases}$$

1.4 勾配ベクトル

$\nabla f(x, y)$ の定義

先に述べたように，方向微分係数 $(\partial f/\partial \ell)(a, b)$ の計算式を以下のようにベクトルの内積の形で表すこともできる．

$$\frac{\partial f}{\partial \ell}(a, b) = \nabla f(a, b) \cdot \vec{\ell}$$

ここで，$\vec{\ell}$ は ℓ 方向の単位ベクトルであり，

$$\vec{\ell} = (\cos(\ell, x), \cos(\ell, y)), \qquad |\vec{\ell}| = 1$$

を満足する．また，ベクトル $\nabla f(a, b)$ は

$$\nabla f(a, b) = \left(\frac{\partial f}{\partial x}(a, b),\ \frac{\partial f}{\partial y}(a, b) \right)$$

であり，これを関数 $f(x, y)$ の**勾配ベクトル**という．ここで，演算子 ∇ は

$$\nabla = \left(\frac{\partial}{\partial x},\ \frac{\partial}{\partial y} \right)$$

であり，**ナブラ**という．$\nabla f(a, b)$ は，$\mathrm{grad}\, f(a, b)$（gradient グラジエント：スカラー場の勾配）と記する場合もある．

> ベクトルの内積を用いる場合，方向微分係数は
>
> $$\frac{\partial f}{\partial \ell} = \nabla f \cdot \vec{\ell} = |\nabla f| \cos(\text{両ベクトルの角度})$$
>
> といえる．

よって，ℓ の方向は

[1] 勾配ベクトル ∇f の方向と一致するとき

$$\frac{\partial f}{\partial \ell} \text{ は最大} = |\nabla f| = \sqrt{f_x^2 + f_y^2}$$

[2] 勾配ベクトル ∇f の方向と反対であるとき

$$\frac{\partial f}{\partial \ell} \text{ は最小} = -|\nabla f| = -\sqrt{f_x^2 + f_y^2}$$

[3] 勾配ベクトル ∇f の方向と垂直なとき

$$\frac{\partial f}{\partial \ell} = 0$$

よって，方向微分係数はこの方向における「傾き」と理解できるが，勾配ベクトル $\nabla f(a, b)$ については，以下の 2 点がいえる．

> (1) 勾配ベクトル $\nabla f(a, b)$ の方向は，$\partial f/\partial \ell$ が最大となる方向である．
>
> (2) 勾配ベクトル $\nabla f(a, b)$ の大きさは，あらゆる方向 ℓ に関する方向微分係数 $\partial f/\partial \ell$ の最大値に等しい．

以上のことは以下の例から理解される．

例 1.4.1. $z = f(x, y) = 25 - [(x-4)^2 + (y-3)^2]$ について，点 $(0, 0)$ では，

$$\nabla f(0, 0) = \Big(f_x(0, 0),\ f_y(0, 0) \Big) = (8,\ 6)$$

$$|\nabla f(0, 0)| = \sqrt{8^2 + 6^2} = 10$$

これに対して，円の中心を通る断面においては，その交線は $z = 25 - (r-5)^2$ であり，点 $(0, 0)$ におけるこの曲線の傾きは

$$z_r(0) = -2(r-5) = 10$$

また，このとき，$\nabla f(0, 0)$ は点 $(0, 0)$ を通る曲線 $f(x, y) = 0$ の接線に垂直であることにも注意されたい．

$$y = 3 - \sqrt{25 - (x-4)^2}$$

$$\to y' = -\frac{1}{2} \frac{-2(x-4)}{\sqrt{25 - (x-4)^2}} = \frac{-4}{3}$$

$$\to \nabla f(0, 0) = \frac{-4}{3} \times \frac{6}{8} = -1$$

$\nabla f(x, y, z)$ の定義

同様に，三つの変数 x, y, z の関数 $f(x, y, z)$ に対して，方向微分係数は，

$$\frac{\partial f}{\partial \ell} = f_x \cos(\ell, x) + f_y \cos(\ell, y) + f_z \cos(\ell, z)$$
$$= \mathrm{grad}\, f \cdot \vec{\ell}$$

ここに，

$$\vec{\ell} = (\cos(\ell, x),\ \cos(\ell, y),\ \cos(\ell, z))$$

$$\mathrm{grad}\, f(x, y, z) = \nabla f(x, y, z)$$
$$= \left(\frac{\partial f}{\partial x},\ \frac{\partial f}{\partial y},\ \frac{\partial f}{\partial z} \right)$$

である．ここで演算子 ∇ は

$$\nabla = \left(\frac{\partial}{\partial x},\ \frac{\partial}{\partial y},\ \frac{\partial}{\partial z} \right)$$

を表す．勾配ベクトル $\nabla f(a, b, c)$ について同様に以下のことがいえる．

> (1) 勾配ベクトル $\nabla f(a, b, c)$ の方向は，$f(x, y, z)$ が点 $P(a, b, c)$ において最大の増加をなす方向である．
>
> (2) 勾配ベクトル $\nabla f(a, b, c)$ の大きさは，$f(x, y, z)$ の，変化が最も大きい方向に沿う方向微分係数に等しい．

例題 1.4.1. 次の関数の $\nabla f(x, y)$ を求めよ．

(1) $f(x, y) = x^5 + 8x^3y^7 - 4y^6$

解答

$$\nabla f(x, y) = (5x^4 + 24x^2y^7,\ 56x^3y^6 - 24y^5) \qquad \square$$

(2) $f(x, y) = \log(x^2 + y^2)$

解答　$$\nabla f(x, y) = \left(\frac{2x}{x^2 + y^2},\ \frac{2y}{x^2 + y^2} \right) \qquad \square$$

(3) $f(x, y) = \sin \dfrac{y}{x}$

解答

$$\nabla f(x, y) = \left(-\frac{y}{x^2} \cos \frac{y}{x},\ \frac{1}{x} \cos \frac{y}{x} \right) \qquad \square$$

例題 1.4.2. 次の関数の $\nabla f(1,2)$ を求めよ．

(1) $f(x,y)=\dfrac{e^{xy}}{x^2+y^2}$

解答
$$\nabla f(x,y)=\left(\frac{ye^{xy}(x^2+y^2)-e^{xy}2x}{(x^2+y^2)^2},\ \frac{xe^{xy}(x^2+y^2)-e^{xy}2y}{(x^2+y^2)^2}\right)$$
$$\nabla f(1,2)=\left(\frac{8}{25}e^2,\ \frac{1}{25}e^2\right)$$ □

(2) $f(x,y)=x^y$

解答
$$\nabla f(x,y)=\left(yx^{y-1},\ \ x^y\log x\right)$$
$$\nabla f(1,2)=(2,0)$$ □

例題 1.4.3. 関数 $f(x,y)=x^2+3xy+2y^2$ について

(1) $\nabla f(-7,6)$ を求めよ．

解答 $$\nabla f(-7,6)=(4,3)$$ □

(2) ベクトル $(1,2)$ 方向の単位ベクトルを $\vec{e}$ とするとき，方向微分係数 $(\partial f/\partial e)(-7,6)$ を求めよ．

解答
$$\frac{\partial f}{\partial e}=(2x+3y,\ 3x+4y)\begin{pmatrix}\frac{1}{\sqrt{5}}\\ \frac{2}{\sqrt{5}}\end{pmatrix}=(4,3)\begin{pmatrix}\frac{1}{\sqrt{5}}\\ \frac{2}{\sqrt{5}}\end{pmatrix}=\frac{10}{\sqrt{5}}$$ □

(3) 点 $(-7,6)$ において，方向微分係数 $(\partial f/\partial \ell)(-7,6)$ が最大となる方向 ℓ の単位ベクトル $\vec{\ell}$ およびこの方向の微分係数を求めよ．

解答
$$\vec{\ell}=\frac{\nabla f}{|\nabla f|}=\left(\frac{4}{5},\ \frac{3}{5}\right)$$
$$\frac{\partial f}{\partial \ell}=|\nabla f|=\sqrt{4^2+3^2}=5$$ □

例題 1.4.4. 関数 $f(x,y)=x^2+3xy+2y^2+z^2$ について

(1) $\nabla f(1,0,1)$ を求めよ．

解答 $$\nabla f(1,0,1)=(2,3,2)$$ □

(2) ベクトル $(1,2,3)$ 方向の単位ベクトルを $\vec{e}$ とするとき，方向微分係数 $(\partial f/\partial e)(1,0,1)$ を求めよ．

解答
$$\frac{\partial f}{\partial e}=(2,3,2)\begin{pmatrix}\frac{1}{\sqrt{14}}\\ \frac{2}{\sqrt{14}}\\ \frac{3}{\sqrt{14}}\end{pmatrix}=\sqrt{14}$$ □

(3) 点 $(1,0,1)$ において，方向微分係数 $(\partial f/\partial \ell)(1,0,1)$ が最大となる方向 ℓ の単位ベクトル $\vec{\ell}$ およびこの方向の微分係数を求めよ．

解答
$$\vec{\ell}=\frac{\nabla f}{|\nabla f|}=\left(\frac{2}{\sqrt{17}},\ \frac{3}{\sqrt{17}},\ \frac{2}{\sqrt{17}}\right)$$
$$\frac{\partial f}{\partial \ell}=|\nabla f|=\sqrt{2^2+3^2+2^2}=\sqrt{17}$$ □

例題 1.4.5. 関数 $f=xe^{2y}+z^2$ について

(1) 点 $P(1,0,1)$ における，点 $P(1,0,1)$ から点 $Q(2,1,2)$ への方向 ℓ に沿う方向微分係数を求めよ．

解答
$$\frac{\partial f}{\partial x}(x,y,z)=e^{2y}\ \rightarrow\ \frac{\partial f}{\partial x}(1,0,1)=1$$
$$\frac{\partial f}{\partial y}(x,y,z)=2xe^{2y}\ \rightarrow\ \frac{\partial f}{\partial y}(1,0,1)=2$$
$$\frac{\partial f}{\partial z}(x,y,z)=2z\ \rightarrow\ \frac{\partial f}{\partial z}(1,0,1)=2$$
$$\overrightarrow{\mathrm{PQ}}=(1,1,1)$$

より，
$$\cos(\ell,x)=\frac{1}{\sqrt{1^2+1^2+1^2}}=\frac{1}{\sqrt{3}},$$
$$\cos(\ell,y)=\frac{1}{\sqrt{3}},\quad \cos(\ell,z)=\frac{1}{\sqrt{3}}$$

したがって，関数 $f(x,y,z)$ の $P\rightarrow Q$ 方向 ℓ に沿う方向微分係数は
$$\frac{\partial f}{\partial \ell}=\left(\frac{1}{\sqrt{3}},\ \frac{1}{\sqrt{3}},\ \frac{1}{\sqrt{3}}\right)\begin{pmatrix}1\\2\\2\end{pmatrix}=\frac{5}{\sqrt{3}}$$ □

(2) 点 $P(1,0,1)$ における方向微分係数の最大値を求めよ．

解答 $$|\nabla f|=\sqrt{1^2+2^2+2^2}=3$$ □

例題 1.4.6. 関数 $r=\sqrt{x^2+y^2}$ の，x 軸との角度 φ の斜線方向 ℓ に沿う方向微分係数を求めよ．

解答
$$\frac{\partial r}{\partial x}=\frac{x}{\sqrt{x^2+y^2}}=\frac{x}{r}=\cos\theta$$
$$\frac{\partial r}{\partial y}=\frac{y}{\sqrt{x^2+y^2}}=\frac{y}{r}=\sin\theta$$

より，関数の方向 ℓ に沿う方向微分係数は

$$\frac{\partial r}{\partial \ell} = \cos\theta\cos\varphi + \sin\theta\sin\varphi = \cos(\theta - \varphi) \quad \square$$

例題 1.4.7. 関数 $f(x, y) = \dfrac{1}{x^2 + y^2}$ について

(1) $\mathrm{grad}\,\dfrac{1}{x^2 + y^2}$ を求めよ．

解答

$$\frac{\partial f}{\partial x} = -\frac{2x}{(x^2 + y^2)^2}, \qquad \frac{\partial f}{\partial y} = -\frac{2y}{(x^2 + y^2)^2}$$

ゆえに

$$\mathrm{grad}\,\frac{1}{x^2 + y^2} = -\frac{2x}{(x^2 + y^2)^2}\vec{i} - \frac{2y}{(x^2 + y^2)^2}\vec{j} \quad \square$$

(2) 点 (a, b) における方向微分係数 $(\partial f/\partial \ell)(a, b) = 0$ の方向 ℓ を求めよ．

解答　方向 ℓ と x 軸との角度を α とする．

$$\frac{\partial f}{\partial \ell}(a, b) = \frac{-2}{a^2 + b^2}(a\cos\alpha + b\sin\alpha) = 0$$

より，

$$\begin{cases} b = 0 \text{ のとき}, & \cos\alpha = 0 \\ b \neq 0 \text{ のとき}, & \tan\alpha = -a/b \end{cases}$$

である．この条件を満足するとき，方向 ℓ とベクトル (a, b) は垂直である．　$\square$

例題 1.4.8. $\vec{F} = -\mathrm{grad}\,U$ を求めよ．ただし，$U = -G\dfrac{m}{r}$, $r = \sqrt{x^2 + y^2 + z^2}$ である．

解答　m/r の x の偏微分は

$$\frac{\partial}{\partial x}\left(\frac{m}{r}\right) = -\frac{m}{r^2}\frac{\partial r}{\partial x} = -\frac{mx}{r^3}$$

である．同様に，y の偏微分は

$$\frac{\partial}{\partial y}\left(\frac{m}{r}\right) = -\frac{my}{r^3}, \quad \frac{\partial}{\partial z}\left(\frac{m}{r}\right) = -\frac{mz}{r^3}$$

である．ゆえに

$$\begin{aligned} \mathrm{grad}\,U &= \mathrm{grad}\left(-G\frac{m}{r}\right) \\ &= \frac{Gm}{r^2}\left(\frac{x}{r}\vec{i} + \frac{x}{r}\vec{j} + \frac{x}{r}\vec{k}\right) \end{aligned}$$

となる．ここで $\vec{r}$ 方向の単位長さのベクトルを $\vec{r_0}$ とすると

$$\vec{F} = -\mathrm{grad}\,U = -\mathrm{grad}\left(-\frac{Gm}{r}\right) = -\frac{Gm}{r^2}\vec{r_0} \quad \square$$

1.5 微分可能性と接平面

基本概念

「偏微分可能」<「すべての方向に微分できる」<「微分可能」

(「<」は「条件が弱い」ことを意味する)

ここに，偏微分可能とは，x 方向と y 方向の偏微分係数が存在することである．また，微分可能とは，接平面が存在することであり，その必要条件は，すべての方向に微分できることである．

例 1.5.1. (偏微分可能であるが，すべての方向に微分できるとはいえない例)

点 $(0, 0)$ において，関数 $z = \sqrt{|xy|}$ は偏微分可能であるが，すべての方向に微分可能ではない．例えば，x 方向の偏微分は，

$$\begin{aligned} \frac{\partial f}{\partial x}(0, 0) &= \lim_{\Delta x \to 0}\frac{f(0 + \Delta x, 0) - f(0, 0)}{\Delta x} \\ &= \lim_{\Delta x \to 0}\frac{\sqrt{|\Delta x \cdot 0|} - \sqrt{|0 \cdot 0|}}{\Delta x} \\ &= 0 \end{aligned}$$

と可能であるが，

$$\begin{aligned} \frac{\partial f}{\partial \ell}(0, 0) &= \lim_{t \to 0}\frac{f(t\cos\theta, t\sin\theta) - f(0, 0)}{t} \\ &= \lim_{t \to 0}\frac{\sqrt{|\cos\theta\sin\theta||t|}}{t} \\ &= \pm\sqrt{|\cos\theta\sin\theta|} \end{aligned}$$

となり，$\cos\theta\sin\theta \neq 0$ のとき，極限が存在しないため，微分できないこととなる．このことは，$x = 0$ で関数 $y = |x|$ が微分不可能のことと同じように理解される．$y = kx$ $(k > 0)$ を $z = \sqrt{|xy|}$ に代入すれば，$z = \sqrt{k}|x|$ が得られるからである．

例 1.5.2. (すべての方向に微分可能であるが，連続ではない (よって微分可能ではない) 例)

点 $(0, 0)$ において，関数

$$\begin{aligned} z &= f(x, y) \\ &= \begin{cases} \dfrac{x^5}{(y - x^2)^2 + x^6} & (x, y) \neq (0, 0) \\ 0 & (x, y) = (0, 0) \end{cases} \end{aligned}$$

は，すべての方向に微分可能であるが，連続ではない．

$$\begin{aligned} \frac{\partial f}{\partial \ell} &= \lim_{t \to 0}\frac{f(t\cos\theta, t\sin\theta) - f(0, 0)}{t} \\ &= \lim_{t \to 0}\frac{t^2\cos^5\theta}{(\sin\theta - t\cos^2\theta)^2 + t^4\cos^6\theta} \\ &= \begin{cases} \displaystyle\lim_{t \to 0}\frac{t^2\cos^5\theta}{\sin\theta} = 0 & (\sin\theta \neq 0 \text{ の場合}) \\ \displaystyle\lim_{t \to 0}\frac{\cos^5\theta}{\cos^4\theta + t^2\cos^6\theta} = \cos\theta & (\sin\theta = 0 \text{ の場合}) \end{cases} \end{aligned}$$

ゆえに，すべての方向に微分可能である．しかし，(x, y) を $y = x^2$ に沿って $(0, 0)$ に近づくとき，

$$\lim_{(x,y)\to(0,0)} f(x, y) = \lim_{(x,y)\to(0,0)} \frac{x^5}{(y-x^2)^2+x^6} = \lim_{x\to 0}\frac{1}{x}$$

は存在しないから，点 $(0, 0)$ で関数は不連続である．不連続であるから，当然接平面が存在しない，すなわち微分可能ではない．

注意 1.5.1. この例での関数について，$x = r\cos\theta$, $y = r\sin\theta$ として $r \to 0$ の極限を求めると

$$\lim_{r\to 0}\frac{r^5\cos^5\theta}{(r\sin\theta - r^2\cos^2\theta)^2 + r^6\cos^6\theta}$$
$$= \lim_{r\to 0}\frac{r^3\cos^5\theta}{(\sin\theta - r\cos^2\theta)^2 + r^4\cos^6\theta}$$
$$= \begin{cases} \displaystyle\lim_{r\to 0}\frac{r^3\cos^5\theta}{\sin\theta} = 0 & (\sin\theta \neq 0 \text{ の場合}) \\ \displaystyle\lim_{r\to 0}\frac{r\cos^5\theta}{\cos^4\theta + t^2\cos^6\theta} = 0 & (\sin\theta = 0 \text{ の場合}) \end{cases}$$

となって存在する．したがって，$x = r\cos\theta, y = r\sin\theta$ として，$r \to 0$ の極限が存在しなければそれが連続ではないことはわかるが，$r \to 0$ の極限が存在してもそれが連続であると断言できない．

接平面（図 1.5.1 参照）

> 接平面とは，曲面がこの近傍において接平面によって近似できることである．すなわち，曲面 $z_{曲} = f(x, y)$ 上の点 P の近傍を考えれば，
>
> $$\lim_{Q\to P}\frac{|P'Q|}{|PA|} = 0$$
>
> ここに，P' は点 P における接平面上の点，Q は曲面上で，P' と同じ (x, y) 座標をもつ点，A は P'，Q の平面 $z = z_P$ への投影点である．

いま，曲面 $z_{曲} = f(x, y)$ の上の点 $P(a, b, f(a, b))$ における接平面

$$z_{平} = f(a, b) + \alpha(x-a) + \beta(y-b)$$

は，点 $(a, b, f(a, b))$ を通る任意な平面とする．そこで，もし，

$$\lim_{(x,y)\to(a,b)}\frac{z_{曲} - z_{平}}{\sqrt{(x-a)^2+(y-b)^2}} = \lim_{(x,y)\to(a,b)}\varepsilon = 0$$

であれば，この平面は点 $P(a, b, f(a, b))$ における曲面 $z_{曲} = f(x, y)$ の接平面という．上の条件は以下のように書くこともできる．

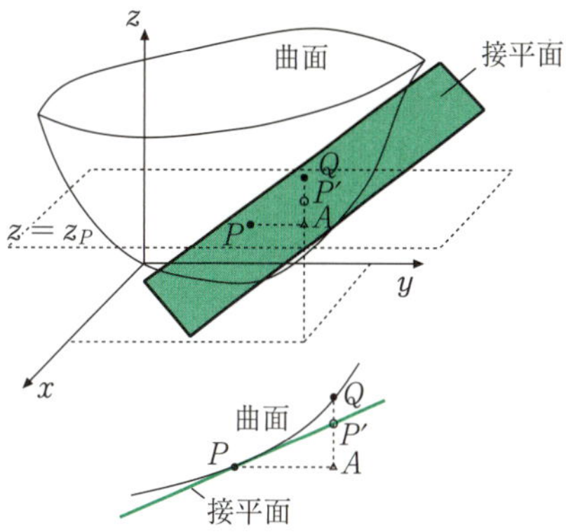

図 1.5.1 接平面

$$f(x, y) - f(a, b) = \alpha(x-a) + \beta(y-b) + \varepsilon\sqrt{(x-a)^2+(y-b)^2}$$

ただし，

$$\lim_{(x,y)\to(a,b)}\varepsilon = 0$$

である．したがって，

$$f_x(a, b) = \lim_{\Delta x\to 0}\frac{f(a+\Delta x, b) - f(a, b)}{\Delta x} = \lim_{\Delta x\to 0}\frac{\alpha\Delta x + \varepsilon|\Delta x|}{\Delta x} = \alpha$$

$$f_y(a, b) = \beta$$

となる．よって，接平面は，

$$z - f(a, b) = f_x(a, b)(x-a) + f_y(a, b)(y-b)$$

また，この平面の法線は $(f_x(a, b),\ f_y(a, b),\ -1)$ であるので，法線の方程式は

$$\frac{x-a}{f_x(a, b)} = \frac{y-b}{f_y(a, b)} = \frac{z - f(a, b)}{-1}$$

である．

接平面は次のような考え方に基づいて求めることもできる．すなわち

[1] 平面 $y = b$ と接平面 $z - f(a, b) = \alpha(x-a) + \beta(y-b)$ との交線 $z - f(a, b) = \alpha(x-a)$ は，平面 $y = b$ と曲面 $z = f(x, y)$ の交線 $z = f(x, b)$ の接線であるため，$\alpha = f_x(a, b)$ となる．

[2] 平面 $x = a$ と接平面 $z - f(a, b) = \alpha(x-a) + \beta(y-b)$ との交線 $z - f(a, b) = \beta(y-b)$ は，平面 $x = a$ と曲面 $z = f(x, y)$ の交線 $z = f(a, y)$ の接線であるため，$\beta = f_y(a, b)$ となる．

ここで比較のため，1 変数関数の問題で求めた曲線 $y_{曲} = f(x)$ の点 $P(a, f(a))$ における接線を同じ考え

方で求めてみる．

$$y_{直} = f(a) + \alpha(x-a)$$

は，点 $P(a, f(a))$ を通る任意な直線であるが，もし，

$$\lim_{x\to a}\frac{y_{曲}-y_{直}}{|x-a|} = \lim_{x\to a}\frac{f(x)-\{f(a)+\alpha(x-a)\}}{|x-a|} = \lim_{x\to a}\varepsilon = 0$$

であれば，この直線は点 $P(a, f(a))$ における曲線 $y_{曲} = f(x)$ の接線という．上の条件は次のように書くこともできる．

$$f(x)-f(a) = \alpha(x-a)+\varepsilon|x-a|$$

したがって，

$$f_x(a) = \lim_{\Delta x\to 0}\frac{f(a+\Delta x)-f(a)}{\Delta x} = \lim_{\Delta x\to 0}\frac{\alpha\Delta x+\varepsilon|\Delta x|}{\Delta x} = \alpha$$

よって，接線は，

$$y-f(a) = f_x(a)(x-a)$$

また，法線は

$$y-f(a) = -\frac{1}{f_x(a)}(x-a)$$

あるいは

$$\frac{x-a}{f_x(a)} = \frac{y-f(a)}{-1}$$

と書ける．

微分可能

接平面が存在するとき，関数は微分可能という．したがって，微分可能であれば，以下の3条件が成立する．

[1] 連続
[2] すべての方向に微分可能
[3] 接平面が存在する

接平面　$z-f(a,b) = f_x(a,b)(x-a) + f_y(a,b)(y-b)$

法　線　$\dfrac{x-a}{f_x(a,b)} = \dfrac{y-b}{f_y(a,b)} = \dfrac{z-f(a,b)}{-1}$

微分可能の十分条件

偏導関数が連続なとき，微分可能という．

1.6 全 微 分

微分とは，微小増分．よって，全微分は全ての変数の微小変化による多変数関数の微小増分である．

1 変数の場合

変数 x の変化 Δx による関数 $y = f(x)$ の変化 $\Delta y = f(x+\Delta x) - f(x)$ を考える．平均値の定理より，

$$\Delta y = \frac{df}{dx}(x+\theta\Delta x)\Delta x$$

Δx が小さいとき，以下の近似式が得られる．

$$\Delta y \cong \frac{df}{dx}(x)\Delta x$$

なお，Δx が無限小のとき，

$$\Delta y = \frac{df}{dx}(x)\Delta x$$

が成り立つ．このとき，Δx を dx とし，Δy を dy とすれば，

$$dy = \frac{df}{dx}(x)dx$$

と書け，これを y の微分という．2 変数関数の場合も同様に考える．

2 変数の場合

変数 x の変化 Δx と変数 y の変化 Δy による関数 $z = f(x, y)$ の変化 Δz

$$\Delta z = f(x+\Delta x, y+\Delta y) - f(x,y) = f(x+\Delta x, y+\Delta y) - f(x, y+\Delta y) + f(x, y+\Delta y) - f(x,y)$$

を考える．平均値の定理より，

$$\Delta z = \frac{\partial f}{\partial x}(x+\theta_1\Delta x, y+\Delta y)\cdot\Delta x + \frac{\partial f}{\partial y}(x, y+\theta_2\Delta y)\cdot\Delta y$$

であるから，$\Delta x, \Delta y$ が小さいとき，以下の近似式が得られる．

$$\Delta z \cong \frac{\partial f}{\partial x}(x,y)\cdot\Delta x + \frac{\partial f}{\partial y}(x,y)\cdot\Delta y$$

なお，$\Delta x, \Delta y$ が無限小のとき，

$$\Delta z = \frac{\partial f(x,y)}{\partial x}\cdot\Delta x + \frac{\partial f(x,y)}{\partial y}\cdot\Delta y$$

であり，1 次元の場合と同じように，Δx，Δy を dx，dy とし，Δz を dz とすれば，

$$dz = \frac{\partial f(x,y)}{\partial x}\cdot dx + \frac{\partial f(x,y)}{\partial y}\cdot dy$$

と書ける．これを z の**全微分**という．

全微分 $dz = \dfrac{\partial z}{\partial x}dx + \dfrac{\partial z}{\partial y}dy$

以下のことがいえる．

(1) z の変化 dz は dx と dy によるそれぞれの変化の和で表される．

(2) x の微小な変化 dx とそれによる z の微小な変化 dz との関係は線形的であり，その比例係数は $\partial z/\partial x$（すなわち，偏微分係数）である．同様に，y の微小な変化 dy とそれによる z の微小な変化 dz との関係は線形的であり，その比例係数は $\partial z/\partial y$ である．

(3) $\partial z/\partial x$ は x のみが変化するときの z の変化率

$$\frac{\partial z}{\partial x} = \left.\frac{dz}{dx}\right|_{dy=0}$$

であることから，次のことがわかる．
偏微分係数 $\partial z/\partial x$ は全微分 dz の式における dx の係数から求まる．

多変数の場合　例えば，$u = f(x, y, z)$ とすると，全微分 du は

$$du = \frac{\partial u}{\partial x}dx + \frac{\partial u}{\partial y}dy + \frac{\partial u}{\partial z}dz$$

変数 x, y を変数 r, θ に変換した場合　例えば xy の関数 $z = f(x, y)$ が

$$z = x^2 + 3y^2 \quad \text{(a)}$$

のとき，

$$dz = 2xdx + 6ydy \quad \text{(b)}$$

である．x, y をさらに r, θ の関数

$$x = r\cos\theta, \quad y = r\sin\theta \quad \text{(c)}$$

とすると，

$$\begin{cases} dx = \dfrac{\partial x}{\partial r}dr + \dfrac{\partial x}{\partial \theta}d\theta = \cos\theta dr - r\sin\theta d\theta \\ dy = \dfrac{\partial y}{\partial r}dr + \dfrac{\partial y}{\partial \theta}d\theta = \sin\theta dr + r\cos\theta d\theta \end{cases} \quad \text{(d)}$$

であり，式 (d) を式 (b) に代入すれば，

$$\begin{aligned} dz &= 2r\cos\theta(\cos\theta dr - r\sin\theta d\theta) \\ &\quad + 6r\sin\theta(\sin\theta dr + r\cos\theta d\theta) \\ &= 2r(\cos^2\theta + 3\sin^2\theta)dr + 4r^2\cos\theta\sin\theta d\theta \end{aligned} \quad \text{(e)}$$

となる．なお，式 (c) を式 (a) に代入すると，r, θ の関数 $z = F(r, \theta)$ として

$$z = f(r\cos\theta, r\sin\theta) = r^2\cos^2\theta + 3r^2\sin^2\theta \quad \text{(f)}$$

が得られる．この場合は，

$$\begin{cases} \dfrac{\partial z}{\partial r} = 2r\cos^2\theta + 6r\sin^2\theta \\ \qquad = 2r(\cos^2\theta + 3\sin^2\theta) \\ \dfrac{\partial z}{\partial \theta} = -2r^2\cos\theta\sin\theta + 6r^2\cos\theta\sin\theta \\ \qquad = 4r^2\cos\theta\sin\theta \end{cases} \quad \text{(g)}$$

となる．式 (g) と式 (e) と比較すれば，式

$$dz = \frac{\partial z}{\partial r}dr + \frac{\partial z}{\partial \theta}d\theta \quad \text{(h)}$$

が得られる．したがって，

全微分では，変数を何にとってあるかを考える必要はない

といえる．このことは，さらに以下の説明からも理解できる．

いま，x, y, z の関数

$$w = f(x, y, z)$$

があるとき，その全微分は定義によって，

$$dw = \frac{\partial w}{\partial x}dx + \frac{\partial w}{\partial y}dy + \frac{\partial w}{\partial z}dz \quad \text{(a)}$$

となる．そこで，x, y, z をさらに別の変数 u, v の関数

$$x = \xi(u, v), \;\; y = \eta(u, v), \;\; z = \zeta(u, v) \quad \text{(b)}$$

であるとすると，

$$w = f\bigl(\xi(u, v), \eta(u, v), \zeta(u, v)\bigr) = F(u, v) \quad \text{(c)}$$

となって，w は u, v の関数となる．$w = F(u, v)$ の全微分は，

$$dw = \frac{\partial w}{\partial u}du + \frac{\partial w}{\partial v}dv \quad \text{(d)}$$

例題 1.6.1. $z = xy^2$ の全微分を求めよ．

解答

$$z_x = y^2, \;\; z_y = 2xy \;\; \Rightarrow \;\; dz = y^2dx + 2xydy \qquad \square$$

例題 1.6.2. $z = \sin xy$ の全微分を求めよ．

解答　$z_x = y\cos xy, \qquad z_y = x\cos xy$

$$\Rightarrow dz = \cos xy(ydx + xdy) \qquad \square$$

例題 1.6.3. 次を証明せよ．

$$d(u+v)=du+dv,\quad d(uv)=vdu+udv,$$

$$d\left(\frac{v}{u}\right)=\frac{udv-vdu}{u^2}$$

解答　それぞれ $z=u+v$ と $z=uv$ とおけば，

$$dz=\frac{\partial z}{\partial u}du+\frac{\partial z}{\partial v}dv=du+dv$$

$$dz=\frac{\partial z}{\partial u}du+\frac{\partial z}{\partial v}dv=vdu+udv$$

同様に，$z=v/u$ とおけば，

$$d\left(\frac{v}{u}\right)=\frac{\partial z}{\partial u}du+\frac{\partial z}{\partial v}dv=-\frac{v}{u^2}du+\frac{1}{u}dv$$

$$=\frac{udv-vdu}{u^2}$$

□

1.7　合成関数の微分

1 変数の場合

合成関数

$$z=f(y),\quad y=g(x)$$

を考える．

[1] この場合の関数関係は，

$$z \longrightarrow y \longrightarrow x$$

である．すなわち z は y によって定まり，y は x によって定まる．

[2] 導関数 dz/dx は全微分 dz の式における dx の係数である．$z=f(y)$，$y=g(x)$ の全微分は，

$$dz=\frac{dz}{dy}dy \qquad \text{(a)}$$

$$dy=\frac{dy}{dx}dx \qquad \text{(b)}$$

であるから，(b) を (a) に代入すると，

$$dz=\frac{dz}{dy}\frac{dy}{dx}dx \qquad \text{(c)}$$

が得られる．導関数 dz/dx は全微分 dz の式 (c) における dx の係数であることから，

$$\frac{dz}{dx}=\frac{dz}{dy}\frac{dy}{dx}$$

が成り立つ．

多変数の場合

まず，関数 $u=f(x,y)$ があって，さらに，$x=f_1(p,q)$，$y=f_2(r,s)$ の場合の合成関数 $u=F(p,q,r,s)$ を考える．

[1] この場合の関数関係は，

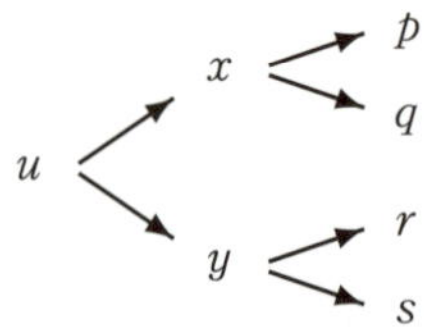

である．

[2] $\partial u/\partial p$ などは全微分 du における dp などの係数から求まる．全微分 du，dx，dy の式

$$\begin{cases} du=\dfrac{\partial u}{\partial x}dx+\dfrac{\partial u}{\partial y}dy \\ dx=\dfrac{\partial x}{\partial p}dp+\dfrac{\partial x}{\partial q}dq \\ dy=\dfrac{\partial y}{\partial r}dr+\dfrac{\partial y}{\partial s}ds \end{cases}$$

より

$$du=\frac{\partial u}{\partial x}\left\{\frac{\partial x}{\partial p}dp+\frac{\partial x}{\partial q}dq\right\}+\frac{\partial u}{\partial y}\left\{\frac{\partial y}{\partial r}dr+\frac{\partial y}{\partial s}ds\right\}$$

が得られる．なお，u を p,q,r,s の関数とみなす場合，

$$du=\frac{\partial u}{\partial p}dp+\frac{\partial u}{\partial q}dq+\frac{\partial u}{\partial r}dr+\frac{\partial u}{\partial s}ds$$

となる．したがって，$\partial u/\partial p$ は式中の dp の係数から求まる．他の偏導関数も同様である．

$$\frac{\partial u}{\partial p}=\frac{\partial u}{\partial x}\frac{\partial x}{\partial p}\quad \text{つまり } u\to x\to p$$

$$\frac{\partial u}{\partial q}=\frac{\partial u}{\partial x}\frac{\partial x}{\partial q}\quad \text{つまり } u\to x\to q$$

$$\frac{\partial u}{\partial r}=\frac{\partial u}{\partial y}\frac{\partial y}{\partial r}\quad \text{つまり } u\to y\to r$$

$$\frac{\partial u}{\partial s}=\frac{\partial u}{\partial y}\frac{\partial y}{\partial s}\quad \text{つまり } u\to y\to s$$

次に，関数 $u=f(x,y,z)$ があって，さらに，$x=f_1(p,q)$，$y=f_2(r,s)$，$z=f_3(p,s)$，の場合の合成関数 $u=F(p,q,r,s)$ を考える．

[1] この場合の関数関係は，

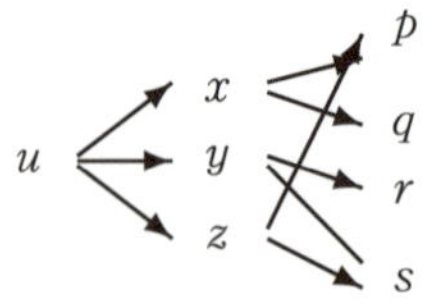

である．

[2] $\partial u/\partial p$ は全微分 du の式における dp の係数から求まる．他の偏導関数も同様である．

$$
\begin{aligned}
du &= \frac{\partial u}{\partial x}dx + \frac{\partial u}{\partial y}dy + \frac{\partial u}{\partial z}dz \\
dx &= \frac{\partial x}{\partial p}dp + \frac{\partial x}{\partial q}dq \\
dy &= \frac{\partial y}{\partial r}dr + \frac{\partial y}{\partial s}ds \\
dz &= \frac{\partial z}{\partial p}dp + \frac{\partial z}{\partial s}ds
\end{aligned}
$$

より

$$
\begin{aligned}
du &= \frac{\partial u}{\partial x}\left\{\frac{\partial x}{\partial p}dp + \frac{\partial x}{\partial q}dq\right\} \\
&\quad + \frac{\partial u}{\partial y}\left\{\frac{\partial y}{\partial r}dr + \frac{\partial y}{\partial s}ds\right\} \\
&\quad + \frac{\partial u}{\partial z}\left\{\frac{\partial z}{\partial p}dp + \frac{\partial z}{\partial s}ds\right\} \\
&= \left\{\frac{\partial u}{\partial x}\ \frac{\partial x}{\partial p} + \frac{\partial u}{\partial z}\ \frac{\partial z}{\partial p}\right\}dp \\
&\quad + \left\{\frac{\partial u}{\partial x}\ \frac{\partial x}{\partial q}\right\}dq + \left\{\frac{\partial u}{\partial y}\ \frac{\partial y}{\partial r}\right\}dr \\
&\quad + \left\{\frac{\partial u}{\partial y}\ \frac{\partial y}{\partial s} + \frac{\partial u}{\partial z}\ \frac{\partial z}{\partial s}\right\}ds
\end{aligned}
$$

が得られる．したがって，

$$\frac{\partial u}{\partial p} = \frac{\partial u}{\partial x}\ \frac{\partial x}{\partial p} + \frac{\partial u}{\partial z}\ \frac{\partial z}{\partial p}$$

つまり $u \to x \to p$ と $u \to z \to p$

$$\frac{\partial u}{\partial q} = \frac{\partial u}{\partial x}\ \frac{\partial x}{\partial q}$$

つまり $u \to x \to q$

$$\frac{\partial u}{\partial r} = \frac{\partial u}{\partial y}\ \frac{\partial y}{\partial r}$$

つまり $u \to y \to r$

$$\frac{\partial u}{\partial s} = \frac{\partial u}{\partial y}\ \frac{\partial y}{\partial s} + \frac{\partial u}{\partial z}\ \frac{\partial z}{\partial s}$$

つまり $u \to y \to s$ と $u \to z \to s$

である．

注意 1.7.1. 上の式を

$$\frac{\partial u}{\partial s} = \frac{\partial u}{\cancel{\partial y}}\ \frac{\cancel{\partial y}}{\partial s} + \frac{\partial u}{\cancel{\partial z}}\ \frac{\cancel{\partial z}}{\partial s} = \frac{\partial u}{\partial s} + \frac{\partial u}{\partial s} = 2\frac{\partial u}{\partial s}$$

のように計算してはいけない．このことについては，次項「dz/dx と $\partial z/\partial x$ の比較」を参照されたい．

上述のことから，合成関数の微分法について以下の定理が得られる．

定理 1.7.1. 偏微分 $\partial u/\partial p$ は関数関係図において u から p までのすべての経路に沿うそれぞれの微分の積の和で求まる

［特殊な場合 1］ 関数 $z = f(x, y)$ があって，さらに $x = f_1(t)$, $y = f_2(t)$ の場合，関数関係は

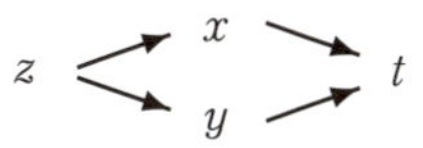

よって，

$$\frac{dz}{dt} = \frac{\partial z}{\partial x}\ \frac{dx}{dt} + \frac{\partial z}{\partial y}\ \frac{dy}{dt}$$

［特殊な場合 2（変数変換）］ 関数 $z = f(x, y)$ があって，さらに $x = f_1(u, v)$, $y = f_2(u, v)$ の場合，関数関係は，

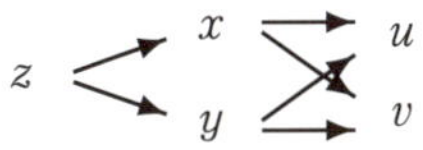

よって，

$$\frac{\partial z}{\partial u} = \frac{\partial z}{\partial x}\ \frac{\partial x}{\partial u} + \frac{\partial z}{\partial y}\ \frac{\partial y}{\partial u}$$

$$\frac{\partial z}{\partial v} = \frac{\partial z}{\partial x}\ \frac{\partial x}{\partial v} + \frac{\partial z}{\partial y}\ \frac{\partial y}{\partial v}$$

行列で書けば，

$$\begin{pmatrix} \dfrac{\partial z}{\partial u} \\ \dfrac{\partial z}{\partial v} \end{pmatrix} = \begin{pmatrix} \dfrac{\partial x}{\partial u} & \dfrac{\partial y}{\partial u} \\ \dfrac{\partial x}{\partial v} & \dfrac{\partial y}{\partial v} \end{pmatrix} \begin{pmatrix} \dfrac{\partial z}{\partial x} \\ \dfrac{\partial z}{\partial y} \end{pmatrix}$$

ここでこの係数行列を，この変換のヤコビ行列という．また，ヤコビ行列の行列式を

$$\frac{\partial(x, y)}{\partial(u, v)} = \begin{vmatrix} \dfrac{\partial x}{\partial u} & \dfrac{\partial y}{\partial u} \\ \dfrac{\partial x}{\partial v} & \dfrac{\partial y}{\partial v} \end{vmatrix}$$

と表して，関数行列式，またはヤコビ行列式，ヤコビアンなどという．

ヤコビアン

［1］ x, y が u, v の関数，u, v が p, q の関数のとき，x, y は p, q の関数と考えられる．このとき，

$$\frac{\partial(x, y)}{\partial(p, q)} = \frac{\partial(x, y)}{\partial(u, v)}\ \frac{\partial(u, v)}{\partial(p, q)}$$

これは，1 変数の場合の式

$$\frac{dy}{dt} = \frac{dy}{dx} \cdot \frac{dx}{dt}$$

の拡張と考えられる．

証明

（関数関係）

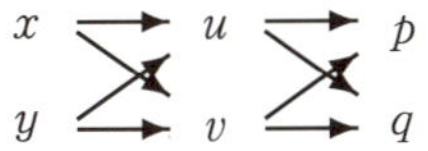

$$\frac{\partial(x,y)}{\partial(p,q)}=\begin{vmatrix}\dfrac{\partial x}{\partial p} & \dfrac{\partial y}{\partial p}\\ \dfrac{\partial x}{\partial q} & \dfrac{\partial y}{\partial q}\end{vmatrix}$$

$$=\begin{vmatrix}\dfrac{\partial x}{\partial u}\dfrac{\partial u}{\partial p}+\dfrac{\partial x}{\partial v}\dfrac{\partial v}{\partial p} & \dfrac{\partial y}{\partial u}\dfrac{\partial u}{\partial p}+\dfrac{\partial y}{\partial v}\dfrac{\partial v}{\partial p}\\ \dfrac{\partial x}{\partial u}\dfrac{\partial u}{\partial q}+\dfrac{\partial x}{\partial v}\dfrac{\partial v}{\partial q} & \dfrac{\partial y}{\partial u}\dfrac{\partial u}{\partial q}+\dfrac{\partial y}{\partial v}\dfrac{\partial v}{\partial q}\end{vmatrix}$$

$$=\begin{vmatrix}\dfrac{\partial u}{\partial p} & \dfrac{\partial v}{\partial p}\\ \dfrac{\partial u}{\partial q} & \dfrac{\partial v}{\partial q}\end{vmatrix}\cdot\begin{vmatrix}\dfrac{\partial x}{\partial u} & \dfrac{\partial y}{\partial u}\\ \dfrac{\partial x}{\partial v} & \dfrac{\partial y}{\partial v}\end{vmatrix}$$

$$=\frac{\partial(u,v)}{\partial(p,q)}\cdot\frac{\partial(x,y)}{\partial(u,v)}\qquad\square$$

[2] x, y が u, v の関数，逆に u, v が x, y の関数と考えるとき，

$$\frac{\partial(u,v)}{\partial(x,y)}=\frac{1}{\dfrac{\partial(x,y)}{\partial(u,v)}}$$

これは，1 変数の場合の式

$$\frac{dx}{dy}=\frac{1}{\dfrac{dy}{dx}}$$

の拡張と考えられる．

証明

（関数関係）

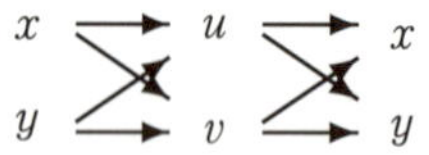

性質 [1] によれば，

$$\frac{\partial(x,y)}{\partial(x,y)}=\frac{\partial(x,y)}{\partial(u,v)}\cdot\frac{\partial(u,v)}{\partial(x,y)}$$

ここに，

$$\frac{\partial(x,y)}{\partial(x,y)}=\begin{vmatrix}\dfrac{\partial x}{\partial x} & \dfrac{\partial y}{\partial x}\\ \dfrac{\partial x}{\partial y} & \dfrac{\partial y}{\partial y}\end{vmatrix}=\begin{vmatrix}1 & 0\\ 0 & 1\end{vmatrix}=1\qquad\square$$

よく使うヤコビアン

[1] x, y 座標系から r, θ 極座標系に変換する際のヤコビアンは，$x=r\cos\theta$, $y=r\sin\theta$ から

$$\frac{\partial z}{\partial r}=\frac{\partial z}{\partial x}\frac{\partial x}{\partial r}+\frac{\partial z}{\partial y}\frac{\partial y}{\partial r}=\frac{\partial z}{\partial x}\cos\theta+\frac{\partial z}{\partial y}\sin\theta$$

$$\frac{\partial z}{\partial \theta}=\frac{\partial z}{\partial x}\frac{\partial x}{\partial \theta}+\frac{\partial z}{\partial y}\frac{\partial y}{\partial \theta}=\frac{\partial z}{\partial x}(-r\sin\theta)+\frac{\partial z}{\partial y}r\cos\theta$$

したがって，

$$\frac{\partial(x,y)}{\partial(r,\theta)}=\begin{vmatrix}x_r & y_r\\ x_\theta & y_\theta\end{vmatrix}=\begin{vmatrix}\cos\theta & \sin\theta\\ -r\sin\theta & r\cos\theta\end{vmatrix}=r$$

[2] r, θ 極座標系から x, y 座標系に変換する際のヤコビアンは，$r=\sqrt{x^2+y^2}$, $\theta=\tan^{-1}(y/x)$ から

$$\frac{\partial(r,\theta)}{\partial(x,y)}=\begin{vmatrix}r_x & r_y\\ \theta_x & \theta_y\end{vmatrix}=\begin{vmatrix}\dfrac{x}{\sqrt{x^2+y^2}} & \dfrac{y}{\sqrt{x^2+y^2}}\\ \dfrac{-y}{x^2+y^2} & \dfrac{x}{x^2+y^2}\end{vmatrix}=\frac{1}{r}$$

[3] x, y, z 座標系から r, θ, φ 極座標系に変換する際のヤコビアンは，$x=r\sin\theta\cos\varphi$, $y=r\sin\theta\sin\varphi$, $z=r\cos\theta$ から

$$\begin{cases}\dfrac{\partial x}{\partial r}=\sin\theta\cos\varphi, & \dfrac{\partial y}{\partial r}=\sin\theta\sin\varphi,\\ \dfrac{\partial z}{\partial r}=\cos\theta, & \dfrac{\partial x}{\partial \theta}=r\cos\theta\cos\varphi,\\ \dfrac{\partial y}{\partial \theta}=r\cos\theta\sin\varphi, & \dfrac{\partial z}{\partial \theta}=-r\sin\theta,\\ \dfrac{\partial x}{\partial \varphi}=-r\sin\theta\sin\varphi, & \dfrac{\partial y}{\partial \varphi}=r\sin\theta\cos\varphi,\\ \dfrac{\partial z}{\partial \varphi}=0, & \end{cases}$$

である．したがって，

$$\frac{\partial(x,y,z)}{\partial(r,\theta,\varphi)}=\begin{vmatrix}x_r & y_r & z_r\\ x_\theta & y_\theta & z_\theta\\ x_\varphi & y_\varphi & z_\varphi\end{vmatrix}$$

$$=\begin{vmatrix}\sin\theta\cos\varphi & \sin\theta\sin\varphi & \cos\theta\\ r\cos\theta\cos\varphi & r\cos\theta\sin\varphi & -r\sin\theta\\ -r\sin\theta\sin\varphi & r\sin\theta\cos\varphi & 0\end{vmatrix}$$

$$=r^2\sin\theta$$

$\dfrac{dz}{dx}$ と $\dfrac{\partial z}{\partial x}$ の比較

[1] dz/dx は二つの意味を持っている．

(a) 導関数

(b) 全微分 dz と全微分 dx との比

したがって，

$$\frac{dz}{dx}\,\frac{dx}{dz}=\frac{\cancel{dz}}{\cancel{dx}}\,\frac{\cancel{dx}}{\cancel{dz}}=1$$

のように，単独の記号として計算できる．

例えば，

$$z = \sin x \qquad \Rightarrow \qquad \frac{dz}{dx} = \cos x$$

$$x = \sin^{-1} z \qquad \Rightarrow \qquad \frac{dx}{dz} = \frac{1}{\sqrt{1-z^2}}$$

より

$$\frac{dz}{dx}\frac{dx}{dz} = \frac{\cos x}{\sqrt{1-z^2}} = \frac{\cos x}{\sqrt{1-\sin^2 x}} = 1$$

となる．

[2] $\partial z/\partial x$ は x のみが変化するときの z の変化率で，単なる偏微分の記号に過ぎない．分子，分母を別々に単独の記号とみなすことができない．例えば，理想気体の状態方程式 $pV = RT$ に基づいて，

$$p = \frac{RT}{V} \qquad \Rightarrow \qquad \left.\frac{\partial p}{\partial V}\right|_{T=\text{一定}} = -\frac{RT}{V^2}$$

$$V = \frac{RT}{p} \qquad \Rightarrow \qquad \left.\frac{\partial V}{\partial T}\right|_{p=\text{一定}} = \frac{R}{p}$$

$$T = \frac{pV}{R} \qquad \Rightarrow \qquad \left.\frac{\partial T}{\partial p}\right|_{V=\text{一定}} = \frac{V}{R}$$

が得られる．上の 3 つの式の積は，

$$\frac{\partial p}{\partial V}\frac{\partial V}{\partial T}\frac{\partial T}{\partial p} = -1 \neq 1$$

である．

[3] $\partial z/\partial x$ は情報不十分な記号である．偏微分に関して，

(a) どこの時点で関数を考えているか，

(b) どんな変数が固定されいるか

という二つのことを必ず考慮しなければならない．しかし，記号 $\partial z/\partial x$ にはこれらの情報が記載されていない．

例えば，関数関係が

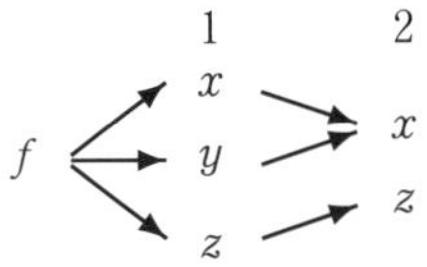

のような変数について，同じ記号 $\partial f/\partial x$ であっても，「1」の時点と「2」の時点における意味が違う．「1」の時点では，y, z が固定，「2」の時点では，z が固定となっている．具体的に見よう．

例 1.7.1. 半径 R，高さ h，密度 ρ の円柱体の質量 m は $m = \pi R^2 h\rho$ である．したがって

$$\frac{\partial m}{\partial R} = 2\pi Rh\rho$$

は，ある一定の h, ρ に対して，R の微小変化による m の微小変化を表すものである．

さらに，$h : R$ が常に $2:1$ の円柱体のみを考えるとすると，$m = 2\pi R^3\rho$ となり，

$$\frac{\partial m}{\partial R} = 6\pi R^2\rho$$

となる．これは，$h : R$ が常に $2:1$ の条件のもとで，R の微小変化による m の微小変化を表すものである．なお，この場合の関数関係を表すと，次のようになる．

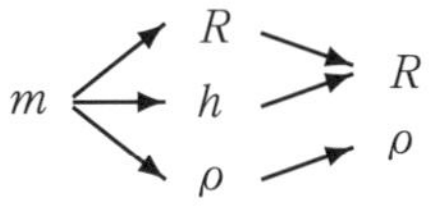

例題 1.7.1. $z = f(ax+by)$（a, b は定数）のとき，

$$b\frac{\partial z}{\partial x} = a\frac{\partial z}{\partial y}$$

であることを証明せよ．

解答　$z = f(u)$，$u = ax+by$ とおく．このときの関数関係は

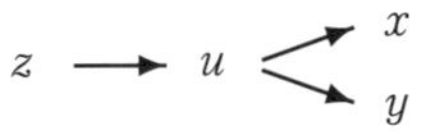

であり，$\partial z/\partial x$，$\partial z/\partial y$ は

$$\begin{cases} \dfrac{\partial z}{\partial x} = \dfrac{\partial z}{\partial u}\dfrac{\partial u}{\partial x} = f'(u)a \\[2mm] \dfrac{\partial z}{\partial y} = \dfrac{\partial z}{\partial u}\dfrac{\partial u}{\partial y} = f'(u)b \end{cases}$$

となる．よって，

$$b\frac{\partial z}{\partial x} = a\frac{\partial z}{\partial y}$$

□

例題 1.7.2. $u = f(r)$，$r = \sqrt{x^2+y^2}$，$\partial^2 u/\partial x^2 + \partial^2 u/\partial y^2 = 0$ のとき，$f(r)$ を求めよ．

解答　$\partial r/\partial x$，$\partial u/\partial x$，$\partial^2 u/\partial x^2$，$\partial^2 u/\partial y^2$ はそれぞれ次のようになる．

$$\frac{\partial r}{\partial x} = \frac{x}{\sqrt{x^2+y^2}}$$

$$\frac{\partial u}{\partial x} = f'(r)\frac{\partial r}{\partial x} = f'(r)\frac{x}{\sqrt{x^2+y^2}}$$

$$\begin{aligned}\frac{\partial^2 u}{\partial x^2} &= f''(r)\left(\frac{x}{\sqrt{x^2+y^2}}\right)^2 + f'(r)\frac{\sqrt{x^2+y^2} - x^2/\sqrt{x^2+y^2}}{x^2+y^2} \\ &= f''(r)\frac{x^2}{x^2+y^2} + f'(r)\frac{y^2}{(x^2+y^2)^{3/2}}\end{aligned}$$

$$\frac{\partial^2 u}{\partial y^2} = f''(r)\frac{y^2}{x^2+y^2} + f'(r)\frac{x^2}{(x^2+y^2)^{3/2}}$$

したがって $f'(r)$, $f''(r)$ は

$$\frac{\partial^2 u}{\partial x^2}+\frac{\partial^2 u}{\partial y^2}=f''(r)+\frac{1}{r}f'(r)=0$$

を満たす．$f'(r)=g$ とすれば，

$$\frac{dg}{dr}=-\frac{g}{r}$$

より

$$\frac{dg}{g}=-\frac{dr}{r}$$
$$\therefore \log g=-\log r+c$$
$$\therefore g=e^c\frac{1}{r}$$

である．したがって，

$$f'(r)=a\frac{1}{r}$$
$$\therefore f(r)=a\log r+b \qquad \square$$

例題 1.7.3. $x=au+bv$, $y=cu+dv$ (a, b, c, d は定数）のとき，ヤコビアン $\partial(x,y)/\partial(u,v)$ を求めよ．

解答

$$\frac{\partial(x,y)}{\partial(u,v)}=\begin{vmatrix} a & b \\ c & d \end{vmatrix}=ad-bc \qquad \square$$

例題 1.7.4. $x=au+bv+cw$, $y=bu+cv+aw$, $z=uvw$ (a,b,c は定数）のとき，ヤコビアン $\partial(x,y,z)/\partial(u,v,w)$ を求めよ．

解答

$$\frac{\partial(x,y,z)}{\partial(u,v,w)}=\begin{vmatrix} a & b & c \\ b & c & a \\ uw & wu & uv \end{vmatrix}$$
$$=(bc-a^2)wu+(ac-b^2)uv$$
$$+(ab-c^2)vw \qquad \square$$

例題 1.7.5. $z=e^u\sin v$, $u=xy$, $v=x+y$ のとき，$\partial z/\partial x$ と $\partial z/\partial y$ を求めよ．

解答
$$\frac{\partial z}{\partial x}=\frac{\partial z}{\partial u}\frac{\partial u}{\partial x}+\frac{\partial z}{\partial v}\frac{\partial v}{\partial x}$$
$$=e^u\sin v\cdot y+e^u\cos v\cdot 1$$
$$=e^{xy}[y\sin(x+y)+\cos(x+y)]$$
$$\frac{\partial z}{\partial y}=\frac{\partial z}{\partial u}\frac{\partial u}{\partial y}+\frac{\partial z}{\partial v}\frac{\partial v}{\partial y}$$
$$=e^u\sin v\cdot x+e^u\cos v\cdot 1$$
$$=e^{xy}[x\sin(x+y)+\cos(x+y)] \qquad \square$$

例題 1.7.6. $u=f(x,y,z)=e^{x^2+y^2+z^2}$, $z=x^2\sin y$ のとき，$\partial u/\partial x$ と $\partial u/\partial y$ を求めよ．

解答
$$\frac{\partial u}{\partial x}=\frac{\partial f}{\partial x}+\frac{\partial f}{\partial z}\frac{\partial z}{\partial x}$$
$$=2xe^{x^2+y^2+z^2}+2ze^{x^2+y^2+z^2}\cdot 2x\sin y$$
$$=2x(1+2x^2\sin^2 y)e^{x^2+y^2+x^4\sin^2 y}$$
$$\frac{\partial u}{\partial y}=\frac{\partial f}{\partial y}+\frac{\partial f}{\partial z}\frac{\partial z}{\partial y}$$
$$=2ye^{x^2+y^2+z^2}+2ze^{x^2+y^2+z^2}\cdot x^2\cos y$$
$$=2(y+x^4\sin y\cos y)e^{x^2+y^2+x^4\sin^2 y} \qquad \square$$

例題 1.7.7. $z=uv+\sin t$, $u=e^t$, $v=\cos t$ のとき，dz/dt を求めよ．

解答
$$\frac{dz}{dt}=\frac{\partial z}{\partial u}\frac{du}{dt}+\frac{\partial z}{\partial v}\frac{dv}{dt}+\frac{\partial z}{\partial t}$$
$$=ve^t-u\sin t+\cos t$$
$$=e^t\cos t-e^t\sin t+\cos t$$
$$=e^t(\cos t-\sin t)+\cos t \qquad \square$$

例題 1.7.8. $u=u(x,y)$, $x=r\cos\theta$, $y=r\sin\theta$ とするとき，

(1) $\dfrac{\partial u}{\partial r}$，$\dfrac{\partial u}{\partial \theta}$ を $\dfrac{\partial u}{\partial x}$，$\dfrac{\partial u}{\partial y}$ で表せ．

(2) $\dfrac{\partial u}{\partial x}$，$\dfrac{\partial u}{\partial y}$ を $\dfrac{\partial u}{\partial r}$，$\dfrac{\partial u}{\partial \theta}$ で表せ．

(3) $\left(\dfrac{\partial u}{\partial x}\right)^2+\left(\dfrac{\partial u}{\partial y}\right)^2$ と $\dfrac{\partial^2 u}{\partial x^2}+\dfrac{\partial^2 u}{\partial y^2}$ を $\dfrac{\partial u}{\partial r}$，$\dfrac{\partial u}{\partial \theta}$ で表せ．

解答　(1) $x=r\cos\theta$, $y=r\sin\theta$ を r,θ でそれぞれ偏微分すれば

$$\frac{\partial x}{\partial r}=\cos\theta,\qquad \frac{\partial x}{\partial \theta}=-r\sin\theta,$$
$$\frac{\partial y}{\partial r}=\sin\theta,\qquad \frac{\partial y}{\partial \theta}=r\cos\theta,$$

であるから，$u(x,y)$ の r,θ による偏微分はそれぞれ

$$\frac{\partial u}{\partial r}=\frac{\partial u}{\partial x}\cos\theta+\frac{\partial u}{\partial y}\sin\theta,$$
$$\frac{\partial u}{\partial \theta}=-\frac{\partial u}{\partial x}r\sin\theta+\frac{\partial u}{\partial y}r\cos\theta$$

となる．

(2) $(x,y)=(r\cos\theta, r\sin\theta)$ のヤコビアンは

$$D=\begin{vmatrix} \cos\theta & \sin\theta \\ -r\sin\theta & r\cos\theta \end{vmatrix}=r$$

であるから

$$\frac{\partial u}{\partial x}=\frac{\begin{vmatrix} u_r & \sin\theta \\ u_\theta & r\cos\theta \end{vmatrix}}{D}=\frac{\partial u}{\partial r}\cos\theta-\frac{\partial u}{\partial \theta}\frac{\sin\theta}{r},$$

$$\frac{\partial u}{\partial y} = \frac{\begin{vmatrix} \cos\theta & u_r \\ -r\sin\theta & u_\theta \end{vmatrix}}{D} = \frac{\partial u}{\partial r}\sin\theta + \frac{\partial u}{\partial \theta}\frac{\cos\theta}{r}$$

ただし $r = \sqrt{x^2+y^2}$，$\theta = \arctan\dfrac{y}{x}$ と書ける．したがって

$$\frac{\partial r}{\partial x} = \frac{x}{\sqrt{x^2+y^2}} = \frac{x}{r}$$
$$\frac{\partial r}{\partial y} = \frac{y}{\sqrt{x^2+y^2}} = \frac{y}{r}$$
$$\frac{\partial \theta}{\partial x} = \frac{-\dfrac{y}{x^2}}{1+\left(\dfrac{y}{x}\right)^2} = \frac{-y}{r^2}$$
$$\frac{\partial \theta}{\partial y} = \frac{\dfrac{1}{x}}{1+\left(\dfrac{y}{x}\right)^2} = \frac{x}{r^2}$$

より，

$$\begin{aligned}\frac{\partial u}{\partial x} &= \frac{\partial u}{\partial r}\frac{\partial r}{\partial x} + \frac{\partial u}{\partial \theta}\frac{\partial \theta}{\partial x}\\ &= \frac{\partial u}{\partial r}\frac{x}{r} - \frac{\partial u}{\partial \theta}\frac{y}{r^2}\\ &= \frac{\partial u}{\partial r}\cos\theta - \frac{\partial u}{\partial \theta}\frac{\sin\theta}{r}\\ \frac{\partial u}{\partial y} &= \frac{\partial u}{\partial r}\frac{\partial r}{\partial y} + \frac{\partial u}{\partial \theta}\frac{\partial \theta}{\partial y}\\ &= \frac{\partial u}{\partial r}\frac{y}{r} + \frac{\partial u}{\partial \theta}\frac{x}{r^2}\\ &= \frac{\partial u}{\partial r}\sin\theta + \frac{\partial u}{\partial \theta}\frac{\cos\theta}{r}\end{aligned}$$

となる．

(3) 上式より

$$\left(\frac{\partial u}{\partial x}\right)^2 + \left(\frac{\partial u}{\partial y}\right)^2 = \left(\frac{\partial u}{\partial r}\right)^2 + \frac{1}{r^2}\left(\frac{\partial u}{\partial \theta}\right)^2$$

であり，さらに，

$$\begin{aligned}\frac{\partial^2 u}{\partial x^2} &= \frac{\partial}{\partial r}\left(\frac{\partial u}{\partial x}\right)\cdot\frac{\partial r}{\partial x} + \frac{\partial}{\partial \theta}\left(\frac{\partial u}{\partial x}\right)\cdot\frac{\partial \theta}{\partial x}\\ &= \frac{\partial}{\partial r}\left(\frac{\partial u}{\partial r}\cos\theta - \frac{\partial u}{\partial \theta}\frac{\sin\theta}{r}\right)\cdot\cos\theta\\ &\quad - \frac{\partial}{\partial \theta}\left(\frac{\partial u}{\partial r}\cos\theta - \frac{\partial u}{\partial \theta}\frac{\sin\theta}{r}\right)\cdot\frac{\sin\theta}{r}\\ &= \frac{\partial^2 u}{\partial r^2}\cos^2\theta - 2\frac{\partial^2 u}{\partial r\partial \theta}\frac{\sin\theta\cos\theta}{r}\\ &\quad + \frac{\partial^2 u}{\partial \theta^2}\frac{\sin^2\theta}{r^2} + 2\frac{\partial u}{\partial \theta}\frac{\sin\theta\cos\theta}{r^2}\\ &\quad + \frac{\partial u}{\partial r}\frac{\sin^2\theta}{r}\\ \frac{\partial^2 u}{\partial y^2} &= \frac{\partial^2 u}{\partial r^2}\sin^2\theta + 2\frac{\partial^2 u}{\partial r\partial \theta}\frac{\sin\theta\cos\theta}{r}\\ &\quad + \frac{\partial^2 u}{\partial \theta^2}\frac{\cos^2\theta}{r^2} - 2\frac{\partial u}{\partial \theta}\frac{\sin\theta\cos\theta}{r^2}\\ &\quad + \frac{\partial u}{\partial r}\frac{\cos^2\theta}{r}\end{aligned}$$

したがって，

$$\begin{aligned}\frac{\partial^2 u}{\partial x^2} + \frac{\partial^2 u}{\partial y^2} &= \frac{\partial^2 u}{\partial r^2} + \frac{1}{r}\frac{\partial u}{\partial r} + \frac{1}{r^2}\frac{\partial^2 u}{\partial \theta^2}\\ &= \frac{1}{r^2}\left\{r\frac{\partial}{\partial r}\left(r\frac{\partial u}{\partial r}\right) + \frac{\partial^2 u}{\partial \theta^2}\right\}\end{aligned}$$

□

例題 1.7.9. $x(\partial z/\partial x) = y(\partial z/\partial y)$ のとき，z は xy だけの関数であることを証明せよ．

解答　中間変数 $u = xy$，$v = x/y$ を導入する．すなわち，

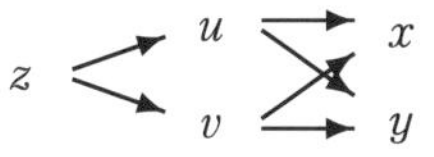

とすると

$$\frac{\partial z}{\partial x} = \frac{\partial z}{\partial u}y + \frac{\partial z}{\partial v}\frac{1}{y}$$
$$\frac{\partial z}{\partial y} = \frac{\partial z}{\partial u}x - \frac{\partial z}{\partial v}\frac{x}{y^2}$$

したがって，$x(\partial z/\partial x) = y(\partial z/\partial y)$ に代入すれば，

$$2\frac{x}{y}\frac{\partial z}{\partial v} = 0$$

$$z = f(u) = f(xy)$$

ここでは，v の式には無関係である．例えば，異なる中間変数 $u = xy$，$v = x$ を導入すると，

$$\frac{\partial z}{\partial x} = \frac{\partial z}{\partial u}y + \frac{\partial z}{\partial v}1$$
$$\frac{\partial z}{\partial y} = \frac{\partial z}{\partial u}x + \frac{\partial z}{\partial v}0$$

同様に，

$$x\frac{\partial z}{\partial v} = 0 \ \rightarrow\ z = f(u) = f(xy)$$

が得られる．□

例題 1.7.10. $y(\partial z/\partial x) = x(\partial z/\partial y)$ のとき，z は x^2+y^2 だけの関数であることを証明せよ．

解答　中間変数 $u = x^2+y^2$，$v = x$ を導入すると，

$$\frac{\partial z}{\partial x} = \frac{\partial z}{\partial u}(2x) + \frac{\partial z}{\partial v}1$$
$$\frac{\partial z}{\partial y} = \frac{\partial z}{\partial u}(2y) + \frac{\partial z}{\partial v}0$$

したがって，

$$y\frac{\partial z}{\partial v} = 0 \ \rightarrow\ z = f(u) = f(x^2+y^2)$$

□

例題 1.7.11. $\partial z/\partial x = 0$ となる x, y の関数 z はどんな関数であるか．

解答　$$\frac{\partial z}{\partial x} = 0$$

より，関数 z は変数 y のみの関数，例えば $g(y)$ である．

$$z = g(y) \qquad \square$$

例題 1.7.12. $\partial^2 z/\partial x \partial y = 0$ となる x, y の関数 z はどんな関数であるか．

解答

$$\frac{\partial^2 z}{\partial x \partial y} = \frac{\partial}{\partial x}\left(\frac{\partial z}{\partial y}\right) = 0$$

より，

$$\frac{\partial z}{\partial y} = m(y)$$

この方程式を解くと

$$z = \int m(y)dy + h(x) = g(y) + h(x) \qquad \square$$

例題 1.7.13. 次の条件は $z = g(x)h(y)$ の必要十分条件であることを証明せよ．

$$z\frac{\partial^2 z}{\partial x \partial y} = \frac{\partial z}{\partial x}\frac{\partial z}{\partial y}$$

解答　（必要条件）

$z = g(x)h(y)$ とすると，

$$\frac{\partial z}{\partial x} = g'h$$
$$\frac{\partial z}{\partial y} = gh'$$
$$\frac{\partial^2 z}{\partial x \partial y} = g'h'$$

したがって，

$$\text{左辺} = zz_{xy} = gg'hh' = \text{右辺} = z_x z_y = gg'hh'$$

（十分条件）

$$\frac{\partial \log z}{\partial y} = \frac{1}{z}\frac{\partial z}{\partial y}$$
$$\frac{\partial^2 \log z}{\partial x \partial y} = \frac{1}{z}\frac{\partial^2}{\partial x \partial y} - \frac{1}{z^2}\frac{\partial z}{\partial x}\frac{\partial z}{\partial y} = \frac{1}{z^2}\left(z\frac{\partial^2}{\partial x \partial y} - \frac{\partial z}{\partial x}\frac{\partial z}{\partial y}\right) = 0$$

したがって，前問の解答を考慮すれば，

$$\log z = m(x) + n(y)$$
$$\Rightarrow z = e^{m(x)}e^{n(y)} = g(x)h(y) \qquad \square$$

例題 1.7.14. c が 0 でない定数のとき，偏微分方程式

$$\frac{\partial^2 z}{\partial t^2} = c^2\frac{\partial^2 z}{\partial x^2}$$

の解 $z = f(x, t)$ は，$\varphi(x + ct) + \phi(x - ct)$ の形であることを証明せよ．

解答

$$u = x + ct, \quad \frac{\partial u}{\partial x} = 1, \quad \frac{\partial u}{\partial t} = c$$
$$v = x - ct, \quad \frac{\partial v}{\partial x} = 1, \quad \frac{\partial v}{\partial t} = -c$$

より，

$$\begin{cases} \dfrac{\partial z}{\partial t} = \dfrac{\partial z}{\partial u}\dfrac{\partial u}{\partial t} + \dfrac{\partial z}{\partial v}\dfrac{\partial v}{\partial t} \\ \qquad = c\dfrac{\partial z}{\partial u} - c\dfrac{\partial z}{\partial v} \\ \dfrac{\partial^2 z}{\partial t^2} = c^2\left(\dfrac{\partial^2 z}{\partial u^2} - 2\dfrac{\partial^2 z}{\partial u \partial v} + \dfrac{\partial^2 z}{\partial v^2}\right) \\ \dfrac{\partial z}{\partial x} = \dfrac{\partial z}{\partial u}\dfrac{\partial u}{\partial x} + \dfrac{\partial z}{\partial v}\dfrac{\partial v}{\partial x} \\ \qquad = \dfrac{\partial z}{\partial u} + \dfrac{\partial z}{\partial v} \\ \dfrac{\partial^2 z}{\partial x^2} = \dfrac{\partial^2 z}{\partial u^2} + 2\dfrac{\partial^2 z}{\partial u \partial v} + \dfrac{\partial^2 z}{\partial v^2} \end{cases}$$

したがって，式 $\dfrac{\partial^2 z}{\partial t^2} = c^2\dfrac{\partial^2 z}{\partial x^2}$ から

$$4\frac{\partial^2 z}{\partial u \partial v} = 0$$

が得られる．その一般解は，

$$z = \varphi(u) + \phi(v) = \varphi(x + ct) + \phi(x - ct) \qquad \square$$

1.8 陰　関　数

1.8.1　陰関数 $f(x, y) = 0$

定義

x, y の関数 $f(x, y) = 0$ のとき，y を x の関数と考えられる．このような関数を**陰関数**という．

このとき，y と x の関係は，$y = \varphi(x)$ のように陽に与えられていないが，$f(x, y) = 0$ を y に関する方程式とみなしてそれを解けば，与えられた x に対応する y を求めることができるので，y を x の関数とみなすことができる．

陰関数 $f(x, y) = 0$ の導関数 $\dfrac{dy}{dx}$

陰関数 $f(x, y) = 0$ の導関数 dy/dx を求めるには二つの方法がある．

$$x^2 - y^3 = 0 \Rightarrow y = x^{2/3} \Rightarrow y' = \frac{2}{3}x^{-1/3}$$

$$x^2 - y^3 = 0 \Rightarrow 2x - 3y^2y' = 0 \Rightarrow y' = \frac{2}{3}\frac{x}{y^2}$$

[1] 関数 $y = y(x)$ を求めてから dy/dx を求める方法．例えば，

$$2\sin x + \cos y = 0$$

の場合，y について解くと

$$y = \arccos(-2\sin x)$$

であるから

$$y_x = \frac{2\cos x}{\sqrt{1-4\sin^2 x}}$$

となる．しかし，多くの場合，このような計算は煩雑である．また，計算できない場合もある．

[2] 関数 $y = y(x)$ を求めないで dy/dx を求める方法．例えば，

$$2\sin x + \cos y = 0$$

に対して，y が x の関数であることを考慮して，両辺を x について微分する．すなわち，

$$f(x, y(x)) = 2\sin x + \cos y(x) = 0$$

に対して，両辺を x について微分すると，

$$2\cos x - (\sin y)\, y_x = 0$$

$$y_x = \frac{2\cos x}{\sin y}$$

また

$$2x - 3y^2 y' = 0$$

より，

$$y' = \frac{2}{3}\frac{x}{y^2} = \frac{2}{3}x^{-1/3}$$

$\dfrac{\partial y}{\partial x}$ を求める要領

関数 $y = y(x)$ を求めないで，陰関数 $f(x, y) = 0$ の微分を求める要領は，以下のようである．

[1] まず，関数関係を把握する．

$f(x, y) = 0$ を変数 x から関数 y を決めるための方程式とみなせば，$f(x, y) = 0$ から関数 $y = y(x)$ が得られる．

よって，y を x の関数 $y = y(x)$ とし，$u = f(x, y) = 0$ を次のように考える．

$$u = f(x, y) = f(x, y(x)) = 0 \qquad \text{(a)}$$

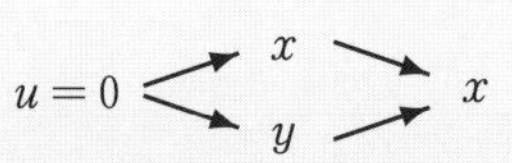

[2] y が x の関数であることを考慮して，$f(x, y) = 0$ の左辺と右辺を x で微分する．

$$\frac{du}{dx} = \frac{\partial f}{\partial x} + \frac{\partial f}{\partial y}\frac{dy}{dx} = 0 \qquad \text{(b)}$$

[3] 式 (b) から y_x を求める．

$$\frac{dy}{dx} = -\frac{\partial f/\partial x}{\partial f/\partial y} \qquad \text{(c)}$$

答えは，式 (c) のように，x と y が混ざった式でもよい．

例題 1.8.1. 関数 $x^2 + y^2 = 1$ で定まる陰関数の微分 dy/dx を求めよ．

解答　両辺を x について微分すると，

$$2x + 2y\frac{dy}{dx} = 0$$

が得られる．よって，

$$\frac{dy}{dx} = -\frac{x}{y}$$

このとき，$x^2 + y^2 = 1$ を解くと $y = \pm\sqrt{1-x^2}$ で，これを x で微分すると

$$\frac{dy}{dx} = \mp\frac{x}{\sqrt{1-x^2}}$$

$\mp$ のどちらをとっても，$dy/dx = -x/y$ となる．□

また，式 (c) からわかるように，分母 $\partial f/\partial y$ がゼロでなければ，微分 dy/dx が存在する．したがって，以下の定理が得られる．

定理 1.8.1. $f(x, y)$ は，(x_0, y_0) を含む領域で連続な偏導関数をもち，$f(x_0, y_0) = 0$ であり，さらに $f_y(x_0, y_0) \neq 0$ である．このとき，$y_0 = \varphi(x_0)$ で，かつ $f(x, \varphi(x)) = 0$ となる関数 $y = \varphi(x)$ が $x = x_0$ の近くに，ただ1つ存在する．この関数 $y = \varphi(x)$ は微分可能であって，

$$\frac{dy}{dx} = -\frac{f_x(x, \varphi(x))}{f_y(x, \varphi(x))}$$

なお，$f(x_0, y_0) = 0$, $f_x(x_0, y_0) \neq 0$, $f_y(x_0, y_0) = 0$ である点では，dy/dx は無限大となり，その近傍では1つの x に対して2つの y が存在することがある．

さらに，$f(x_0, y_0) = 0$，$f_x(x_0, y_0) = 0$，$f_y(x_0, y_0) = 0$ である点は，特異点といい，その近傍における曲線の状態は非常に複雑である．

例えば，$f(x, y) = y^2 - x^2(x-a)$　$(a > 0)$ では，$f_x = -3x^2 + 2ax$，$f_y = 2y$ である．この場合，$f(0, 0) = f_x(0, 0) = f_y(0, 0) = 0$ となり，点 $(0, 0)$ は特異点である．また，点 $(0, a)$ においては，$f(0, 0) = f_y(0, 0) = 0$，$f_x(0, 0) \neq 0$ である．

1.8.2　陰関数 $f(x, y, z) = 0$

$\dfrac{\partial z}{\partial x}$, $\dfrac{\partial z}{\partial y}$ を求める要領

[1] まず，関数関係を把握する．

$f(x, y, z) = 0$ を，変数 x, y から関数 z を決めるための方程式とみなせば関数 $z = \varphi(x, y)$ が得られる．

したがって，z を x, y の関数 $z = z(x, y)$ とし，

$$u = f(x, y, z) = f(x, y, z(x, y)) = 0 \qquad \text{(a)}$$

のような関数関係が得られる．

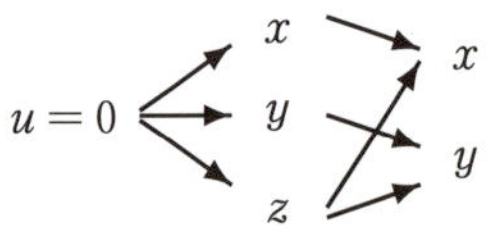

[2] $f(x, y, z) = 0$ の左辺と右辺について，x と y に対するそれぞれの偏導関数を計算する．

$$\begin{aligned} \frac{\partial u}{\partial x} &= \frac{\partial f}{\partial x} + \frac{\partial f}{\partial z}\frac{\partial z}{\partial x} = 0 \\ \frac{\partial u}{\partial y} &= \frac{\partial f}{\partial y} + \frac{\partial f}{\partial z}\frac{\partial z}{\partial y} = 0 \end{aligned} \qquad \text{(b)}$$

[3] 方程式 (b) から z_x, z_y を求める．

$$\frac{\partial z}{\partial x} = -\frac{\partial f/\partial x}{\partial f/\partial z}, \quad \frac{\partial z}{\partial y} = -\frac{\partial f/\partial y}{\partial f/\partial z} \qquad \text{(c)}$$

曲面 $f(x, y, z) = 0$ の接平面

曲面 $z = z(x, y)$ の接平面は，

$$z - z(a, b) = z_x(a, b)(x - a) + z_y(y - b)$$

である．したがって，曲面 $f(x, y, z) = 0$ について，$z_x(a, b)$, $z_y(a, b)$ の式を代入すれば，接平面は，

$$z - c = -\frac{f_x(a, b, c)}{f_z(a, b, c)}(x - a) - \frac{f_y(a, b, c)}{f_z(a, b, c)}(y - b)$$

となり，すなわち，

$$\begin{aligned} &f_x(a, b, c)(x - a) + f_y(a, b, c)(y - b) \\ &\quad + f_z(a, b, c)(z - c) = 0 \end{aligned}$$

同様に法線は

$$\frac{x - a}{f_x(a, b, c)} = \frac{y - b}{f_y(a, b, c)} = \frac{z - c}{f_z(a, b, c)}$$

となる．

一方，曲線 $f(x, y) = 0$ の接線は，

$$f_x(a, b)(x - a) + f_y(a, b)(y - b) = 0$$

法線は

$$\frac{x - a}{f_x(a, b)} = \frac{y - b}{f_y(a, b)}$$

である．

上の式から次の定理が得られる．

定理 1.8.2. 勾配ベクトル $\nabla f(p, q)$ は，点 $P(p, q)$（ここに，$f(p, q) = h$）における曲線 $f(x, y) = c$ の法線方向である．

定理 1.8.3. 勾配ベクトル $\nabla f(p, q, r)$ は，点 $P(p, q, r)$（ただし，$f(p, q, r) = c$）における曲面 $f(x, y, z) = c$ の法線方向である．

例題 1.8.2. $xy + y^3 = 3$ の上の点 $(2, 1)$ における接線と法線を求めよ．

解答　$f(x, y) = xy + y^3$ とすれば，

$$\nabla f = (y, x + 3y^2) = (1, 5)$$

よって

接線：$(x - 2) + 5(y - 1) = 0$

法線：$x - 2 = \dfrac{y - 1}{5}$　□

例題 1.8.3. $x^2 + y^2 = 1$ の上の点 $(\sqrt{3}/2, 1/2)$ における接線と法線を求めよ．

解答　$f(x, y) = x^2 + y^2$ とすれば，

$$\nabla f = (2x, 2y) = (\sqrt{3}, 1)$$

よって

接線：$\left(x - \dfrac{\sqrt{3}}{2}\right)\sqrt{3} + \left(y - \dfrac{1}{2}\right) = 0$

法線：$\dfrac{x - (\sqrt{3}/2)}{\sqrt{3}} = \dfrac{y - (1/2)}{1}$　□

例題 1.8.4. $x^2 + 2y^2 + 3z^2 = 9$ の上の点 $(2, 1, 1)$ における接平面と法線を求めよ．

解答　$f(x, y, z) = x^2 + 2y^2 + 3z^2$ とすれば，

$$\nabla f = (2x, 4y, 6z) = (4, 4, 6)$$

よって

接平面：$4(x - 2) + 4(y - 1) + 6(z - 1) = 0$

法　線：$\dfrac{x - 2}{4} = \dfrac{y - 1}{4} = \dfrac{z - 1}{6}$　□

例題 1.8.5. $Ax + By + Cz = D$ の上の点 (p, q, r) $(Ap + Bq + Cr = D)$ における接平面と法線を求めよ．

解答　$f(x, y, z) = Ax + By + Cz$ とすれば，

$$\nabla f = (A, B, C)$$

よって

接平面：$A(x - p) + B(y - q) + C(z - r) = 0$

　　　すなわち，$Ax + By + Cz = D$

法　線：$\dfrac{x - p}{A} = \dfrac{y - q}{B} = \dfrac{z - r}{C}$　□

例題 1.8.6. 点 $(\sqrt{3}/3,\ 1)$ を通る，$x^2+y^2=1$ の接線と法線を求めよ．

解答 接点を (p,q)，$f(x,y)=x^2+y^2$ とすれば，

$$f_x=2x=2p,\quad f_y=2y=2q$$

よって

接線：$(x-p)p+(y-q)q=0 \Rightarrow xp+yq=1$

これが点 $(\sqrt{3}/3,\ 1)$ を通ることから

$$\begin{cases} \dfrac{\sqrt{3}}{3}p+q=1 \\ p^2+q^2=1 \end{cases}$$

ゆえに

$$1+\frac{p^2}{3}-\frac{2}{\sqrt{3}}p+p^2=1 \quad \Rightarrow \quad \frac{4}{3}p^2-\frac{2}{\sqrt{3}}p=0$$

$$\begin{cases} p=0 \\ q=1 \end{cases},\quad \begin{cases} p=\dfrac{\sqrt{3}}{2} \\ q=\dfrac{1}{2} \end{cases}$$

法線との交点を (p,q) とすれば，

$$f_x=2x=2p,\quad f_y=2y=2q$$

であるから

法線：$\dfrac{x-p}{p}=\dfrac{y-q}{q} \Rightarrow xq-yp=0$

これが点 $(\sqrt{3}/3,\ 1)$ を通ることから

$$\begin{cases} \dfrac{\sqrt{3}}{3}q-p=0 \\ p^2+q^2=1 \end{cases}$$

$$\frac{4}{3}q^2=1 \quad \rightarrow \quad q=\pm\frac{\sqrt{3}}{2},\ p=\pm\frac{1}{2}$$ □

例題 1.8.7. 曲線 $y=y(x)$ の上の点 $(p,\ q=y(x))$ での接線を求めよ．

解答 $f(x,y)=y-y(x)$ とすれば，

$$\nabla f=(-y'(p),\ 1)$$

よって，接線は

$$-y'(p)(x-p)+(y-q)=0$$

これは高校で習った 1 変数関数での接線の式

$$\frac{y-q}{x-p}=y'(p)$$

と一致する． □

例題 1.8.8. $z=xy$ の上の点 $(1,1,1)$ における接平面と法線を求めよ．

解答 $f(x,y,z)=xy-z$ とすれば，

$$\nabla f=(y,\ x,\ -1)=(1,\ 1,\ -1)$$

よって

接平面：$(x-1)+(y-1)-(z-1)=0$

法　線：$\dfrac{x-1}{1}=\dfrac{y-1}{1}=\dfrac{z-1}{-1}$ □

1.8.3 陰関数 $f(x,y,z)=0$, $g(x,y,z)=0$

陰関数

$$\begin{cases} f(x,y,z)=0 \\ g(x,y,z)=0 \end{cases}$$

について考察する．

$\dfrac{dy}{dx}$，$\dfrac{dz}{dx}$ を求める要領

[1] まず，関数関係を把握する．

$f(x,y,z)=0$，$g(x,y,z)=0$ を，変数 x から y, z を決めるための連立方程式とみなせば，関数 $y=\varphi(x)$，$z=\phi(x)$ が得られる．まず次の関数関係が得られる．

$$\begin{cases} f(x,y(x),z(x))=0 \\ g(x,y(x),z(x))=0 \end{cases} \qquad \text{(a)}$$

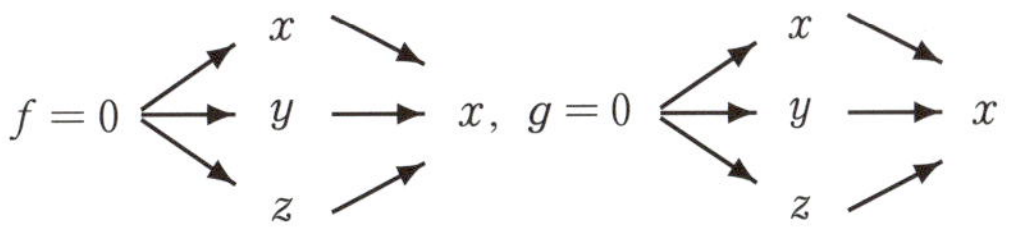

[2] 左辺，右辺の x に対する偏導関数を計算する．

$$\begin{aligned} \frac{\partial f}{\partial x}+\frac{\partial f}{\partial y}\frac{dy}{dx}+\frac{\partial f}{\partial z}\frac{dz}{dx}&=0 \\ \frac{\partial g}{\partial x}+\frac{\partial g}{\partial y}\frac{dy}{dx}+\frac{\partial g}{\partial z}\frac{dz}{dx}&=0 \end{aligned} \qquad \text{(b)}$$

[3] 連立方程式 (b) を解き，y_x，z_x を求める．

$$\frac{dy}{dx}=\frac{-\begin{vmatrix} f_x & f_z \\ g_x & g_z \end{vmatrix}}{\begin{vmatrix} f_y & f_z \\ g_y & g_z \end{vmatrix}},\quad \frac{dz}{dx}=\frac{-\begin{vmatrix} f_y & f_x \\ g_y & g_x \end{vmatrix}}{\begin{vmatrix} f_y & f_z \\ g_y & g_z \end{vmatrix}} \qquad \text{(c)}$$

1.8.4 逆 写 像

定義

連立方程式

$$\begin{cases} u = f(x, y) \\ v = g(x, y) \end{cases} \quad \text{(a)}$$

を点 (x, y) から点 (u, v) に移す写像と考えられるが，u, v が与えられるとき，それは x, y に関する連立方程式とみなすこともできる．この方程式を解けば，x, y は (u, v) の関数

$$\begin{cases} x = \varphi(u, v) \\ y = \phi(u, v) \end{cases} \quad \text{(b)}$$

として決まる．この関数の組 (φ, ϕ) を組 (f, g) の**逆写像**，または**逆関数**という．

逆関数の偏微分 $\dfrac{\partial x}{\partial u}$，$\dfrac{\partial x}{\partial v}$，$\dfrac{\partial y}{\partial u}$，$\dfrac{\partial y}{\partial v}$ を求める要領

[1] まず，関数関係を把握する．

$u = f(x, y)$，$v = g(x, y)$ を，変数 u, v から x, y を決めるための連立方程式とみなせば，関数 $x = \varphi(u, v)$，$y = \phi(u, v)$ が得られる．よって，式 (a) は

$$\begin{cases} u = f(\varphi(u, v), \phi(u, v)) \\ v = g(\varphi(u, v), \phi(u, v)) \end{cases}$$

[2] 上式の両辺を u で偏微分すると

$$\begin{cases} 1 = \dfrac{\partial f}{\partial x} \cdot \dfrac{\partial \varphi}{\partial u} + \dfrac{\partial f}{\partial y} \cdot \dfrac{\partial \phi}{\partial u} \\[2ex] 0 = \dfrac{\partial g}{\partial x} \cdot \dfrac{\partial \varphi}{\partial u} + \dfrac{\partial g}{\partial y} \cdot \dfrac{\partial \phi}{\partial u} \end{cases}$$

[3] この方程式を解けば，

$$\frac{\partial x}{\partial u} = \frac{\partial \varphi}{\partial u} = \frac{1}{J}\frac{\partial g}{\partial y}, \qquad \frac{\partial y}{\partial u} = \frac{\partial \phi}{\partial u} = -\frac{1}{J}\frac{\partial g}{\partial x}$$

ここに J は，変換 $u = f(x, y)$，$v = g(x, y)$ のヤコビアンである．

$$J = \frac{\partial(u, v)}{\partial(x, y)} = \begin{vmatrix} \dfrac{\partial u}{\partial x} & \dfrac{\partial v}{\partial x} \\[1ex] \dfrac{\partial u}{\partial y} & \dfrac{\partial v}{\partial y} \end{vmatrix}$$

同様に，v に対する偏微分を計算すると

$$\frac{\partial x}{\partial v} = \frac{\partial \varphi}{\partial v} = -\frac{1}{J}\frac{\partial f}{\partial y}, \qquad \frac{\partial y}{\partial v} = \frac{\partial \phi}{\partial v} = \frac{1}{J}\frac{\partial f}{\partial x}$$

以上のことから，以下の定理が得られる．

定理 1.8.4. 写像 $u = f(x, y)$，$v = g(x, y)$ は，点 (x_0, y_0) を含む領域で連続な偏導関数をもち，$u_0 = f(x_0, y_0)$ $v_0 = g(x_0, y_0)$ であり，さらにヤコビアンが

$$J(x_0, y_0) = \frac{\partial(u, v)}{\partial(x, y)}(x_0, y_0) \neq 0$$

であれば，$x_0 = \varphi(u_0, v_0)$，$y_0 = \phi(u_0, v_0)$ で，かつ $u = f(\varphi(u, v), \phi(u, v))$，$v = g(\varphi(u, v), \phi(u, v))$ となるような逆写像 $x = \varphi(u, v)$，$y = \phi(u, v)$ が u_0, v_0 の近くに，ただ 1 つ存在する．これらの関数は微分可能であって，

$$\frac{\partial x}{\partial u} = \frac{1}{J}\frac{\partial g}{\partial y}, \qquad \frac{\partial x}{\partial v} = -\frac{1}{J}\frac{\partial f}{\partial y},$$
$$\frac{\partial y}{\partial u} = -\frac{1}{J}\frac{\partial g}{\partial x}, \qquad \frac{\partial y}{\partial v} = \frac{1}{J}\frac{\partial f}{\partial x}$$

拡張

同じやり方で各種の陰関数，例えば

$$\begin{cases} f(x, y, u, v) = 0 \\ g(x, y, u, v) = 0 \end{cases}$$

で定義される u, v と x, y の変換について，その偏微分 $\partial x/\partial u$，$\partial x/\partial v$，$\partial y/\partial u$，$\partial y/\partial v$ を求めることができる．

この場合，$\partial x/\partial u$，$\partial y/\partial u$ は，次の連立方程式

$$\begin{cases} \dfrac{\partial f}{\partial x}\dfrac{\partial x}{\partial u} + \dfrac{\partial f}{\partial y}\dfrac{\partial y}{\partial u} + \dfrac{\partial f}{\partial u} = 0 \\[2ex] \dfrac{\partial g}{\partial x}\dfrac{\partial x}{\partial u} + \dfrac{\partial g}{\partial y}\dfrac{\partial y}{\partial u} + \dfrac{\partial g}{\partial u} = 0 \end{cases}$$

から，$\partial x/\partial v$，$\partial y/\partial v$ は，次の連立方程式

$$\begin{cases} \dfrac{\partial f}{\partial x}\dfrac{\partial x}{\partial v} + \dfrac{\partial f}{\partial y}\dfrac{\partial y}{\partial v} + \dfrac{\partial f}{\partial v} = 0 \\[2ex] \dfrac{\partial g}{\partial x}\dfrac{\partial x}{\partial v} + \dfrac{\partial g}{\partial y}\dfrac{\partial y}{\partial v} + \dfrac{\partial g}{\partial v} = 0 \end{cases}$$

から求める．

例題 1.8.9. $f(x, y) = \sin y + e^x - xy^2 = 0$ から dy/dx を求めよ．

解答

[1] y を x の関数 $y = y(x)$ とし，

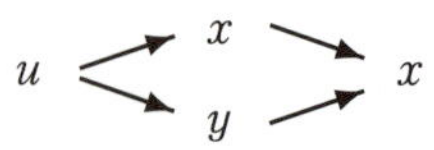

[2] 左辺と右辺を微分すれば，

$$\frac{\partial f}{\partial x} + \frac{\partial f}{\partial y}\frac{dy}{dx} = 0$$

$$e^x - y^2 + (\cos y - 2xy)\frac{dy}{dx} = 0$$

[3]

$$\frac{dy}{dx} = \frac{y^2 - e^x}{\cos y - 2xy} \qquad \square$$

例題 1.8.10. $f(x, y, z) = x^2 + y^2 + z^2 - 4z = 0$ から

$$\frac{\partial z}{\partial x},\ \frac{\partial z}{\partial y},\ \frac{\partial^2 z}{\partial x^2},\ \frac{\partial^2 z}{\partial x \partial y}$$

を求めよ．

解答

[1] z を x, y の関数 $z = z(x, y)$ とし，

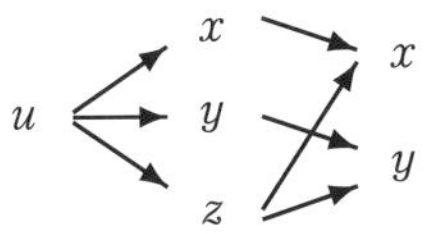

[2] 左，右辺を x や y で偏微分すれば，

$$\frac{\partial f}{\partial x} + \frac{\partial f}{\partial z}\frac{\partial z}{\partial x} = 0, \qquad \frac{\partial f}{\partial y} + \frac{\partial f}{\partial z}\frac{\partial z}{\partial y} = 0,$$

$$2x + (2z-4)\frac{\partial z}{\partial x} = 0, \quad 2y + (2z-4)\frac{\partial z}{\partial y} = 0,$$

$$\frac{\partial z}{\partial x} = \frac{x}{2-z}, \qquad \frac{\partial z}{\partial y} = \frac{y}{2-z}$$

[3] さらに偏微分すると

$$\frac{\partial^2 z}{\partial x \partial y} = \frac{\partial}{\partial y}\left(\frac{\partial z}{\partial x}\right) = \frac{0 + x\dfrac{\partial z}{\partial y}}{(2-z)^2} = \frac{x\left(\dfrac{y}{2-z}\right)}{(2-z)^2} = \frac{xy}{(2-z)^3}$$

$$\frac{\partial^2 z}{\partial x^2} = \frac{(2-z) + x\dfrac{\partial z}{\partial x}}{(2-z)^2} = \frac{(2-z) + x\left(\dfrac{x}{2-z}\right)}{(2-z)^2} = \frac{(2-z)^2 + x^2}{(2-z)^3}$$

また，他のやり方として，

$$1 + \left(\frac{\partial z}{\partial x}\right)^2 + z\frac{\partial^2 z}{\partial x^2} - 2\frac{\partial^2 z}{\partial x^2} = 0$$

$$\frac{\partial^2 z}{\partial x^2} = \frac{1 + \left(\dfrac{\partial z}{\partial x}\right)^2}{2-z} = \frac{1 + \left(\dfrac{x}{2-z}\right)^2}{2-z} = \frac{(2-z)^2 + x^2}{(2-z)^3} \qquad \square$$

注意 1.8.1. 2 階偏微分は 1 階偏微分の結果から通常の関数と同じのように計算すればよい．ただし，z が x, y の関数であることを忘れないこと．

例題 1.8.11.

$$\begin{cases} f(x, y, z) = x^2 + y^2 + z^2 - 4z = 0 \\ g(x, y, z) = x - y + 4z = 0 \end{cases}$$

から dy/dx, dz/dx を求めよ．

解答

[1] y, z を x の関数 $y = y(x)$, $z = z(x)$ と考える．

[2] 左辺，右辺を微分すれば，

$$\begin{cases} 2x + 2y\dfrac{dy}{dx} + (2z-4)\dfrac{dz}{dx} = 0 \\ 1 - \dfrac{dy}{dx} + 4\dfrac{dz}{dx} = 0 \end{cases}$$

dy/dx を消去して

$$(x+y) + (z+4y-2)\frac{dz}{dx} = 0$$

$$\frac{dz}{dx} = -\frac{x+y}{z+4y-2}$$

また上の連立方程式の下式より

$$\frac{dy}{dx} = 1 + 4\frac{dz}{dx} = \frac{z+4y-2-4x-4y}{z+4y-2} = \frac{z-4x-2}{z+4y-2} \qquad \square$$

例題 1.8.12. $u = e^x \cos y$, $v = e^x \sin y$ から，$\partial x/\partial u$, $\partial y/\partial u$ を求めよ．

解答 まず，関数関係は，

である．したがって，u に対して，偏微分を計算すると

$$\begin{cases} 1 = e^x \cos y \dfrac{\partial x}{\partial u} - e^x \sin y \dfrac{\partial y}{\partial u} \\ 0 = e^x \sin y \dfrac{\partial x}{\partial u} + e^x \cos y \dfrac{\partial y}{\partial u} \end{cases}$$

よって

$$\cos y = e^x \frac{\partial x}{\partial u} \rightarrow \frac{\partial x}{\partial u} = e^{-x}\cos y$$

$$-\sin y = e^x \frac{\partial y}{\partial u} \rightarrow \frac{\partial y}{\partial u} = -e^{-x}\sin y \qquad \square$$

例題 1.8.13. $xu - yv = 0$, $yu + xv = 1$ から，$\partial u/\partial x$, $\partial u/\partial y$, $\partial v/\partial x$, $\partial v/\partial y$ を求めよ．

解答 まず，関数関係は，

である．したがって，x に対して，偏微分を計算すると

$$\begin{cases} u + x\dfrac{\partial u}{\partial x} - y\dfrac{\partial v}{\partial x} = 0 \\ y\dfrac{\partial u}{\partial x} + v + x\dfrac{\partial v}{\partial x} = 0 \end{cases}$$

よって

$$\begin{cases} \dfrac{\partial u}{\partial x} = \dfrac{\begin{vmatrix} -u & -y \\ -v & x \end{vmatrix}}{\begin{vmatrix} x & -y \\ y & x \end{vmatrix}} = -\dfrac{xu + yv}{x^2 + y^2} \\ \dfrac{\partial v}{\partial x} = \dfrac{\begin{vmatrix} x & -u \\ y & -v \end{vmatrix}}{\begin{vmatrix} x & -y \\ y & x \end{vmatrix}} = \dfrac{yu - xv}{x^2 + y^2} \end{cases}$$

同様に，y に対して，偏微分を計算すると

$$\frac{\partial u}{\partial y} = \frac{xv - yu}{x^2 + y^2},\quad \frac{\partial v}{\partial y} = -\frac{xu + yv}{x^2 + y^2} \qquad \square$$

例題 1.8.14. $x = x(u, v)$, $y = y(u, v)$ から，$\partial u/\partial x$, $\partial u/\partial y$, $\partial v/\partial x$, $\partial v/\partial y$ を求めよ．

解答　まず，関数関係は，

である．したがって，x に対して，偏微分を計算すると

$$\begin{cases} 1 = \dfrac{\partial x}{\partial u}\cdot\dfrac{\partial u}{\partial x} + \dfrac{\partial x}{\partial v}\cdot\dfrac{\partial v}{\partial x} \\ 0 = \dfrac{\partial y}{\partial u}\cdot\dfrac{\partial u}{\partial x} + \dfrac{\partial y}{\partial v}\cdot\dfrac{\partial v}{\partial x} \end{cases}$$

よって

$$\frac{\partial u}{\partial x} = \frac{1}{J}\frac{\partial y}{\partial v},\quad \frac{\partial v}{\partial x} = -\frac{1}{J}\frac{\partial y}{\partial u}$$

同様に，y に対して，偏微分を計算すると

$$\frac{\partial u}{\partial y} = -\frac{1}{J}\frac{\partial x}{\partial v},\quad \frac{\partial v}{\partial y} = \frac{1}{J}\frac{\partial x}{\partial u} \qquad \square$$

例題 1.8.15. $2\sin(x + 2y - 3z) = x + 2y - 3z$ として，

$$\frac{\partial z}{\partial x} + \frac{\partial z}{\partial y} = 1$$

を証明せよ．

解答　まず，関数関係は，

である．したがって，x に対して，偏微分を計算すると

$$2\cos(x + 2y - 3z)\cdot\left(1 - 3\frac{\partial z}{\partial x}\right) = 1 - 3\frac{\partial z}{\partial x}$$

y に対して，偏微分を計算すると

$$2\cos(x + 2y - 3z)\cdot\left(2 - 3\frac{\partial z}{\partial y}\right) = 2 - 3\frac{\partial z}{\partial y}$$

したがって，両式からそれぞれ $\partial z/\partial x$ と $\partial z/\partial y$ を求めて代入すればよい．また，ここで，両式の和を計算してもよい．

両式の和より，

$$2\cos(x + 2y - 3z)\cdot\left(3 - 3\left\{\frac{\partial z}{\partial x} + \frac{\partial z}{\partial y}\right\}\right)$$
$$= \left(3 - 3\left\{\frac{\partial z}{\partial x} + \frac{\partial z}{\partial y}\right\}\right)$$

すなわち，

$$1 - \left\{\frac{\partial z}{\partial x} + \frac{\partial z}{\partial y}\right\} = 0 \qquad \square$$

例題 1.8.16. x, y, z は $f(x, y, z) = 0$ を満足しているとする．このとき，次式を証明せよ．

$$\frac{\partial x}{\partial y}\frac{\partial y}{\partial z}\frac{\partial z}{\partial x} = -1$$

解答　まず，関数関係について考える．それぞれの偏微分に対応する関数の関係が異なる．

$\partial x/\partial y$ では，

したがって，y に対して，偏微分を計算すると

$$\frac{\partial f}{\partial x}\cdot\frac{\partial x}{\partial y} + \frac{\partial f}{\partial y} = 0$$

$$\frac{\partial x}{\partial y} = -\frac{\dfrac{\partial f}{\partial y}}{\dfrac{\partial f}{\partial x}}$$

$\partial y/\partial z$ では，

したがって，z に対して，偏微分を計算すると

$$\frac{\partial f}{\partial y}\cdot\frac{\partial y}{\partial z} + \frac{\partial f}{\partial z} = 0$$

$$\frac{\partial y}{\partial z} = -\frac{\frac{\partial f}{\partial z}}{\frac{\partial f}{\partial y}}$$

また，$\partial z/\partial x$ では，

したがって，x に対して，偏微分を計算すると

$$\frac{\partial f}{\partial z} \cdot \frac{\partial z}{\partial x} + \frac{\partial f}{\partial x} = 0$$

$$\frac{\partial z}{\partial x} = -\frac{\frac{\partial f}{\partial x}}{\frac{\partial f}{\partial z}}$$ □

例題 1.8.17. $x = e^u \cos v$，$y = e^u \sin v$，$z = uv$ から，$\partial z/\partial x$，$\partial z/\partial y$ を求めよ．

解答　まず，関数関係は，

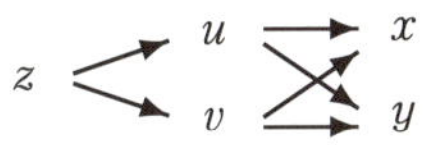

したがって，$x = e^u \cos v$，$y = e^u \sin v$ について，x に対する偏微分を計算すると

$$\begin{cases} 1 = e^u \cos v \dfrac{\partial u}{\partial x} + -e^u \sin v \dfrac{\partial v}{\partial x} \\ 0 = e^u \sin v \dfrac{\partial u}{\partial x} + +e^u \cos v \dfrac{\partial v}{\partial x} \end{cases}$$

よって

$$\frac{\partial u}{\partial x} = \frac{\cos v}{e^u}, \quad \frac{\partial v}{\partial x} = -\frac{\sin v}{e^u}$$

同様に，y に対して，偏微分を計算すると

$$\begin{cases} 0 = e^u \cos v \dfrac{\partial u}{\partial y} + -e^u \sin v \dfrac{\partial v}{\partial y} \\ 1 = e^u \sin v \dfrac{\partial u}{\partial y} + +e^u \cos v \dfrac{\partial v}{\partial y} \end{cases}$$

よって

$$\frac{\partial u}{\partial y} = \frac{\sin v}{e^u}, \quad \frac{\partial v}{\partial y} = \frac{\cos v}{e^u}$$

したがって，

$$\frac{\partial z}{\partial x} = \frac{\partial z}{\partial u}\frac{\partial u}{\partial x} + \frac{\partial z}{\partial v}\frac{\partial v}{\partial x} = \frac{v\cos v - u \sin v}{e^u}$$

$$\frac{\partial z}{\partial y} = \frac{\partial z}{\partial u}\frac{\partial u}{\partial y} + \frac{\partial z}{\partial v}\frac{\partial v}{\partial y} = \frac{v\sin v + u \cos v}{e^u}$$ □

1.9　関数の展開

1.9.1　テイラーの定理

1 変数の関数のテイラーの定理

$$\begin{aligned} f(a+h) &= f(a) + f'(a)h + \frac{1}{2!}f''(a)h^2 + \cdots \\ &\qquad + \frac{1}{(n-1)!}f^{(n-1)}(a)h^{n-1} + \frac{1}{n!}f^{(n)}(a+\theta h)h^n \\ &= f(a) + Df(a) + \frac{1}{2!}D^2 f(a) + \cdots \\ &\qquad + \frac{1}{(n-1)!}D^{n-1}f(a) + \frac{1}{n!}D^n f(a+\theta h) \\ &\qquad\qquad (0 < \theta < 1) \end{aligned}$$

ここに，

$$\begin{aligned} D &= h\frac{d}{dx}, \qquad Df = h\frac{df}{dx} \\ D^2 f &= D(Df) \\ &= \left(h\frac{d}{dx}\right)\left(h\frac{df}{dx}\right) \\ &= h^2 \frac{d^2 f}{dx^2} \\ &\cdots \end{aligned}$$

などを表す．

2 変数の関数 $f(x, y)$ のテイラーの定理

1 変数の関数のテイラーの定理を用いて 2 変数の関数のテイラーの定理を導く．まず

$$\begin{cases} F(t) = f(a+ht, b+kt) \\ F(0) = f(a, b) \\ F(1) = f(a+h, b+k) \end{cases}$$

とおく．1 変数のテイラーの定理より

$$\begin{aligned} F(1) &= F(0) + F'(0) + \frac{1}{2!}F''(0) + \cdots \\ &\qquad + \frac{1}{(n-1)!}F^{(n-1)}u(0) + \frac{1}{n!}F^{(n)}(\theta) \end{aligned}$$

ここで，$F^{(k)}(t)$ を計算しよう．

$$x = a + ht, \quad y = b + kt$$

とすると

$$\begin{aligned} F'(t) &= \frac{df(x, y)}{dt} \\ &= \frac{\partial f(x, y)}{\partial x}\frac{dx}{dt} + \frac{\partial f(x, y)}{\partial y}\frac{dy}{dt} \\ &= hf_x(a+ht, b+kt) + kf_y(a+ht, b+kt) \end{aligned}$$

したがって，$t = 0$ のとき，

$$F'(0)=hf_x(a,b)+kf_y(a,b)$$

となる．同様に，

$$\frac{d}{dt}\{hf_x(a+ht,b+kt)\}$$
$$=h\left\{f_{xx}(a+ht,b+kt)\frac{d(a+ht)}{dt}+f_{xy}(a+ht,b+kt)\frac{d(b+kt)}{dt}\right\}$$
$$=h^2f_{xx}(a+ht,b+kt)+hkf_{xy}(a+ht,b+kt)$$

$$\frac{d}{dt}\{kf_y(a+ht,b+kt)\}$$
$$=k\left\{f_{yx}(a+ht,b+kt)\frac{d(a+ht)}{dt}+f_{yy}(a+ht,b+kt)\frac{d(b+kt)}{dt}\right\}$$
$$=hkf_{xy}(a+ht,b+kt)+k^2f_{yy}(a+ht,b+kt)$$

より

$$F''(t)=h^2f_{xx}(a+ht,b+kt)+2hkf_{xy}(a+ht,b+kt)+k^2f_{yy}(a+ht,b+kt)$$

したがって

$$F''(0)=h^2f_{xx}(a,b)+2hkf_{xy}(a,b)+k^2f_{yy}(a,b)$$

となる．以上を一般化すると，

$$F^{(n)}(t)=\sum_{r=0}^{n}{}_nC_rh^rk^{n-r}\frac{\partial^n f}{\partial x^r\partial y^{n-r}}(a+ht,b+kt)$$

より，

$$F^{(n)}(0)=\sum_{r=0}^{n}{}_nC_rh^rk^{n-r}\frac{\partial^n f}{\partial x^r\partial y^{n-r}}(a,b)$$

ここに，記号

$$D=h\frac{\partial}{\partial x}+k\frac{\partial}{\partial y}$$

$$Df(x,y)=\left(h\frac{\partial}{\partial x}+k\frac{\partial}{\partial y}\right)f=h\frac{\partial f}{\partial x}+k\frac{\partial f}{\partial y}=F'(0)$$

$$D^2f(x,y)=D(Df)=\left(h\frac{\partial}{\partial x}+k\frac{\partial}{\partial y}\right)\left(h\frac{\partial f}{\partial x}+k\frac{\partial f}{\partial y}\right)=h^2\frac{\partial^2 f}{\partial x^2}+2hk\frac{\partial^2 f}{\partial x\partial y}+k^2\frac{\partial^2 f}{\partial y^2}=\left(h\frac{\partial}{\partial x}+k\frac{\partial}{\partial y}\right)^2f=F''(0)$$

$$D^3f(x,y)=D(D^2f)=\left(h\frac{\partial}{\partial x}+k\frac{\partial}{\partial y}\right)\cdot\left(h^2\frac{\partial^2 f}{\partial x^2}+2hk\frac{\partial^2 f}{\partial x\partial y}+k^2\frac{\partial^2 f}{\partial y^2}\right)$$
$$=h^3\frac{\partial^3 f}{\partial x^3}+3h^2k\frac{\partial^3 f}{\partial x^2\partial y}+3hk^2\frac{\partial^3 f}{\partial x\partial y^2}+k^3\frac{\partial^3 f}{\partial y^3}=\left(h\frac{\partial}{\partial x}+k\frac{\partial}{\partial y}\right)^3f=F'''(0)$$

$$\cdots$$

$$D^nf(x,y)=D\cdots D(Df)=\left(h\frac{\partial}{\partial x}+k\frac{\partial}{\partial y}\right)^nf=\sum_{r=0}^{n}{}_nC_rh^rk^{n-r}\frac{\partial^n f}{\partial x^r\partial y^{n-r}}=F^{(n)}(0)$$

を用いれば，2 変数の関数のテイラーの定理が得られる．

定理 1.9.1. 関数 $f(x,y)$ が点 (a,b) の近傍で連続な n 次偏導関数をもつならば，

$$f(a+h,b+k)$$
$$=f(a,b)+Df(a,b)+\frac{1}{2!}D^2f(a,b)+\cdots+\frac{1}{(n-1)!}D^{n-1}f(a,b)+\frac{1}{n!}D^nf(a+\theta h,b+\theta k)$$
$$(0<\theta<1)$$

2 変数の関数 $f(x,y)$ のマクローリンの定理

テイラーの定理で $a=b=0$ とし，h,k を x,y と書けば，マクローリンの定理が得られる．

定理 1.9.2 ((0, 0) の近くでのテイラーの定理). 関数 $f(x,y)$ が原点 $(0,0)$ の近傍で連続な n 次偏導関数をもつならば，

$$f(x,y)$$
$$=f(0,0)+Df(0,0)+\frac{1}{2!}D^2f(0,0)+\cdots+\frac{1}{(n-1)!}D^{n-1}f(0,0)+\frac{1}{n!}D^nf(\theta x,\theta y)$$
$$(0<\theta<1)$$

ただし，D は以下の微分を表す演算子である．

$$D=x\frac{\partial}{\partial x}+y\frac{\partial}{\partial y}$$

3 変数の関数 $f(x, y, z)$ のテイラーの定理

$$
\begin{aligned}
&f(a+h, b+k, c+l)\\
&= f(a, b, c) + Df(a, b, c) + \frac{1}{2!}D^2 f(a, b, c) + \cdots\\
&\quad + \frac{1}{(n-1)!}D^{n-1}f(a, b, c)\\
&\quad + \frac{1}{n!}D^n f(a+\theta h, b+\theta k, c+\theta l) \quad (0<\theta<1)
\end{aligned}
$$

ここで，D は以下の微分を表す演算子である．

$$D = h\frac{\partial}{\partial x} + k\frac{\partial}{\partial y} + l\frac{\partial}{\partial z}$$

$$
\begin{aligned}
Df(x, y) &= \left(h\frac{\partial}{\partial x} + k\frac{\partial}{\partial y} + l\frac{\partial}{\partial z}\right)f\\
&= h\frac{\partial f}{\partial x} + k\frac{\partial f}{\partial y} + l\frac{\partial f}{\partial z}
\end{aligned}
$$

$$
\begin{aligned}
D^2 f(x, y) &= D(Df)\\
&= \left(h\frac{\partial}{\partial x} + k\frac{\partial}{\partial y} + l\frac{\partial}{\partial z}\right)^2 f(x, y)\\
&= h^2\frac{\partial^2 f}{\partial x^2} + k^2\frac{\partial^2 f}{\partial y^2} + l^2\frac{\partial^2 f}{\partial z^2}\\
&\quad + 2hk\frac{\partial^2 f}{\partial x\partial y} + 2kl\frac{\partial^2 f}{\partial y\partial z}\\
&\quad + 2lh\frac{\partial^2 f}{\partial z\partial x}\\
&\quad \cdots
\end{aligned}
$$

1.9.2　テイラー展開

テイラー展開

テイラーの定理の式で，もし，

$$\lim_{n\to\infty}\frac{1}{n!}D^n f(a+\theta h, b+\theta k) = 0$$

ならば，$f(x, y)$ は次のような無限級数に展開される．

$$
\begin{aligned}
&f(a+h, b+k)\\
&= f(a, b) + Df(a, b) + \frac{1}{2!}D^2 f(a, b) + \cdots\\
&\quad + \frac{1}{(n-1)!}D^{n-1}f(a, b) + \cdots
\end{aligned}
$$

マクローリン展開

マクローリンの定理の式で，もし，

$$\lim_{n\to\infty}\frac{1}{n!}D^n f(\theta x, \theta y) = 0$$

ならば，$f(x, y)$ は次のような無限級数に展開される．

$$
\begin{aligned}
&f(x, y)\\
&= f(0, 0) + Df(0, 0) + \frac{1}{2!}D^2 f(0, 0) + \cdots\\
&\quad + \frac{1}{(n-1)!}D^{n-1}f(0, 0) + \cdots
\end{aligned}
$$

例題 1.9.1. 関数 $f(x, y) = \log(1+x+y)$ に対して，マクローリンの定理を $n=4$ として書き表せ．

解答

$$
\begin{aligned}
&f(0+x, 0+y)\\
&= f(0, 0) + Df(0, 0) + \frac{1}{2!}D^2 f(0, 0) + \frac{1}{3!}D^3 f(0, 0)\\
&\quad + \frac{1}{4!}D^4 f(\theta x, \theta y)
\end{aligned}
$$

1 階，2 階の偏導関数は

$$
\begin{cases}
f_x = f_y = \dfrac{1}{1+x+y}\\
f_{xx} = f_{xy} = f_{yy}\\
\quad = -\dfrac{1}{(1+x+y)^2}
\end{cases}
$$

であり，3 階，4 階の偏導関数は

$$
\begin{cases}
\dfrac{\partial^3 f}{\partial x^p \partial y^{3-p}} = \dfrac{2!}{(1+x+y)^3} & (p=0, 1, 2, 3)\\
\dfrac{\partial^4 f}{\partial x^p \partial y^{4-p}} = -\dfrac{3!}{(1+x+y)^4} & (p=0, 1, 2, 3, 4)
\end{cases}
$$

である．したがって，

$$f(0, 0) = 0$$

$$
\begin{aligned}
&Df(0, 0)\\
&= \left(x\frac{\partial}{\partial x} + y\frac{\partial}{\partial y}\right)f(0, 0)\\
&= xf_x(0, 0) + yf_y(0, 0)\\
&= x+y
\end{aligned}
$$

$$
\begin{aligned}
&D^2 f(0, 0)\\
&= \left(x\frac{\partial}{\partial x} + y\frac{\partial}{\partial y}\right)^2 f(0, 0)\\
&= x^2 f_{xx}(0, 0) + 2xyf_{xy}(0, 0) + y^2 f_{yy}(0, 0)\\
&= -(x+y)^2
\end{aligned}
$$

$$
\begin{aligned}
&D^3 f(0, 0)\\
&= \left(x\frac{\partial}{\partial x} + y\frac{\partial}{\partial y}\right)^3 f(0, 0)\\
&= x^3 f_{xxx}(0, 0) + 3x^2 yf_{xxy}(0, 0) + 3xy^2 f_{xyy}(0, 0)\\
&\quad + y^3 f_{yyy}(0, 0)\\
&= 2(x+y)^3
\end{aligned}
$$

$$
\begin{aligned}
&D^4 f(\theta x, \theta y)\\
&= \left(x\frac{\partial}{\partial x} + y\frac{\partial}{\partial y}\right)^4 f(\theta x, \theta y)\\
&= x^4 f_{xxxx}(\theta x, \theta y) + 4x^3 y f_{xxxy}(\theta x, \theta y)\\
&\quad + 6x^2y^2 f_{xxyy}(\theta x, \theta y) + 4xy^3 f_{xyyy}(\theta x, \theta y)\\
&\quad + y^4 f_{yyyy}(\theta x, \theta y)\\
&= -\frac{6}{(1+\theta x+\theta y)^4}(x+y)^4
\end{aligned}
$$

$$
\begin{aligned}
R_3 &= \frac{1}{4!}\left(x\frac{\partial}{\partial x} + y\frac{\partial}{\partial y}\right)^4 f(0+\theta x, 0+\theta y)\\
&= -\frac{(x+y)^4}{4(1+\theta x+\theta y)^4}
\end{aligned}
$$

より，

$$
\begin{aligned}
&\log(1+x+y)\\
&= (x+y) - \frac{1}{2}(x+y)^2 + \frac{1}{3}(x+y)^3\\
&\quad - \frac{(x+y)^4}{4(1+\theta x+\theta y)^4}
\end{aligned}
$$

□

例題 1.9.2. $f(x, y) = e^x \sin y$ について，$f(x+h, y+k)$ を h, k の 2 次の項まで展開せよ（注意：「テイラーの定理を $n=3$ として書き表せ」とは意味が異なる）.

解答

$$
f_x = e^x \sin y, \qquad f_y = e^x \cos y
$$
$$
f_{xx} = e^x \sin y, \qquad f_{xy} = e^x \cos y, \qquad f_{yy} = -e^x \sin y
$$

より

$$
\begin{aligned}
&f(x+h, y+k)\\
&\cong f(x, y) + Df(x, y) + \frac{1}{2!}D^2 f(x, y)\\
&= f(x, y) + \left(h\frac{\partial f(x, y)}{\partial x} + k\frac{\partial f(x, y)}{\partial y}\right)\\
&\quad + \frac{1}{2!}\left(h^2\frac{\partial^2 f(x, y)}{\partial x^2} + 2hk\frac{\partial^2 f(x, y)}{\partial x \partial y}\right.\\
&\qquad \left. + k^2\frac{\partial^2 f(x, y)}{\partial y^2}\right)\\
&= e^x \sin y + e^x(h \sin y + k \cos y)\\
&\quad + \frac{e^x}{2}(h^2 \sin y - k^2 \sin y + 2hk \cos y)
\end{aligned}
$$

□

例題 1.9.3. $f(x, y) = e^x \sin y$ について，$f(x, y)$ を x, y の 2 次の項まで展開せよ.

解答

$$
f(0+h, 0+k) = 0 + k + hk + (3\text{ 位の無限小})
$$
$$
f(x, y) = y + xy + (3\text{ 位の無限小})
$$

したがって，

$$
e^x \sin y \simeq y + xy
$$

例えば，$x = 10^{-2}$, $y = 10^{-2}$ のときに，

$$
e^x \sin y = 0.01010033, \quad y + xy = 0.0101
$$

その差は 0.00000033 である．また，$x = 0.1$, $y = 0.1$ のときに，

$$
e^x \sin y = 0.110333, \quad y + xy = 0.11
$$

その差は 0.000333 である.

□

1.10 関数の極値

1.10.1 2 変数の関数 $z = f(x, y)$ の極値問題

点 (a, b) の近傍において，$f(x, y) < f(a, b)$ であれば，関数 $f(x, y)$ が点 (a, b) で極小値をとるという．また，点 (a, b) の近傍においてもし $f(x, y) \leq f(a, b)$ であれば，広義的極小値という.

1 変数の関数 $y = f(x)$ の極値問題

[1] テイラー展開に基づいて考える.

$$
\begin{aligned}
f(a+h) - f(a) &= f'(a)h + \frac{1}{2!}f''(a)h^2\\
&\quad + \frac{1}{3!}f'''(a)h^3 + \cdots
\end{aligned}
$$

[2] h が十分小さいとき，右辺の正負は第 1 項の正負によって決まる.

(a) 極小，すなわち $f(a+h) > f(a)$ の条件：
　(1)　$f'(a) = 0$　（必要条件）
　(2)　$f''(a) > 0$　（十分条件）

(b) 極大，すなわち $f(a+h) < f(a)$ の条件：
　(1)　$f'(a) = 0$　（必要条件）
　(2)　$f''(a) < 0$　（十分条件）

(c) $f'(a) = 0$, $f''(a) = 0$ のとき：さらに高階微分をみる.

2 変数の関数 $z = f(x, y)$ の極値問題

[1] テイラーの定理に基づいて考える.

$$
\begin{aligned}
&f(a+h, b+k) - f(a, b)\\
&= Df(a, b) + \frac{1}{2!}D^2 f(a, b) + \frac{1}{3!}D^3 f(a, b)\\
&\quad + \cdots
\end{aligned}
$$

ここに，

$$Df(a,b) = hf_x(a,b) + kf_y(a,b)$$
$$D^2f(a,b) = h^2f_{xx}(a,b) + 2hkf_{xy}(a,b) + k^2f_{yy}(a,b)$$
$$D^3f(a,b) = h^3f_{xxx}(a,b) + 3h^2kf_{xxy}(a,b) + 3hk^2f_{xyy}(a,b) + k^3f_{yyy}(a,b)$$

[2] h, k が十分小さいとき，右辺の正負は第 1 項の正負によって決まることから，

(a) 極小，$f(a+h, b+k) > f(a,b)$ の条件：
$f_x(a,b) = 0$, $f_y(a,b) = 0$（必要条件）
（$z = ax + by$ は平面で，$z = 0$ との交線があることから $z > 0$ と $z < 0$ に対応する点 (x, y) はいずれも存在することがわかるように，$z = hf_x(a,b) + kf_y(a,b)$ では，$z > 0$ と $z < 0$ をとる (h, k) が存在する）．

$f_{xx}(a,b) = A$, $f_{xy}(a,b) = B$, $f_{yy}(a,b) = C$ とすれば，

$$D^2f(a,b) = Ah^2 + 2Bhk + Ck^2 = A\left\{\left(h + \frac{B}{A}k\right)^2 + \left(\frac{AC - B^2}{A^2}\right)k^2\right\}$$

よって $A > 0$ かつ $AC - B^2 > 0$（十分条件）

(b) 極大，$f(a+h, b+k) < f(a,b)$ の条件：
$f_x(a,b) = 0$, $f_y(a,b) = 0$（必要条件）
$A < 0$ かつ $AC - B^2 > 0$（十分条件）

(c) $AC - B^2 < 0$ のとき：極値にはならない

(d) $AC - B^2 = 0$ のとき：判定不能（$h + (B/A)k \neq 0$ であれば，$f(a+h, b+k) - f(a,b)$ は A と同じ符号であるが，($h + (B/A)k = 0$ のとき，1 変数の場合と同じさらに高階微分をみなければならない）

極値を求める要領

(1) 連立方程式 $\begin{cases} f_x(x,y) = 0 \\ f_y(x,y) = 0 \end{cases}$ を解く（停留点）

(2) 連立方程式の解 $\begin{cases} x = a \\ y = b \end{cases}$ について，$f_{xx} = A, f_{xy} = B, f_{yy} = C$ として $AC - B^2$ の符号を調べる．

$AC - B^2 > 0$, $A > 0$ ⇒ 極小
$AC - B^2 > 0$, $A < 0$ ⇒ 極大
$AC - B^2 < 0$ ⇒ 極値をとらない

(3) $AC - B^2 = 0$ のとき，初めから出直して調査する．

停留点（極値の候補）

$f_x = f_y = 0$，すなわち $\nabla f = 0$ である点は，停留点という．停留点には，極小点，極大点の他に，極値をとらない鞍点もある（例えば，点 $(0, 0)$ は関数 $z = x^2 - y^2$ の鞍点である．$f_{xx}(0,0) = 2$, $f_{xy}(0,0) = 0$, $f_{yy}(0,0) = -2$, $AC - B^2 = -4 < 0$）．

例題 1.10.1. 関数 $f(x,y) = x^3 - y^3 + 3x^2 + 3y^2 - 9x$ の極値を求めよ．

解答

$$f_x(x,y) = 3x^2 + 6x - 9 = 0 \Rightarrow x = 1, -3$$
$$f_y(x,y) = -3y^2 + 6y = 0 \Rightarrow y = 0, 2$$

停留点	(1, 0)	(1, 2)	(−3, 0)	(−3, 2)
$f_{xx} = A$	12	12	−12	−12
$f_{xy} = B$	0	0	0	0
$f_{yy} = C$	6	−6	6	−6
$AC - B^2$	> 0	< 0	< 0	> 0
A の符号	> 0	> 0	< 0	< 0
判定	極小	非	非	極大
$f(x,y)$	−5	−1	27	31

□

例題 1.10.2. 関数 $f(x,y) = x^4 + y^4$ の極値を求めよ．

解答

$$\begin{cases} f_x(x,y) = 4x^3 = 0 \\ f_y(x,y) = 4y^3 = 0 \end{cases} \rightarrow x = y = 0$$

停留点	(0, 0)
$f_{xx} = A$	0
$f_{xy} = B$	0
$f_{yy} = C$	0
$AC - B^2$	0
A の符号	0
判定	極小
$f(x,y)$	0

この場合，点 $(0, 0)$ で関数が極小となるのは明らかである． □

例題 1.10.3. 関数 $f(x,y) = xy + \dfrac{a}{x} + \dfrac{a}{y}$ の極値を求めよ．

解答
$$f_x(x, y) = y - \frac{a}{x^2} = 0$$
$$f_y(x, y) = x - \frac{a}{y^2} = 0$$
$$\Rightarrow x = y = a^{1/3}$$

停留点	$(a^{1/3}, a^{1/3})$
$f_{xx} = A$	2
$f_{xy} = B$	1
$f_{yy} = C$	2
$AC - B^2$	> 0
A の符号	> 0
判定	極小
$f(x, y)$	$3a^{2/3}$

□

例題 1.10.4. 関数 $f(x, y) = x^4 + y^4 - 2x^2 - 2y^2 + 4xy$ の極値を求めよ．

解答

$$\begin{cases} f_x(x, y) = 4x^3 - 4x + 4y = 0 & (1) \\ f_y(x, y) = 4y^3 - 4y + 4x = 0 & (2) \end{cases}$$

式 (1) + (2) より $y = -x$ が得られる．式 (1) に代入し，

$$x^3 - 2x = 0 \rightarrow x = 0, \pm\sqrt{2}$$

したがって，解は

$$\begin{cases} x = 0 \\ y = 0 \end{cases}, \quad \begin{cases} x = \sqrt{2} \\ y = -\sqrt{2} \end{cases}, \quad \begin{cases} x = -\sqrt{2} \\ y = \sqrt{2} \end{cases}$$

停留点	$(0, 0)$	$(\sqrt{2}, -\sqrt{2})$	$(-\sqrt{2}, \sqrt{2})$
$f_{xx} = A$	-4	20	20
$f_{xy} = B$	4	4	4
$f_{yy} = C$	-4	20	20
$AC - B^2$	0	$384 > 0$	$384 > 0$
A の符号	< 0	> 0	> 0
判定	不能	極小	極小
$f(x, y)$	0	-8	-8

なお，$x = 0, y = 0$ については，

(1) $f(0, 0) = 0$

(2) $y = x, x \neq 0$ ($h + (B/A)k = x - y = 0$ の点）では，

$f(x, y) = x^4 + y^4 - 2(x-y)^2$ だから $f(x, y) > 0$

(3) $y = 0$ ($h + (B/A)k = x - y \neq 0$ の点）では，

$$f(x, y) = x^4 - 2x^2 = x^2(x^2 - 2)$$

だから $f(x, y) < 0$

(4) $(0, 0)$ の近傍では，$f(x, y) > f(0, 0)$ なる点 (x, y) と $f(x, y) < f(0, 0)$ なる点 (x, y) とがあるので，$f(0, 0)$ は極値ではない． □

例題 1.10.5. x, y の 2 次関数 $f(x, y) = ax^2 + 2bxy + cy^2 + 2px + 2qy + r$ の極値を求めよ．

解答
$$\begin{cases} f_x(x, y) = 2(ax + by + p) = 0 \\ f_y(x, y) = 2(bx + cy + g) = 0 \end{cases}$$

これより

$$\begin{cases} x = \dfrac{-cp + bg}{ac - b^2} \\ y = \dfrac{-ag + bp}{ac - b^2} \end{cases}$$

である．ここで

$$A = f_{xx} = 2a,\ B = f_{xy} = 2b,\ C = f_{yy} = 2c$$

であるから，$AC - B^2 = 4(ac - b^2)$ となり，次のことが得られる．

$$\begin{cases} ac - b^2 > 0,\ a > 0 & \text{ならば，極小} \\ ac - b^2 > 0,\ a < 0 & \text{ならば，極大} \\ ac - b^2 < 0 & \text{ならば，極値をとらない} \\ ac - b^2 = 0 & \text{ならば，判定不能} \end{cases}$$

このとき，$f_x = 0$, かつ $f_y = 0$ の解については，無数にあるか，または存在しないかの二通りだけである．

[1] $ac - b^2 = 0$ で解がない場合（極値がない例）：

関数

$$f(x, y) = x^2 - 2xy + y^2 + 2x + 3y$$

は，$a = 1, b = -1, c = 1$, であるから，$ac - b^2 = 0$.

連立方程式

$$\begin{cases} f_x = 2x - 2y + 2 = 0 \\ f_y = -2x + 2y + 3 = 0 \end{cases}$$

には，解が存在しないので，$f(x, y)$ は極値をもたない．なお，このことは，$X = 0, y = -\infty \rightarrow +\infty$ によって下の関数が $-\infty$ から $+\infty$ までの任意の値をとることから説明できる．

$$f(x, y) = (x - y + 1)^2 + 5y - 1 = X^2 + 5y - 1$$

[2] $ac - b^2 = 0$ で解が無数にある場合（最小（大）値がある例）：

関数

$$f(x, y) = x^2 - 2xy + y^2 + x - y$$

については，

$$\begin{cases} f_x = 2x - 2y + 1 = 0 \\ f_y = -2x + 2y - 1 = 0 \end{cases}$$

を解いて，

$$x - y = -\frac{1}{2}$$

と無数の解がある．このとき，もとの関数は次式

$$f(x,\ y) = \left(x - y + \frac{1}{2}\right)^2 - \frac{1}{4} \geq -\frac{1}{4}$$

のように書けるので，$x - y = -1/2$ のとき最小値 $-1/4$ をとる．　□

1.10.2　3変数の関数 $u = f(x,\ y,\ z)$ の極値

テイラーの定理による検討

$$\begin{aligned}
\Delta f &= f(x_0 + \Delta x,\ y_0 + \Delta y,\ z_0 + \Delta z) - f(x_0,\ y_0,\ z_0) \\
&= \left(\Delta x \frac{\partial}{\partial x} + \Delta y \frac{\partial}{\partial y} + \Delta z \frac{\partial}{\partial z}\right) \cdot f(x_0,\ y_0,\ z_0) \\
&\quad + \frac{1}{2}\left(\Delta x \frac{\partial}{\partial x} + \Delta y \frac{\partial}{\partial y} + \Delta z \frac{\partial}{\partial z}\right)^2 \cdot f(x_0,\ y_0,\ z_0) \\
&\quad + O(r^3) \\
&= (\Delta x f_x(x_0,\ y_0,\ z_0) + \Delta y f_y(x_0,\ y_0,\ z_0) \\
&\quad + \Delta z f_{zz}(x_0,\ y_0,\ z_0)) + \frac{1}{2}\{\Delta x^2 f_{xx}(x_0,\ y_0,\ z_0) \\
&\quad + \Delta y^2 f_{yy}(x_0,\ y_0,\ z_0) + \Delta z^2 f_{zz}(x_0,\ y_0,\ z_0) \\
&\quad + 2\Delta x \Delta y f_{xy}(x_0,\ y_0,\ z_0) \\
&\quad + 2\Delta y \Delta z f_{yz}(x_0,\ y_0,\ z_0) \\
&\quad + 2\Delta z \Delta x f_{zx}(x_0,\ y_0,\ z_0)\} + O(r^3) \\
&= [\Delta x,\ \Delta y,\ \Delta z] \begin{pmatrix} f_x(x_0,\ y_0,\ z_0) \\ f_y(x_0,\ y_0,\ z_0) \\ f_z(x_0,\ y_0,\ z_0) \end{pmatrix} \\
&\quad + \frac{1}{2}[\Delta x,\ \Delta y,\ \Delta z] \begin{pmatrix} \alpha_{11} & \alpha_{12} & \alpha_{13} \\ \alpha_{12} & \alpha_{22} & \alpha_{23} \\ \alpha_{13} & \alpha_{23} & \alpha_{33} \end{pmatrix} \cdot \begin{pmatrix} \Delta x \\ \Delta y \\ \Delta z \end{pmatrix} \\
&\quad + O(r^3)
\end{aligned}$$

ここで，

$$\begin{cases}
\alpha_{11} = f_{xx}(x_0,\ y_0,\ z_0), \\
\alpha_{12} = f_{xy}(x_0,\ y_0,\ z_0), \\
\alpha_{13} = f_{xz}(x_0,\ y_0,\ z_0) \\
\alpha_{22} = f_{yy}(x_0,\ y_0,\ z_0), \\
\alpha_{23} = f_{yz}(x_0,\ y_0,\ z_0), \\
\alpha_{33} = f_{zz}(x_0,\ y_0,\ z_0)
\end{cases}$$

- 関数 $u = f(x,\ y,\ z)$ が $(x_0,\ y_0,\ z_0)$ で極値をとるための必要条件：

$$\begin{cases} f_x(x_0,\ y_0,\ z_0) = 0 \\ f_y(x_0,\ y_0,\ z_0) = 0 \\ f_z(x_0,\ y_0,\ z_0) = 0 \end{cases}$$

- 極値をとるための十分条件
  [1] 第2項が常に正であれば，極小
  [2] 第2項が常に負であれば，極大
  [3] 第2項が正，負とも可能であれば，極値にならない

対称行列 $\boldsymbol{A}_k$ を

$$\boldsymbol{A}_k = \begin{pmatrix} \alpha_{11} & \cdots & \alpha_{1k} \\ \vdots & \ddots & \vdots \\ \alpha_{k1} & \cdots & \alpha_{kk} \end{pmatrix}$$

とするとき，線形代数によれば，次のようにいえる．

第2項の積が常に正になるために，その行列は正定値でなければならない．すなわち，$|\boldsymbol{A}_k| > 0$ $(1 \leq k \leq n)$ ならば，関数 $u = f(x,\ y,\ z)$ は $(x_0,\ y_0,\ z_0)$ で極小値をとる．

第2項の積が常に負になるために，その行列は負定値でなければならない．すなわち，$(-1)^k|\boldsymbol{A}_k| > 0$ $(1 \leq k \leq n)$ ならば，関数 $u = f(x,\ y,\ z)$ は $(x_0,\ y_0,\ z_0)$ で極大値をとる．

1.10.3　陰関数 $f(x,\ y) = 0$ の極値

関数 $f(x,\ y) = 0$ で定義される陰関数 $y(x)$ の極値を考える．通常の関数の場合とまったく同じであり，次のようになる．

$$\begin{cases} \text{必要条件} & y_x(x) = 0 \\ \text{十分条件} & \begin{cases} y_{xx} > 0 & \rightarrow \text{極小} \\ y_{xx} < 0 & \rightarrow \text{極大} \end{cases} \end{cases}$$

具体的に書くと，次のようになる．

$$y_x = -\frac{f_x}{f_y} = 0 \text{ より } f_x = 0,\ f_y \neq 0$$

$$\begin{aligned} y_{xx} &= -\frac{(f_{xx} + f_{xy}y_x)f_y - f_x(f_{yx} + f_{yy}y_x)}{f_y^2} \\ &= \frac{-f_{xx}}{f_y} \end{aligned}$$

より，

$$\frac{f_{xx}}{f_y} > 0 \text{ なら極大}, \quad \frac{f_{xx}}{f_y} < 0 \text{ なら極小}$$

陰関数の極値を求める手順

(1) $y_x(x, y) = 0$，すなわち $f(x, y) = 0$，$f_x(x, y) = 0$ $f_y(x, y) \neq 0$ となる x, y を求める

(2) 求めた点 (x, y) での f_{yy} の符号を求め，

$$\frac{f_{xx}}{f_y} > 0 \text{ なら極大}, \quad \frac{f_{xx}}{f_y} < 0 \text{ なら極小}$$

例題 1.10.6. $f(x, y) = x^3 - 3xy + y^3 = 0$ で定義される陰関数の極値を求めよ．

解答　$3x^2 - 3y - 3xy' + 3y^2y' = 0$ より

$$y' = \frac{y - x^2}{y^2 - x}$$

よって，

$$\begin{cases} x^3 - 3xy + y^3 = 0 \\ x^2 - y = 0 \\ y^2 - x \neq 0 \end{cases}$$

より，

$$\begin{cases} x = \sqrt[3]{2} \\ y = \sqrt[3]{4} \end{cases}$$

$(x, y) = (\sqrt[3]{2},\ \sqrt[3]{4})$ のとき，

$$\begin{aligned} \frac{d^2y}{dx^2} &= \frac{y' - 2x}{y^2 - x} \\ &\quad - \frac{(2yy' - 1)(y - x^2)}{(y^2 - x)^2} \\ &= \frac{-2x}{y^2 - x} \\ &= \frac{-2 \cdot \sqrt[3]{2}}{\sqrt[3]{16} - \sqrt[3]{2}} < 0 \end{aligned}$$

ゆえに，$x = \sqrt[3]{2}$ のとき，y は極大値 $\sqrt[3]{4}$ をとる．　□

1.10.4 条件付き極値

$g(x, y) = 0$ を満たす x, y の関数 $f(x, y)$ の極値をとる x, y の候補点を求めてみる．

考え方

[1] 条件 $g(x, y) = 0$ から，x の関数 $y = y(x)$ として y を求めると，$f(x, y) = f(x, y(x))$ となる．

[2] 関数 $f(x, y(x))$ は $x = a$ で（このとき，$y = y(a) = b$）極値をとるためには

$$\frac{df}{dx}(a) = \frac{\partial f}{\partial x}(a, b) + \frac{\partial f}{\partial y}(a, b)\frac{dy}{dx}(a) = 0 \quad \text{(a)}$$

そこで，条件 $g(x, y) = 0$ から，

$$\frac{dy}{dx}(a) = -\frac{\dfrac{\partial g}{\partial x}(a, b)}{\dfrac{\partial g}{\partial y}(a, b)} \quad \text{(b)}$$

式 (b) を (a) に代入すれば，

$$\frac{\partial f}{\partial x}(a, b) + \frac{\partial f}{\partial y}(a, b)\left(-\frac{\dfrac{\partial g}{\partial x}(a, b)}{\dfrac{\partial g}{\partial y}(a, b)}\right) = 0 \quad \text{(c)}$$

ラグランジュの乗数法

(1) 定数 λ を導入して式 (c) を次のように書く．

$$\frac{\dfrac{\partial f}{\partial x}(a, b)}{\dfrac{\partial g}{\partial x}(a, b)} = \frac{\dfrac{\partial f}{\partial y}(a, b)}{\dfrac{\partial g}{\partial y}(a, b)} = \lambda \quad \text{(d)}$$

すなわち，

$$\begin{aligned} \frac{\partial f}{\partial x}(a, b) - \lambda\frac{\partial g}{\partial x}(a, b) = 0 \\ \frac{\partial f}{\partial y}(a, b) - \lambda\frac{\partial g}{\partial y}(a, b) = 0 \end{aligned} \quad \text{(e)}$$

したがって，

定理 1.10.1. $g(x, y) = 0$ なる条件のもとで，$f(x, y)$ が点 $x = a, y = b$ で極値をとるとする．このとき，$g_x(a, b) = g_y(a, b) = 0$ でなければ，

$$\begin{cases} \dfrac{\partial f}{\partial x}(a, b) - \lambda\dfrac{\partial g}{\partial x}(a, b) = 0 \\ \dfrac{\partial f}{\partial y}(a, b) - \lambda\dfrac{\partial g}{\partial y}(a, b) = 0 \end{cases}$$

を満たす定数 λ が存在する．

すなわち，

$$F(x, y, \lambda) = f(x, y) - \lambda g(x, y)$$

とおいて，

$$\begin{cases} \dfrac{\partial F}{\partial x} = \dfrac{\partial f}{\partial x} - \lambda\dfrac{\partial g}{\partial x} = 0 \\ \dfrac{\partial F}{\partial y} = \dfrac{\partial f}{\partial y} - \lambda\dfrac{\partial g}{\partial y} = 0 \\ \dfrac{\partial F}{\partial \lambda} = g(x, y) \qquad = 0 \end{cases}$$

このような極値をとる候補点を求める方法を**ラグランジュの乗数法**という．

また，式 (d) は，**極値をとる候補点 (a, b) においてベクトル $\nabla f(a, b)$ がベクトル $\nabla g(a, b)$ と平行であることをも意味している**．これは，次のように幾何学的に理解される（図 1.10.1 参照）．

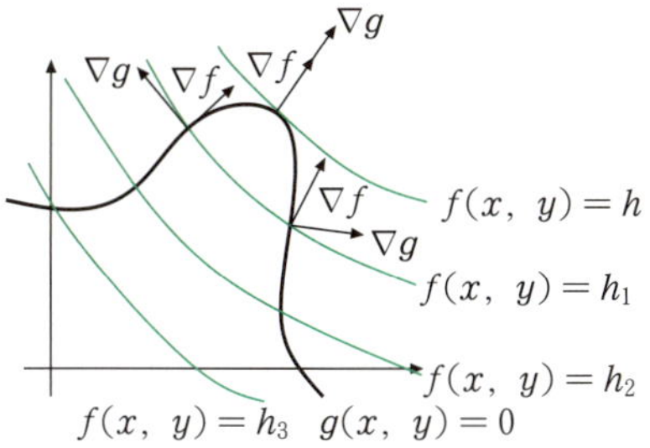

図 1.10.1

すなわち，条件付き極値とは，$\boldsymbol{g(x, y) = 0}$ と等高線 $\boldsymbol{f(x, y) = h}$ が共有点をもつときの $\boldsymbol{h}$ の値の極値のことである．(a, b) で極値をとるとすれば，この点において，$g(x, y) = 0$ と $f(x, y) = h$ は接することになる．したがって，$\nabla f(a, b)$ は $\nabla g(a, b)$ と平行である．

(2) ラグランジュの乗数法は多変数多条件の問題にも拡張できる．

例えば，m 個の制約条件

$$\begin{cases} g_1(x_1, x_2, \cdots, x_n) = 0 \\ g_2(x_1, x_2, \cdots, x_n) = 0 \\ \cdots\cdots\cdots \\ g_m(x_1, x_2, \cdots, x_n) = 0 \end{cases}$$

を満たす n 個の変数 $x_1, x_2, \cdots, x_n$ の関数 $f(x_1, x_2, \cdots, x_n)$ が極値をとる候補点は次のように求まる．

[1]

$$\begin{aligned} &F(x_1, x_2, \cdots, x_n, \lambda_1, \cdots, \lambda_m) \\ &= f(x_1, \cdots, x_n) - \lambda_1 g_1(x_1, \cdots, x_n) - \lambda_2 g_2(x_1, \cdots, x_n) \\ &\quad - \cdots - \lambda_m g_m(x_1, , \cdots, x_n) \end{aligned}$$

とおいて，

[2] 連立方程式

$$\begin{cases} F_{x_1}(x_1, \cdots, x_n, \lambda_1, \cdots, \lambda_m) = 0 \\ F_{x_2}(x_1, \cdots, x_n, \lambda_1, \cdots, \lambda_m) = 0 \\ \cdots\cdots\cdots \\ F_{x_n}(x_1, \cdots, x_n, \lambda_1, \cdots, \lambda_m) = 0 \\ F_{\lambda_1}(x_1, \cdots, x_n, \lambda_1, \cdots, \lambda_m) = 0 \\ F_{\lambda_2}(x_1, \cdots, x_n, \lambda_1, \cdots, \lambda_m) = 0 \\ \cdots\cdots\cdots \\ F_{\lambda_m}(x_1, \cdots, x_n, \lambda_1, \cdots, \lambda_m) = 0 \end{cases}$$

を解く．その根は候補点である．

例題 1.10.7. $x+y=1$ を満たす x, y の関数 $f(x, y) = xy$ の極値を求めよ．

解答

[1] 停留点の計算

$F(x, y, \lambda) = xy - \lambda(x+y-1)$ の x, y, λ に対するそれぞれの偏微分がゼロとなる条件，

$$y - \lambda = 0$$

$$x - \lambda = 0$$

$$x + y = 1$$

から

$$\lambda = -\frac{1}{2},\ x = \frac{1}{2},\ y = \frac{1}{2}$$

[2] 極値の判断

[方法 1]

$$\frac{df}{dx} = \frac{\partial f}{\partial x} + \frac{\partial f}{\partial y}\frac{dy}{dx} = y - x$$

$$\frac{d^2 f}{dx^2} = -1 + \frac{dy}{dx} = -2 < 0$$

したがって，この点は極大値 1/4 を与えていることがわかる．

[方法 2]

点 $P(1/2,\ 1/2)$ から少し離れた点 $Q(1/2+t,\ 1/2+s)$ を考える．点 Q は $x+y=1$ を満たすので，$s=-t$．よって，

$$\begin{aligned} f(P) - f(Q) &= \frac{1}{2}\times\frac{1}{2} - \left(\frac{1}{2}+t\right)\times\left(\frac{1}{2}-t\right) \\ &= t^2 > 0 \end{aligned}$$

したがって，点 $P(1/2,\ 1/2)$ は極大値 $f(P) = 1/4$ を与えていることがわかる．

また，上の式は任意の t に対して成り立つので，極大値 $f(P) = 1/4$ は，最大値でもあることがわかる．

□

例題 1.10.8. $x^2 + xy + y^2 - 1 = 0$ を満たす x, y の関数 $f(x, y) = x^2 + y^2$ の極値を求めよ．

解答

[1] 停留点の計算

$$F(x, y, \lambda) = x^2 + y^2 - \lambda(x^2 + xy + y^2 - 1)$$

の x, y, λ に対するそれぞれの偏微分がゼロとなる条件，

$$\begin{cases} 2x - \lambda(2x+y) = 0 \\ 2y - \lambda(x+2y) = 0 \\ x^2 + xy + y^2 - 1 = 0 \end{cases}$$

から

$$(2-3\lambda)(x+y) = 0$$

よって，

- $\lambda = 2/3$ の場合

$$\begin{cases} 6x - 2(2x+y) = 0 \\ x^2 + xy + y^2 - 1 = 0 \end{cases}$$

- $x + y = 0$ の場合

$$\begin{cases} x + y = 0 \\ x^2 + xy + y^2 - 1 = 0 \end{cases}$$

それぞれを解けば，

$$(x, y) = \left(\frac{1}{\sqrt{3}}, \frac{1}{\sqrt{3}}\right), \left(\frac{-1}{\sqrt{3}}, \frac{-1}{\sqrt{3}}\right), (1, -1), (-1, 1)$$

を得る．

[2] 極値の判断

[方法 1]

$$2x + y + xy' + 2yy' = 0 \quad \text{より} \quad \frac{dy}{dx} = -\frac{2x+y}{x+2y}$$

$$\begin{aligned}\frac{df}{dx} &= \frac{\partial f}{\partial x} + \frac{\partial f}{\partial y}\frac{dy}{dx} = 2x + 2y\left(-\frac{2x+y}{x+2y}\right) \\ &= \frac{2(x^2-y^2)}{x+2y}\end{aligned}$$

$$\begin{aligned}\frac{d^2f}{dx^2} &= \frac{4x(x+2y) - 2(x^2-y^2)}{(x+2y)^2} \\ &\quad + 4\frac{y(x+2y) + x^2 - y^2}{(x+2y)^2}\left(\frac{2x+y}{x+2y}\right)\end{aligned}$$

$x^2 - y^2 = 0$ を考慮すれば，

$$\frac{d^2f}{dx^2} = \frac{4(x^2+4xy+y^2)}{(x+2y)^2}$$

したがって，$(x, y) = (1, -1), (-1, 1)$ のとき，$(x + 2y)^2 = 1$ より

$$\frac{d^2f}{dx^2} = 4 \times (1 - 4 + 1) < 0$$

であるため，点 $(1, -1)$ $(-1, 1)$ は極大値 $f(P) = 2$ を与えていることがわかる．そして，$(x, y) = (1/\sqrt{3}, 1/\sqrt{3}), (-1/\sqrt{3}, -1/\sqrt{3})$ のとき，$(x + 2y)^2 = 3$ より

$$\frac{d^2f}{dx^2} = \frac{4 \times \frac{6}{3}}{3} = \frac{8}{3} > 0$$

であるため，これらの点は極小値 $f(P) = 2/3$ を与えていることがわかる．

[方法 2]

点 $P(1/\sqrt{3}, 1/\sqrt{3})$ から少し離れた点 $Q(1/\sqrt{3}+t, 1/\sqrt{3}+s)$ を考える．点 Q は $x^2 + xy + y^2 - 1 = 0$ を満たすので，

$$\begin{aligned}&\left(\frac{1}{\sqrt{3}} + t\right)^2 + \left(\frac{1}{\sqrt{3}} + t\right)\left(\frac{1}{\sqrt{3}} + s\right) \\ &\qquad + \left(\frac{1}{\sqrt{3}} + s\right)^2 - 1 = 0\end{aligned}$$

これを整理すると，

$$(t^2 + s^2) + \sqrt{3}(t + s) + ts = 0$$

すなわち

$$t + s = -\frac{1}{\sqrt{3}}(ts + t^2 + s^2)$$

よって，

$$\begin{aligned}f(P) - f(Q) &= \left\{\left(\frac{1}{\sqrt{3}}\right)^2 + \left(\frac{1}{\sqrt{3}}\right)^2\right\} \\ &\quad - \left\{\left(\frac{1}{\sqrt{3}} + t\right)^2 + \left(\frac{1}{\sqrt{3}} + s\right)^2\right\} \\ &= -\frac{2}{\sqrt{3}}(t + s) - (t^2 + s^2) \\ &= -\frac{2}{\sqrt{3}}\frac{-1}{\sqrt{3}}(ts + t^2 + s^2) \\ &\quad - (t^2 + s^2) \\ &= \frac{2}{3}(ts + t^2 + s^2) - (t^2 + s^2) \\ &= -\frac{1}{3}(t - s)^2 \leqq 0\end{aligned}$$

したがって，点 $P(1/\sqrt{3}, 1/\sqrt{3})$ は極小値 $f(P) = 2/3$ を与えていることがわかる．

同様に，点 $(-1/\sqrt{3}, -1/\sqrt{3})$ は極小値 $f(P) = 2/3$，点 $(1, -1), (-1, 1)$ は極大値 $f(P) = 2$ を与えていることがわかる．

また，上の式は点 P の近傍だけではなく，常に成立しているので，極大値 $f(P) = 2$ は最大値にも，極小値 $f(P) = 2/3$ は最小値にもなっていることがわかる．□

[補足]　なお，もし最大と最小を求める問題であれば，上述と同様に停留点を求めてから以下のように判断を行う．

- $x^2+xy+y^2-1 = 0$ を満たす (x, y) の関数 $f(x, y)$ に最大と最小が存在する．
- 滑らかの曲線 $x^2+xy+y^2-1 = 0$ に沿って (x, y) が動くときの最大と最小は極値でもあり，停留点でもある．
- よって，最大と最小をとる可能性がある点は上に求めた 4 点の停留点である．

例題 1.10.9. $x^2 + y^2 = 1$ を満たす x, y の関数 $f(x, y) = x^3y$ の極値を求めよ．

解答

[1] 停留点の計算

$F(x, y, \lambda) = x^3y + \lambda(x^2 + y^2 - 1)$ の x, y, λ に対するそれぞれの偏微分がゼロとなる条件,

$$\begin{cases} 3x^2y + 2\lambda x = 0 \\ x^3 + 2\lambda y \quad = 0 \\ x^2 + y^2 - 1 = 0 \end{cases}$$

より

$$x = 0, \quad \lambda = -\frac{3}{2}xy$$

よって, $\lambda = -\dfrac{3}{2}xy$ の場合,

$$\begin{cases} x^3 + 2\lambda y \quad = 0 \\ x^2 + y^2 - 1 = 0 \end{cases}$$

$$\to \begin{cases} x^3 - 3xy^2 = 0 \quad \to x^2 = 3y^2 \\ x^2 + y^2 - 1 = 0 \end{cases}$$

より, $x = \pm\dfrac{\sqrt{3}}{2}$, $y = \pm\dfrac{1}{2}$

$x = 0$ の場合, $x = 0$, $y = \pm 1$

[2] 極値の判断

$$\frac{df}{dx} = \frac{\partial f}{\partial x} + \frac{\partial f}{\partial y}\frac{dy}{dx} = 3x^2y + x^3y' = 3x^2y - \frac{x^4}{y}$$

$$\begin{aligned} \frac{d^2f}{dx^2} &= 6xy - 4\frac{x^3}{y} + \left(3x^2 + \frac{x^4}{y^2}\right)\frac{dy}{dx} \\ &= 6xy - 4\frac{x^3}{y} - \left(3x^2 + \frac{x^4}{y^2}\right)\frac{x}{y} \\ &= 6xy - 7\frac{x^3}{y} - \frac{x^5}{y^3} \end{aligned}$$

$x = \sqrt{3}/2$, $y = 1/2$ または $x = -\sqrt{3}/2$, $y = -1/2$ の場合,

$$\begin{aligned} \frac{d^2f}{dx^2} &= \frac{6\sqrt{3}}{4} - 7\frac{3\sqrt{3}/8}{1/2} - \frac{(3\sqrt{3}/8)(3/4)}{1/8} \\ &= \frac{6\sqrt{3}}{4} - \frac{21\sqrt{3}}{4} - \frac{9\sqrt{3}}{4} \\ &= -6\sqrt{3} < 0 \end{aligned}$$

したがって, この 2 点は極大値 $3\sqrt{3}/16$ を与えていることがわかる.

同様に, 点 $x = -\sqrt{3}/2$, $y = 1/2$ または点 $x = \sqrt{3}/2$, $y = -1/2$ は極小値 $-3\sqrt{3}/16$ を与えていることがわかる.

なお, $x = 0$, $y = \pm 1$ の場合,

$$\begin{aligned} \frac{d^3f}{dx^3} &= \left(6y - 21\frac{x^2}{y} - 5\frac{x^4}{y^3}\right) \\ &\quad - \frac{x}{y}\left(6x + 7\frac{x^3}{y^2} + 3\frac{x^5}{y^4}\right) \\ &= \pm 6 \neq 0 \end{aligned}$$

よって,

$$\frac{df}{dx} = \frac{d^2f}{dx^2} = 0, \quad \frac{d^3f}{dx^3} \neq 0$$

であるので, 極値をとらない. □

例題 1.10.10. 2 平面 $x + y + z = 1$, $x - y - z = 1$ の交線上の点から原点 $(0, 0, 0)$ までの距離の最小値を求めよ.

解答

$$\begin{aligned} &F(x, y, z, \lambda_1, \lambda_2) \\ &= x^2 + y^2 + z^2 + \lambda_1(x + y + z - 1) \\ &\quad + \lambda_2(x - y - z - 1) \end{aligned}$$

とおく.

$F_x = F_y = F_z = F_{\lambda_1} = F_{\lambda_2} = 0$ より

$$\begin{aligned} 2x + \lambda_1 + \lambda_2 &= 0, \\ 2y + \lambda_1 - \lambda_2 &= 0, \\ 2z + \lambda_1 - \lambda_2 &= 0, \\ x + y + z &= 1, \\ x - y - z &= 1 \end{aligned}$$

これらを解いて, $\lambda_1 = \lambda_2 = -1$, $(x, y, z) = (1, 0, 0)$

このとき, 停留点は 1 個しかないので, グラフの形は下に凸または上に凸のいずれとなる. よって, 距離 $\sqrt{1^2 + 0^2 + 0^2} = 1$ と無限遠の点への距離の比較からわかるように, 求めた停留点は最小値を与えるものである.

また, このとき, 最小値の存在が明らかであることに基づいて, 求めた各停留点 (この例では停留点が 1 個だけ) の関数値の比較からも判断することができる. □

[補足] **このように, ラグランジュの乗数法を使うと, 極値の候補はすぐに見つかるが, その極値の判断が難しい. しかし, 現実問題を扱う場合には, いろいろな状況から, 最大値や最小値の存在についてはすでにわかっているものである.**

例題 1.10.11. $x^2 + y^2 = 1$ を満たす x, y の関数 $f(x, y) = x^3y$ の最大値を求めよ.

解答 $x^2 + y^2 = 1$ は有界閉集合で, この上で f は連続だから最大値と最小値をもつ.

例題 1.10.9 の解より, 最大値は,

$$f\left(\frac{\sqrt{3}}{2}, \frac{1}{2}\right) = f\left(-\frac{\sqrt{3}}{2}, -\frac{1}{2}\right) = \frac{3\sqrt{3}}{16},$$

最小値は,

$$f\left(-\frac{\sqrt{3}}{2}, \frac{1}{2}\right) = f\left(\frac{\sqrt{3}}{2}, -\frac{1}{2}\right) = -\frac{3\sqrt{3}}{16}.$$

□

1.10.5 最大と最小

定理 1.10.2（最大最小値の定理）. 有界閉集合 D の連続関数には，最大と最小の点が存在する．

この定理はワイエルシュトラスの定理ともよばれる．

有界閉集合における連続関数の最大と最小を求める手順

最大最小値の定理によれば，有界閉領域での連続関数には常に最大と最小の点が存在する．これらの点が領域の内部にある場合，当然上述の停留点でもある．したがって，有界閉領域での連続関数の最大と最小を次のように求めることができる．

[1] 内部の停留点を求める．つまり，

$$\begin{cases} f_x(x, y) = 0 \\ f_y(x, y) = 0 \end{cases}$$

を解く．

[2] 境界での極値をとる点を求める．

[3] 内部の停留点における関数の値を，境界での関数の極値とを比較して，最大と最小を決める．

例題 1.10.12. 領域 $x^2 + y^2 \leq 2$ における，関数 $f(x, y) = (x-1)^2 + y^2$ の最大値と最小値を求めよ．

解答
$$\frac{\partial f}{\partial x} = 2(x-1) = 0$$
$$\frac{\partial f}{\partial y} = 2y = 0$$

より，内部の停留点は，$x = 1,\ y = 0$ である．このとき，$f(1, 0) = 0$

次に境界における関数値を考える．

$F = (x-1)^2 + y^2 - \lambda(x^2 + y^2 - 2)$ とおくと，

$$\begin{cases} F_x = 2(x-1) - 2x\lambda = 0 \\ F_y = 2y - 2y\lambda = 0 \\ \quad x^2 + y^2 = 2 \end{cases}$$

$\to$ $\lambda = 1$ これは $F_x = 0$ を満たせないので ×
$y = 0 \to x = \pm\sqrt{2}$

$$f(\sqrt{2}, 0) = (\sqrt{2}-1)^2, \quad f(-\sqrt{2}, 0) = (\sqrt{2}+1)^2$$

よって，$x = 1, y = 0$ のとき，最小値 $f(1, 0) = 0$ をとり，$x = -\sqrt{2}, y = 0$ のとき，最大値 $f(-\sqrt{2}, 0) = (\sqrt{2}+1)^2$ をとる．　□

例題 1.10.13. 領域 $0 \leq x \leq \pi/2,\ 0 \leq y \leq \pi/2$ における，関数 $z = \sin x + \cos y + \cos(x-y)$ の最大値と最小値を求めよ．

解答
$$\frac{\partial z}{\partial x} = \cos x - \sin(x-y) = 0$$
$$\frac{\partial z}{\partial y} = -\sin y + \sin(x-y) = 0$$

二式の両辺の和をとれば

$$\cos x = \sin y$$

であり，このとき三角関数の基本性質から

$$\begin{aligned} \cos y &= \sqrt{1-\sin^2 y} = \sqrt{1-\cos^2 x} \\ &= \sin x \end{aligned}$$

したがって冒頭の第一式は

$$\begin{aligned} \cos x - \sin(x-y) &= \cos x - \sin x \cos y \\ &\quad + \cos x \sin y \\ &= 2\cos^2 x + \cos x - 1 \\ &= 0 \end{aligned}$$

このことから

$$\cos x = \frac{-1+\sqrt{1+8}}{4} = \frac{1}{2} \to \sin y = \frac{1}{2}$$

より，内部の停留点は，$x = \pi/3,\ y = \pi/6$ である．このとき，$z(\pi/3, \pi/6) = 3\sqrt{3}/2$

次に境界における関数値を考える．

(1) $x = 0$ の境界．このとき，

$$z = 2\cos y$$

端点 $y = 0$ のとき，$z = 2$，$y = \pi/2$ のとき，$z = 0$

(2) $x = \pi/2$ の境界．このとき，

$$z = 1 + \cos y + \sin y = 1 + \sqrt{2}\sin(y + \pi/4)$$

端点 $y = 0$ のとき，$z = 2$，$y = \pi/2$ のとき，$z = 2$．また，内部の停留点 $y = \pi/4$ のとき，$z = 1 + \sqrt{2}$．

(3) $y = 0$ の境界．このとき，

$$z = \sin x + 1 + \cos x = 1 + \sqrt{2}\sin(x + \pi/4)$$

端点 $x = 0$ のとき，$z = 2$，$x = \pi/2$ のとき，$z = 2$．また，内部の停留点 $x = \pi/4$ のとき，$z = 1 + \sqrt{2}$．

(4) $y = \pi/2$ の境界．このとき，

$$z = 2\sin x$$

端点 $x = 0$ のとき，$z = 0$，$x = \pi/2$ のとき，$z = 2$．

これらの点における関数の値を比較すると，最大値は

$$z(\pi/3,\ \pi/6) = \frac{3\sqrt{3}}{2}$$

最小値は

$$z(0,\ \pi/2) = 0$$

□

付記

[1] 実際の問題では，関数の定義域は有界閉集合でない場合が多い．この場合，次の例のように，関数が定義域の境界においても連続であれば，境界を含むよう定義域を閉領域に拡張する．

例題 1.10.14. 3つの正数 x, y, z の和が a（一定）のとき，xyz の最大となる場合を調べよ．

解答 $u = xyz$ とおく．$x + y + z = a$ より，$z = a - x - y$ であるから

$$u = xy(a - x - y)$$

これを $x > 0,\ \ y > 0,\ \ z = a - x - y > 0$ という xy 平面上の三角形の内部で考える．

そこで，境界を含むように，閉領域に拡張する．

$$x \geq 0,\ \ y \geq 0,\ \ z = a - x - y \geq 0$$

関数 $u = xy(a - x - y)$ は境界においても連続であるため，ワイエルシュトラスの定理（定理 1.10.2）は適用できる．

$$u_x = y(a - 2x - y) = 0,\ \ u_y = x(a - x - 2y) = 0$$

より $x = a/3,\ \ y = a/3$．これは三角形の内部にある点である．このとき，$u = a^3/27$．

これに対して，三角形の境界上では，$u = 0$．

したがって，$u = xyz$ は，$x = y = z = a/3$ のとき最大値 $u = a^3/27$ をとる． □

[2] また，関数の定義域は有界でない場合も多い．この場合，次の例のように，有界の部分集合を考えて判断する．

例題 1.10.15. 2平面 $x + y + z = 1,\ x - y - z = 1$ の交線上の点から原点 $(0, 0, 0)$ までの距離の最小値を求めよ．

解答 $F(x, y, z, \lambda_1, \lambda_2) = x^2 + y^2 + z^2 + \lambda_1(x + y + z - 1) + \lambda_2(x - y - z - 1)$ とおく．$F_x = F_y = F_z = F_{\lambda_1} = F_{\lambda_2} = 0$ より

$$\begin{cases} 2x + \lambda_1 + \lambda_2 = 0 \\ 2y + \lambda_1 - \lambda_2 = 0 \\ 2z + \lambda_1 - \lambda_2 = 0 \\ x + y + z = 1 \\ x - y - z = 1 \end{cases}$$

これらを解いて，

$$\lambda_1 = \lambda_2 = -1,\quad (x, y, z) = (1, 0, 0)$$

交線に沿って，停留点を中心とする閉区間 $[-R, R], (R \gg 1)$ に対して，最小値が存在する．停留点における関数の値が閉区間 $[-R, R]$ の両端での値より小さいので，停留点で閉区間 $[-R, R]$ の最小値を与えることがわかる．

そして，$R \to \infty$ を考える．R が大きいほど，端点における関数の値が大きい．よって，求めた停留点は最小値を与えることがわかる． □

[3] 上の例からは，「関数の定義域が有界でない場合，その無限遠方では $+\infty$ でなければ，最大値があり，$-\infty$ でなければ，最小値がある」ともいえる．

例題 1.10.16. 表面積が a^2（一定）のとき，体積が最大となる直方体の体積を求めよ．

解答 各辺の長さを x, y, z とすると，問題は，

$$g(x, y, z) = 2xy + 2yz + 2xz - a^2 = 0$$

を満たす，x, y, z の関数 $f(x, y, z) = xyz$ の最大値を求めることとなる．

まず，関数

$$F(x, y, z, \lambda) = f(x, y, z) + \lambda g(x, y, z)$$

の x, y, z, λ に対するそれぞれの偏微分がゼロとなる条件，

$$yz + 2\lambda(y + z) = 0$$
$$xz + 2\lambda(x + z) = 0$$
$$xy + 2\lambda(y + x) = 0$$

と

$$2xy + 2yz + 2xz - a^2 = 0$$

x, y, z はゼロではないので，3つの方程式から

$$\frac{x}{y} = \frac{x + z}{y + z},\quad \frac{y}{z} = \frac{x + y}{x + z}$$

ここで，

$$\frac{x}{y} = \frac{x + z}{y + z} = k$$

とすると，

$$x = ky,\ x + z = ky + kz \Rightarrow k = 1$$

すなわち，

$$x = y = z$$

したがって，内部の停留点は

$$x = y = z = \frac{\sqrt{6}}{6}a$$

の1点だけである．このとき，$f(x, y, z) = (\sqrt{6}/36)a^3$.

この問題での定義域

$$x > 0,\ y > 0,\ z = \frac{a^2/2 - xy}{x + y} > 0$$

すなわち，

$$xy < a^2/2$$

は，有界ではない開領域である．そこで，関数が $x = 0, y = 0, xy = 0$ においても連続であることを考えて，定義域を次の閉領域に拡張する．

$$x \geq 0,\ y \geq 0,\ xy \leq a^2/2$$

これはまた有界ではないので，その部分領域

$$x \geq 0,\ y \geq 0,\ xy \leq a^2/2,\ x \leq R,\ y \leq R\ (R \gg 1)$$

を考える．この領域において，最大値が存在する．境界 $x = 0, y = 0, xy = a^2/2$ では関数値が0である．また，境界 $x = R$ 上の点 $x = R, y = b/R\ (b < a^2/2)$ において，

$$xyz = xy\frac{a^2/2 - xy}{x + y} = b\frac{a^2/2 - b}{R + b/R}$$

であるので，

$$\lim_{R \to \infty} xyz = 0$$

したがって，体積を最大にするものは内部の停留点

$$x = y = z = \frac{\sqrt{6}}{6}a$$

である．□

例題 1.10.17. 一定の円に内接して，周の最大なものは，正三角形であることを証明せよ．

解答

［手順1］　各辺に円心角をそれぞれ α，β と γ とすると，三辺の長さの和 S は

$$\begin{aligned} S &= 2r\left(\sin\frac{\alpha}{2} + \sin\frac{\beta}{2} + \sin\frac{\gamma}{2}\right) \\ &= 2r\left(\sin\frac{\alpha}{2} + \sin\frac{\beta}{2} + \sin\left[\pi - \frac{\alpha}{2} - \frac{\beta}{2}\right]\right) \end{aligned}$$

［手順2］　$\alpha > 0$，$\beta > 0$，$\alpha + \beta < 2\pi$ であるが，関数が境界においても連続であることを考え，閉領域を $\alpha \geq 0$，$\beta \geq 0$，$\alpha + \beta \leq 2\pi$ に拡張する．

［手順3］　$\partial S/\partial\alpha = 0$, $\partial S/\partial\beta = 0$ より，

$$\begin{cases} \dfrac{1}{2}\cos\dfrac{\alpha}{2} + \dfrac{1}{2}\cos\left[\dfrac{\alpha}{2} + \dfrac{\beta}{2}\right] = 0 \\ \dfrac{1}{2}\cos\dfrac{\beta}{2} + \dfrac{1}{2}\cos\left[\dfrac{\alpha}{2} + \dfrac{\beta}{2}\right] = 0 \end{cases}$$

これを満たすには，

$$\cos\frac{\alpha}{2} = \cos\frac{\beta}{2}$$

$\alpha \geq 0$，$\beta \geq 0$，$\alpha + \beta \leq 2\pi$ であるので，

$$\alpha = \beta$$

が得られる．そして，それを式に代入すると

$$\cos\frac{\alpha}{2} + \cos\alpha = 0$$

$$2\cos^2\frac{\alpha}{2} + \cos\frac{\alpha}{2} - 1 = 0$$

$$\cos\frac{\alpha}{2} = \frac{-1 \pm \sqrt{1 + 8}}{4} = \frac{1}{2}$$

ゆえに

$$\alpha = 120^\circ,\quad \beta = 120^\circ,\quad \gamma = 120^\circ,\quad S = 3\sqrt{3}r$$

［手順4］　境界 $\alpha = 0$ では，

$$0 \leq S = 4r\sin\frac{\beta}{2} \leq 4r$$

境界 $\alpha + \beta = 2\pi$ でも，

$$0 \leq S = 4r\sin\frac{\beta}{2} \leq 4r$$

［手順5］　よって，内部の点が最大であることがわかる．□

例題 1.10.18. だ球面

$$\frac{x^2}{a^2} + \frac{y^2}{b^2} + \frac{z^2}{c^2} = 1$$

に内接する，体積が最大の直方体（各辺が座標軸に平行であるもの）を求めよ．

解答　第1象限における直方体の頂点を x, y, z とすると，問題は，条件

$$\frac{x^2}{a^2} + \frac{y^2}{b^2} + \frac{z^2}{c^2} = 1$$

のもとでの関数

$$V = 8xyz$$

の最大値を求めることとなる．

$$F(x, y, z, \lambda) = 8xyz - \lambda\left(\frac{x^2}{a^2} + \frac{y^2}{b^2} + \frac{z^2}{c^2} - 1\right)$$

$$\frac{\partial F}{\partial x}=8yz-\lambda\frac{2x}{a^2}=0$$
$$\frac{\partial F}{\partial y}=8zx-\lambda\frac{2y}{b^2}=0$$
$$\frac{\partial F}{\partial z}=8xy-\lambda\frac{2z}{c^2}=0$$
$$\frac{x^2}{a^2}+\frac{y^2}{b^2}+\frac{z^2}{c^2}=1$$

最初の3つの方程式より,

$$\frac{4yz}{x}a^2=\frac{4zx}{y}b^2=\frac{4xy}{z}c^2, \rightarrow \frac{x}{a}=\frac{y}{b}=\frac{z}{c}$$

よって,方程式の解は

$x=\dfrac{a}{\sqrt{3}}$, $y=\dfrac{b}{\sqrt{3}}$, $z=\dfrac{c}{\sqrt{3}}$

である.

次は,この点で最大値をとることを示す.いまの問題は,閉領域

$$x\geq 0,\ y\geq 0,\ \frac{x^2}{a^2}+\frac{y^2}{b^2}\leq 1$$

における,連続関数

$$V=8xy\sqrt{1-\frac{x^2}{a^2}-\frac{y^2}{b^2}}$$

の最大値の問題と考えられる.そこで,境界では $V=0$,内部では停留点は一点だけで,その値は $8abc/(3\sqrt{3})$ である.したがって,それが最大値であることがわかる. □

例題 1.10.19. 点 $(0,0,c)$ に最も近い,曲面 $2z=x^2/a+y^2/b$ 上の点を求めよ.ただし,a, b, c は正で $a>b$ とする.

解答

[手順1] その距離を d とすると,

$$d^2=x^2+y^2+(z-c)^2$$
$$=x^2+y^2+\left(\frac{x^2}{2a}+\frac{y^2}{2b}-c\right)^2$$

[手順2] $-\infty<x<\infty$ $-\infty<y<\infty$

[手順3] $\partial d^2/\partial x=0$, $\partial d^2/\partial y=0$ より,($\partial d/\partial x$ にする必要がない)

$$\begin{cases} 2x+2(z-c)\dfrac{x}{a}=0 \\ 2y+2(z-c)\dfrac{y}{b}=0 \end{cases}$$

それぞれから

$$\begin{cases} x=0 \\ 1+\dfrac{z-c}{a}=0\Rightarrow z=c-a \end{cases}$$

および

$$\begin{cases} y=0 \\ 1+\dfrac{z-c}{b}=0\Rightarrow z=c-b \end{cases}$$

が得られる.連立方程式の根はそれらの組み合わせで求まる(表 1.10.1 を参照).

[手順4] 境界 $x\to\infty$, $y\to\infty$ において,$d\to\infty$.

[手順5] 場合 I では,$d^2=c^2$ 最小.

場合 II では,

$$b^2+c^2>2bc\Rightarrow c^2>2bc-b^2$$

場合 III では,

$$2c>(a+b)\Rightarrow 2c(a-b)>(a+b)(a-b)$$
$$\Rightarrow 2ac-a^2>2bc-b^2$$ □

例題 1.10.20. 平面上で,3定点 A, B, C からの距離の和が最小となる点を求めよ.

解答

[手順1] 3定点 A, B, C の座標をそれぞれ (x_A, y_A), (x_B, y_B), (x_C, y_C) とし,求めようとする点 O の座標を (x, y) とする.よって,距離の和 S は

$$S=\sqrt{(x-x_A)^2+(y-y_A)^2}+\sqrt{(x-x_B)^2+(y-y_B)^2}+\sqrt{(x-x_C)^2+(y-y_C)^2}$$

[手順2] $-\infty<x<\infty$ $-\infty<y<\infty$

[手順3] $\partial S/\partial x=0$, $\partial S/\partial y=0$ より,

$$\begin{cases} \dfrac{x-x_A}{\sqrt{(x-x_A)^2+(y-y_A)^2}}+\dfrac{x-x_B}{\sqrt{(x-x_B)^2+(y-y_B)^2}}+\dfrac{x-x_C}{\sqrt{(x-x_C)^2+(y-y_C)^2}}=0 \quad (1) \\ \dfrac{y-y_A}{\sqrt{(x-x_A)^2+(y-y_A)^2}}+\dfrac{y-y_B}{\sqrt{(x-x_B)^2+(y-y_B)^2}}+\dfrac{y-y_C}{\sqrt{(x-x_C)^2+(y-y_C)^2}}=0 \quad (2) \end{cases}$$

$(1)\times(y-y_C)-(2)\times(x-x_C)$ より,

表 1.10.1

	$x=0$ $y=0$ $z=0$	$x=0$ $z=c-b$ $y=\pm\sqrt{2b(c-b)}$	$y=0$ $z=c-a$ $x=\pm\sqrt{2a(c-a)}$	$z=c-a$ $z=c-b$
I: $c<b<a$	$d^2=c^2$ 最小	×	×	×
II: $b<c<a$	$d^2=c^2$	$d^2=2bc-b^2$ 最小	×	×
III: $b<a<c$	$d^2=c^2$	$d^2=2bc-b^2$ 最小	$d^2=2ac-a^2$	×

$$\begin{aligned}&\frac{(x-x_A)(y-y_C)-(x-x_C)(y-y_A)}{X_AX_C}\\&\quad+\frac{(x-x_B)(y-y_C)-(x-x_C)(y-y_B)}{X_BX_C}\\&=0\end{aligned}$$

ただし

$$X_A=\sqrt{(x-x_A)^2+(y-y_A)^2}$$
$$X_B=\sqrt{(x-x_B)^2+(y-y_B)^2}$$
$$X_C=\sqrt{(x-x_C)^2+(y-y_C)^2}$$

を満たす．

ベクトル $\overrightarrow{OA}$ と $\overrightarrow{OC}$ の外積は

$$\begin{aligned}&\overrightarrow{OA}\times\overrightarrow{OC}\\&=\begin{vmatrix}\vec{i} & \vec{j} & \vec{k}\\ x_A-x & y_A-y & 0\\ x_C-x & y_C-y & 0\end{vmatrix}\\&=\vec{k}\,\{(x_A-x)(y_C-y)-(x_C-x)(y_A-y)\}\\&=\vec{k}\,|OA||OC|\sin\angle AOC\end{aligned}$$

で表されることからわかるように，上の式は

$$\sin\angle AOC+\sin\angle BOC=0$$

よって，

$$\angle AOC=\angle COB$$

同じように，$(1)\times(y-y_B)-(2)\times(x-x_B)$ より，

$$\angle AOB=\angle BOC$$

したがって，

$$\angle AOC=\angle COB=\angle BOA=120^\circ$$

[手順 4]　境界 $x\to\infty$，$y\to\infty$ において，$S\to\infty$.

[手順 5]　求めた点で最小値をとる．　□

1.11　平面曲線：漸近線，曲率，包絡線

1.11.1　漸　近　線

$y=f(x)$ の場合

[1] 座標軸に平行な漸近線

$x\to a$ のとき $y\to\infty$ ならば，直線 $x=a$ は漸近線となる．

$x\to\pm\infty$ のとき $y\to b$ ならば，直線 $y=b$ は漸近線となる．

[2] 座標軸に平行でない漸近線：$y=mx+n$

$$\lim_{x\to\pm\infty} y-(mx+n)=0$$

より

$$\begin{aligned}&\lim_{x\to\pm\infty}\frac{y-(mx+n)}{x}=0,\quad \to m=\lim_{x\to\pm\infty}\frac{y}{x}\\&\lim_{x\to\pm\infty} y-(mx+n)=0,\\&\to n=\lim_{x\to\pm\infty}(y-mx)\end{aligned}$$

例題 1.11.1. 次の曲線の漸近線を求めよ．

$$y=\frac{x^2(x-1)}{(x+2)(x-2)}$$

解答

[1] 座標軸に平行な漸近線

$$\lim_{x\to\pm2} y=\infty \quad より，\quad 漸近線：x=\pm2$$
$$\lim_{x\to\infty} y=\infty \quad より，\quad y=b\ の漸近線がない$$

[2] 座標軸に平行でない漸近線

$$
\begin{aligned}
m &= \lim_{x\to\infty}\frac{y}{x} = 1 \\
n &= \lim_{x\to\infty}(y-x) \\
&= \lim_{x\to\infty}\frac{x^3-x^2-x^3+4x}{(x+2)(x-2)} \\
&= -1
\end{aligned}
$$

$\therefore$ 漸近線：$y = x-1$ □

$x = f(t),\ y = g(t)$ の場合

$x \to \infty$ と $y \to \infty$ に対応する t を求めてから上述のやり方で漸近線を求める．

例題 1.11.2. 次の曲線の漸近線を求めよ．

$$
x = \frac{t^2}{t-1},\ y = \frac{t^2}{t+1}
$$

解答
$$
\lim_{t\to 1} x = \infty, \qquad \lim_{t\to\infty} x = \infty,
$$
$$
\lim_{t\to -1} y = \infty, \qquad \lim_{t\to\infty} y = \infty
$$

である．

[1] 座標軸に平行な漸近線

$\lim_{t\to 1} y = \frac{1}{2}$ より， 漸近線：$y = \frac{1}{2}$

$\lim_{t\to -1} x = -\frac{1}{2}$ より， 漸近線：$x = -\frac{1}{2}$

[2] 座標軸に平行でない漸近線:

$$
\begin{aligned}
m &= \lim_{t\to\infty}\frac{y}{x} = 1 \\
n &= \lim_{t\to\infty}(y-x) \\
&= \lim_{t\to\infty}\frac{t^3-t^2-t^3-t^2}{t^2-1} \\
&= -2
\end{aligned}
$$

$\therefore$ 漸近線：$y = x-2$ □

陰関数 $f(x, y) = 0$ の場合

$f(x, y) = 0$ から $x = x(t)$，$y = y(t)$ を見出してから上述のやり方で漸近線を求める．

例題 1.11.3. 曲線 $x^3 + y^3 = 3axy\,(a > 0)$ の漸近線を求めよ．

解答 $y = xt$ とすれば，曲線の方程式から

$$
x^3 + t^3x^3 = 3atx^2
$$

よって，

$$
\begin{aligned}
x &= \frac{3at}{t^3+1} \\
y &= \frac{3at^2}{t^3+1}
\end{aligned}
$$

以下は，媒介変数の場合と同じようにやればよい．

$$
\lim_{t\to -1} x = \infty,\ \lim_{t\to -1} y = \infty
$$

より，

[1] 座標軸に平行な漸近線は存在しない．

[2] 座標軸に平行でない漸近線は

$$
\begin{aligned}
m &= \lim_{t\to -1}\frac{y}{x} = -1 \\
n &= \lim_{t\to -1}(y+x) = \lim_{t\to -1}\frac{3at(t+1)}{t^3+1} \\
&= \lim_{t\to -1}\frac{3at}{t^2-t+1} = \frac{-3a}{3} = -a
\end{aligned}
$$

$\therefore$ 漸近線：$y = -x-a$ □

1.11.2 曲 率

曲率半径と曲率

近傍を円で近似するときの円の半径を**曲率半径** ρ といい，曲率半径 ρ の逆数 $1/\rho$ を**曲率**といい，曲線の曲がり方の度合いを表すものである．

円の場合，$\rho \cdot d\theta = ds$ に基づいて，

$$
\begin{aligned}
ds &= \sqrt{dx^2+dy^2} = \sqrt{(y')^2+1}\,dx \\
d\theta &= d\left\{\tan^{-1} y'\right\} = \frac{y''}{(y')^2+1}dx \\
\rho &= \left|\frac{ds}{d\theta}\right| = \frac{((y')^2+1)^{3/2}}{|y''|}
\end{aligned}
$$

例題 1.11.4. 曲線 $y = ax^2$ 上の点 (x_1, y_1) における曲率半径を求めよ．

解答
$$
y' = 2ax,\ y'' = 2a,
$$
$$
\begin{aligned}
\rho &= \frac{((2ax)^2+1)^{3/2}}{2a} \\
&= \frac{((2ax_1)^2+1)^{3/2}}{2a}
\end{aligned}
$$
□

例題 1.11.5. 曲線 $r = 2\cos\theta$ における曲率半径を求めよ．

解答
$$
x = r\cos\theta = 2\cos^2\theta = \cos 2\theta + 1
$$
$$
y = r\sin\theta = 2\cos\theta\sin\theta = \sin 2\theta
$$

$$
\frac{dy}{dx} = \frac{2\cos 2\theta}{-2\sin 2\theta} = -\cot 2\theta
$$
$$
\frac{d^y}{dx^2} = \frac{\dfrac{2}{\sin^2 2\theta}}{-2\sin 2\theta} = \frac{-1}{\sin^3 2\theta}
$$

$$
\rho = \frac{((y')^2+1)^{3/2}}{|y''|} = \frac{\left(\dfrac{\cos^2 2\theta}{\sin^2 2\theta}+1\right)^{3/2}}{\dfrac{1}{\sin^3 2\theta}} = 1
$$
□

n 位の接触

二つの曲線 $y = f(x)$，$y = g(x)$ において，

$$f(a) = g(a), \quad f'(a) = g'(a), \quad \cdots,$$
$$f^{(n)}(a) = g^{(n)}(a), \quad f^{(n+1)}(a) \neq g^{(n+1)}(a)$$

であるとき，この 2 曲線は $(a, f(a))$ で n 位の**接触**をするという．

[1] 1 位の接触をする直線は接線である．

点 $x = x_0$, $y = y_0 = f(x_0)$ を通る直線を $y = k(x - x_0) + y_0$ とする．

1 位の接触の定義によれば，$f'(x_0) = k$．よって，1 位の接触をする直線は $y = f'(x_0)(x - x_0) + y_0$ であり，点 $x = x_0$, $y = y_0$ を通る曲線 $y = f(x)$ の接線である．

[2] 2 位の接触をする円は，半径が曲率半径に等しい円である（これを**曲率円**という）．

円の方程式を $(x-a)^2 + (y-b)^2 = r^2$ とする．2 曲線が接する条件より，

$$(x-a) + (y-b)y' = 0, \quad 1 + y'^2 + (y-b)y'' = 0$$

すなわち，点 $x = x_0$, $y = y_0$ において 2 位の接触をするので，上の各式中の x, y, y', y'' を x_0, y_0, y'_0, y''_0 で置き換えることができる．

$$(x_0 - a)^2 + (y_0 - b)^2 = r^2$$
$$(x_0 - a) + (y_0 - b)y'_0 = 0$$
$$1 + y_0'^2 + (y_0 - b)y''_0 = 0$$

ゆえに，

$$a = x_0 - \frac{(1 + y_0'^2)y'_0}{y''_0}, \; b = y_0 + \frac{1 + y_0'^2}{y''_0},$$
$$r = \frac{(1 + y_0'^2)^{3/2}}{|y''_0|}$$

曲率円の中心の軌跡を**縮閉線**という．

例題 1.11.6. 曲線 $y = x^2$ の縮閉線を求めよ．

解答　　$y'_0 = 2x_0, \quad y''_0 = 2$

$$x = x_0 - \frac{(1 + y_0'^2)y'_0}{y''_0} = x_0 - \frac{(1 + 4x_0^2)2x_0}{2} = 4x_0^3$$
$$y = y_0 + \frac{1 + y_0'^2}{y''_0} = x_0^2 + \frac{1 + 4x_0^2}{2} = \frac{1}{2} + 3x_0^2$$

すなわち，

$$\left(y - \frac{1}{2}\right)^3 = \frac{27}{16}x^2 \qquad \square$$

例題 1.11.7. 曲線 $x = a(t - \sin t)$, $y = a(1 - \cos t)$ の曲率半径と縮閉線を求めよ．

解答

$$\frac{dy}{dx} = \frac{a \sin t}{a(1 - \cos t)} = \frac{\sin t}{(1 - \cos t)}$$
$$\frac{d^2y}{dx^2} = \frac{\dfrac{\cos t(1 - \cos t) - \sin^2 t}{(1 - \cos t)^2}}{a(1 - \cos t)} = \frac{\cos t - 1}{a(1 - \cos t)^3}$$
$$= \frac{-1}{a(1 - \cos t)^2}$$

$$1 + y'^2 = \frac{1 + \cos^2 t - 2\cos t + \sin^2 t}{(1 - \cos t)^2} = \frac{2}{1 - \cos t}$$

よって，曲率半径は，

$$\rho = \frac{(1 + y'^2)^{3/2}}{|y''|} = \frac{\left(\dfrac{2}{1 - \cos t}\right)^{3/2}}{\dfrac{1}{a(1 - \cos t)^2}}$$
$$= 2\sqrt{2}a\sqrt{1 - \cos t} = 4a\left|\sin\frac{t}{2}\right|$$

縮閉線は，

$$x = a(t - \sin t) + \frac{2a(1 - \cos t)\sin t}{1 - \cos t} = a(t + \sin t)$$
$$y = a(1 - \cos t) - 2a(1 - \cos t) = -a(1 - \cos t) \qquad \square$$

例題 1.11.8. 曲線 $x^{2/3} + y^{2/3} = a^{2/3}$ の曲率半径と縮閉線を求めよ．

解答　$x^{-1/3} + y^{-1/3}y' = 0$ より，

$$y' = -\frac{y^{1/3}}{x^{1/3}},$$
$$y'' = -\frac{y^{-2/3}y'x^{1/3} - y^{1/3}x^{-2/3}}{3x^{2/3}}$$
$$= \frac{a^{2/3}}{3x^{4/3}y^{1/3}}$$

$$1 + y'^2 = \frac{x^{2/3} + y^{2/3}}{x^{2/3}} = \frac{a^{2/3}}{x^{2/3}}$$

よって，曲率半径は，

$$\rho = \frac{(1 + y'^2)^{3/2}}{|y''|} = \frac{\dfrac{a}{x}3x^{4/3}y^{1/3}}{a^{2/3}} = 3a^{1/3}x^{1/3}y^{1/3}$$

縮閉線は，

$$x = x_0 + \frac{\{1 + (y_0^{2/3}/x_0^{2/3})\}(y_0^{1/3}/x_0^{1/3})}{a^{2/3}/(3x_0^{4/3}y_0^{1/3})}$$
$$= x_0 + 3x_0^{1/3}y_0^{2/3}$$
$$y = y_0 + \frac{\{1 + (y_0^{2/3}/x_0^{2/3})\}}{a^{2/3}/(3x_0^{4/3}y_0^{1/3})}$$
$$= y_0 + 3x_0^{2/3}y_0^{1/3}$$

すなわち，

$$(x + y)^{2/3} + (x - y)^{2/3} = 2a^{2/3} \qquad \square$$

1.11.3 包　絡　線

定義

$(x-a)^2+y^2=1$ は，a がある 1 つの値に固定すると，1 本の曲線であるが，a の値がいろいろに変わると多くの曲線の集まりとなる．これを**曲線群**という．また，これらの曲線群のすべてに接する線を**包絡線**という．

導出

[1] 曲線群 $f(x, y, a)=0$ の包絡線を

$$x=\varphi(a), \quad y=\phi(a)$$

とする．このとき，一つの a に，曲線群には一本の曲線が，包絡線には一つの点がそれぞれ対応していることに注意されたい．

[2] 包絡線の点は曲線上にあるので，

$$f(x, y, a)=0$$

すなわち，

$$f(\varphi(a), \phi(a), a)=0$$

[3] 包絡線の接線の傾き m_1 は

$$m_1=\frac{dy}{dx}=\frac{\phi'(a)}{\varphi'(a)}$$

であり，曲線の接線の傾き m_2 は

$$m_2=\frac{dy}{dx}=-\frac{f_x}{f_y} \quad \left(f_x+f_y\frac{dy}{dx}=0\right)$$

と同じであるので，

$$-\frac{f_x}{f_y}=\frac{\phi'(a)}{\varphi'(a)}$$

すなわち，

$$f_x\varphi'+f_y\phi'=0$$

[4] 式 $f(\varphi(a), \phi(a), a)=0$ を a に対して微分すると，

$$f_x\varphi'+f_y\phi'+f_a=0$$

したがって，

$$f_a=0$$

[5] 包絡線は

$$\begin{cases} f(x, y, a)=0 \\ f_a(x, y, a)=0 \end{cases}$$

から求まる．

[6] $f_y=0$，$f_x\neq 0$ のとき，曲線の接線の傾き m_2 は，無限大となり，y に平行する．したがって，包絡線の接線も y に平行すればよい．よって，$\varphi'(a)=0$．これによって，$f_a=0$．

[7] $f_x=0$，$f_y=0$ の点は，特異点の軌跡である．そのとき，包絡線にはならない（接線がないから）が，式は依然として成り立つ．

曲線群 $f(x, y, a)=0$ の包絡線を求める要領

[1] 連立方程式を解く：

$$\begin{cases} f(x, y, a)\ =0 \\ f_a(x, y, a)=0 \end{cases}$$

[2] 特異点のチェック：

$$\begin{cases} f_x(x, y, a)=0 \\ f_y(x, y, a)=0 \end{cases}$$

を満たすものは特異点である．

例 1.11.1. 曲線群 $x+ay=a^2$ の包絡線を求めよ．

[1] 連立方程式を解く：

$$\begin{cases} f(x, y, a)=x+ay-a^2=0 \\ f_a(x, y, a)=y-2a=0 \end{cases}$$

$$y=2a, \quad x=-ay+a^2=-a^2$$

[2] 特異点のチェック：

$$\begin{cases} f_x=1\neq 0 \\ f_y=a \end{cases}$$

よって

$$\begin{cases} x=-a^2 \\ y=2a \end{cases}$$

すなわち放物線 $y^2=-4x$ は包絡線である．

例 1.11.2. 曲線群 $y^2=x(x-a)^2$ の包絡線を求めよ．

[1] 連立方程式を解く：

$$\begin{cases} f(x, y, a)=y^2-x(x-a)^2=0 \\ f_a(x, y, a)=2x(x-a)=0 \end{cases}$$

から 2 つの解が得られる．ただし

解 $(x, y)=(0, 0)$ は点であり，包絡線ではない．

解 $(x, y)=(a, 0)$ については [2] でチェックする．

[2] 特異点のチェック：

$$\begin{cases} f_x=-(x-a)^2-2x(x-a)=0 \\ f_y=2y=0 \end{cases}$$

よって $(x, y)=(a, 0)$ は包絡線ではなく，特異点の軌跡である．

例題 1.11.9. 円 $x^2+y^2=a^2\ (a>0)$ の周上の点から両座標軸に下した垂線の足を結ぶ直線群の包絡線を求めよ．

解答　円周上の点を $(a\cos t,\ a\sin t)$ とすると，直線群の方程式は，

$$\frac{x}{a\cos t}+\frac{y}{a\sin t}=1$$

と表される．

[1] 連立方程式を解く：

$$\begin{cases} f(x,y,t)=\dfrac{x}{a\cos t}+\dfrac{y}{a\sin t}-1=0 \\ f_t(x,y,t)=\dfrac{x\sin t}{a\cos^2 t}-\dfrac{y\cos t}{a\sin^2 t}=0 \end{cases}$$

から解 $x=a\cos^3 t,\ y=a\sin^3 t$ が得られる．

[2] 特異点のチェック：

$$\begin{cases} f_x=\dfrac{1}{a\cos t}\neq 0 \\ f_y=\dfrac{1}{a\sin t}\neq 0 \end{cases}$$

よって，これは包絡線である．さらに，この包絡線は次のように書くこともできる．

$$x^{2/3}+y^{2/3}=a^{2/3}$$ □

例題 1.11.10. 面積 4π であるだ円群

$$\frac{x^2}{a^2}+\frac{y^2}{b^2}=1\ (a>0,\ b>0)$$

の包絡線を求めよ

解答　$\pi ab=4\pi$ より $b=4/a$．よって，だ円群の方程式は，

$$\frac{x^2}{a^2}+\frac{a^2y^2}{16}=1$$

と表される．

[1] 連立方程式を解く：

$$\begin{cases} f(x,y,a)=\dfrac{x^2}{a^2}+\dfrac{a^2y^2}{16}-1=0 \\ f_a(x,y,a)=-\dfrac{2x^2}{a^3}+\dfrac{ay^2}{8}=0 \end{cases}$$

から解 $xy=\pm 2$ が得られる．

[2] 特異点のチェック：

$$f_x=\frac{2x}{a^2}\neq 0$$

よって，これは包絡線である． □

1.12 曲線と曲面

線，面，空間は，点の集まりであるが，それぞれの自由度と位置を決めるのに必要なパラメータの数は異なっている．

	自由度	必要なパラメータの数
線	自由度 1 の点	1
面	自由度 2 の点	2
空間	自由度 3 の点	3

また，点に制約条件を課するとき，制約条件が 1 つあれば自由度は 1 つ減る．例えば，平面上の線分 AB の自由度は 3 である．それは，平面上の点 A，B の自由度はともに 2 であるが，制約条件 $|AB|=$ 一定 によって自由度は 1 つ減る．したがって，線分 AB の自由度は，$2+2-1=3$ となる．このような考え方は，与えられる式が曲線か，それとも曲面かなどを判断するために非常に有効である．

曲線にせよ，曲面にせよ，その表し方は 3 種類ある．

- 関数による表記
- 媒介変数を用いた表記
- 陰関数による表記

曲線や曲面を表すために必要な関数の個数や媒介変数の個数は，状況により異なる．例えば曲線に関し，平面上の曲線であれば 1 種類であるが，空間上の曲線であれば 2 種類必要となる．

そこで以下では，平面曲線，空間曲線および曲面について，その表記法とそれぞれの図形の特徴を表す接線（接平面）と法線（法平面）の求め方について，説明する．

1.12.1 平面曲線

[1] 関数 $y=y(x)$ の場合

(a) 接線の傾きは $y'(x)$

(b) 点 $(x_0,\ y_0)$ を通る接線の方程式は

$$(y-y_0)=y'(x_0)(x-x_0)$$

(c) 法線の方程式は

$$y'(x_0)(y-y_0)=-(x-x_0)$$

[2] 媒介変数を用いた表記 $x=f(t)$，$y=g(t)$

(a) 接線の傾きは

$$\frac{dy}{dx}=\frac{\dfrac{dg}{dt}}{\dfrac{df}{dt}}$$

(b) 点 $(x_0=f(t_0),\ y_0=g(t_0))$ を通る接線の方程式は

表 1.12.1

	式	考え方	接線
関数	$y=y(x)$	接線勾配=導関数	$y-y_0=y'(x_0)(x-x_0)$
媒介変数	$x=f(t),\ y=g(t)$	接線方向比 $f_t:g_t$	$\dfrac{x-x_0}{f_t(t_0)}=\dfrac{y-y_0}{g_t(t_0)}$
陰関数	$f(x,y)=0$	法線方向比 $f_x:f_y$	$(x-x_0)f_x(x_0,y_0)+(y-y_0)f_y(x_0,y_0)=0$

表 1.12.2

	法線
関数	$y'(x_0)(y-y_0)=-(x-x_0)$
媒介変数	$(x-x_0)f_t(t_0)+(y-y_0)g_t(t_0)=0$
陰関数	$\dfrac{x-x_0}{f_x(x_0,y_0)}=\dfrac{y-y_0}{f_y(x_0,y_0)}$

$$\frac{x-x_0}{f_t(t_0)}=\frac{y-y_0}{g_t(t_0)}$$

(c) 法線の方程式は

$$(x-x_0)f_t(t_0)+(y-y_0)g_t(t_0)=0$$

[3] 陰関数 $f(x,y)=0$ の場合

(a) 点 (x_0,y_0) における曲線 $f(x,y)=0$ の法線方向は

$$\nabla f=f_x(x_0,y_0)\vec{i}+f_y(x_0,y_0)\vec{j}$$

(b) 点 (x_0,y_0) を通る接線は法線に垂直であるので，

$$\left((x-x_0)\vec{i}+(y-y_0)\vec{j}\right)\cdot\left(f_x(x_0,y_0)\vec{i}+f_y(x_0,y_0)\vec{j}\right)=0$$

すなわち，接線の方程式は

$$(x-x_0)f_x(x_0,y_0)+(y-y_0)f_y(x_0,y_0)=0$$

(c) 法線の方程式は

$$\frac{x-x_0}{f_x(x_0,y_0)}=\frac{y-y_0}{f_y(x_0,y_0)}$$

以上を表 1.12.1，1.12.2 にまとめる．

1.12.2 空間曲線

[1] 媒介変数を用いた表記 $x=x(t)$，$y=y(t)$，$z=z(t)$ の場合

(a) 接線の方向比は

$$\left(\frac{dx}{dt},\ \frac{dy}{dt},\ \frac{dz}{dt}\right)$$

(b) 点 $(x_0=x(t_0),\ y_0=y(t_0),\ z_0=z(t_0))$ を通る接線の方程式は

$$\frac{x-x_0}{x_t(t_0)}=\frac{y-y_0}{y_t(t_0)}=\frac{z-z_0}{z_t(t_0)}$$

(c) 法平面の方程式は

$$(x-x_0)x_t(t_0)+(y-y_0)y_t(t_0)+(z-z_0)z_t(t_0)=0$$

[2] 関数 $y=y(x)$，$z=z(x)$ の場合

(a) $x=t,\ y=y(t)$，$z=z(t)$ とおけば，[1] の場合になる．

(b) 接線の方向比は

$$\left(1,\ \frac{dy}{dx},\ \frac{dz}{dx}\right)$$

(c) 点 $(x_0,\ y_0=y(x_0),\ z=z(x_0))$ を通る接線の方程式は

$$\frac{x-x_0}{1}=\frac{y-y_0}{y'(x_0)}=\frac{z-z_0}{z'(x_0)}$$

(d) 法平面の方程式は

$$(x-x_0)+(y-y_0)y'(x_0)+(z-z_0)z'(x_0)=0$$

[3] 陰関数 $F(x,y,z)=0$，$G(x,y,z)=0$ の場合

(a) [2] の場合として，$y=\varphi(x)$，$z=\phi(x)$ の y_x, z_x を求める．

$$F_x+F_y\cdot y_x+F_z\cdot z_x=0$$
$$G_x+G_y\cdot y_x+G_z\cdot z_x=0$$

表 1.12.3

	式	考え方
関数	$z=z(x,y)$	$f(x,y,z)=z(x,y)-z=0$ から
媒介変数	$x=x(u,v)$, $y=y(u,v)$, $z=z(u,v)$	z_x, z_y から
陰関数	$f(x,y,z)=0$	$\nabla f=f_x\vec{i}+f_y\vec{j}+f_z\vec{k}$

表 1.12.4

	式	考え方
関数	$y=y(x)$, $z=z(x)$	$x=t$, $y=y(t)$, $z=z(t)$ から
媒介変数	$x=x(t)$, $y=y(t)$, $z=z(t)$	接線方向比 $x_t : y_t : z_t$
陰関数	$F(x,y,z)=0$, $G(x,y,z)=0$	y_x, z_x から

$$\frac{dy}{dx}=\varphi'(x)=\frac{\begin{vmatrix}F_z & F_x\\ G_z & G_x\end{vmatrix}}{\begin{vmatrix}F_y & F_z\\ G_y & G_z\end{vmatrix}},$$

$$\frac{dz}{dx}=\psi'(x)=\frac{\begin{vmatrix}F_x & F_y\\ G_x & G_y\end{vmatrix}}{\begin{vmatrix}F_y & F_z\\ G_y & G_z\end{vmatrix}}$$

(b) 点 (x_0, y_0, z_0) における接線の方程式は

$$\frac{x-x_0}{\begin{vmatrix}F_y & F_z\\ G_y & G_z\end{vmatrix}}=\frac{y-y_0}{\begin{vmatrix}F_z & F_x\\ G_z & G_x\end{vmatrix}}=\frac{z-z_0}{\begin{vmatrix}F_x & F_y\\ G_x & G_y\end{vmatrix}}$$

(c) 法平面の方程式は

$$\begin{vmatrix}F_y & F_z\\ G_y & G_z\end{vmatrix}(x-x_0)+\begin{vmatrix}F_z & F_x\\ G_z & G_x\end{vmatrix}(y-y_0)$$
$$+\begin{vmatrix}F_x & F_y\\ G_x & G_y\end{vmatrix}(z-z_0)=0$$

以上を表 1.12.3, 1.12.4 にまとめる.

1.12.3 曲　面

[1] 関数 $f(x,y,z)=0$ の場合

(a) 点 (x_0, y_0, z_0) における曲面 $f(x,y,z)=0$ の法線方向は

$$\nabla f=f_x(x_0,y_0,z_0)\vec{i}+f_y(x_0,y_0,z_0)\vec{j}$$
$$+f_z(x_0,y_0,z_0)\vec{k}$$

(b) 点 (x_0, y_0, z_0) を通る接平面は法線に垂直であるので,

$$\left((x-x_0)\vec{i}+(y-y_0)\vec{j}+(z-z_0)\vec{k}\right)\cdot$$
$$\left(f_x(x_0,y_0,z_0)\vec{i}+f_y(x_0,y_0,z_0)\vec{j}\right.$$
$$\left.+f_z(x_0,y_0,z_0)\vec{k}\right)$$
$$=0$$

すなわち, 接平面の方程式は

$$(x-x_0)f_x(x_0,y_0,z_0)$$
$$+(y-y_0)f_y(x_0,y_0,z_0)$$
$$+(z-z_0)f_z(x_0,y_0,z_0)=0$$

(c) 法線の方程式は

$$\frac{x-x_0}{f_x(x_0,y_0,z_0)}=\frac{y-y_0}{f_y(x_0,y_0,z_0)}=\frac{z-z_0}{f_z(x_0,y_0,z_0)}$$

[2] 陰関数 $z=z(x,y)$ の場合

(a) $F(x,y,z)=z(x,y)-z=0$ とおけば, [1] の場合になる.

(b) 接平面の方程式は

$$(x-x_0)z_x(x_0,y_0)$$
$$+(y-y_0)z_y(x_0,y_0)$$
$$+(z-z_0)\times(-1)=0$$

(c) 法線の方程式は

$$\frac{x-x_0}{z_x(x_0,y_0)}=\frac{y-y_0}{z_y(x_0,y_0)}=\frac{z-z_0}{-1}$$

(d) なお, これらの式は次の方法からも求まる.
曲面 $z=f(x,y)$ と平面 $y=y_0$ との交線の接線ベクトルは

$$\vec{A}=1\vec{i}+0\vec{j}+f_x\vec{k}$$

曲面 $z=f(x,y)$ と平面 $x=x_0$ との交線の接線ベクトルは

$$\vec{B}=0\vec{i}+1\vec{j}+f_y\vec{k}$$

よって，接平面の上の任意のベクトルは

$\vec{C} = (x - x_0)\vec{i} + (y - y_0)\vec{j} + (z - z_0)\vec{k}$

$$\vec{C} = m\vec{A} + n\vec{B}$$

より，

$$\begin{cases} x - x_0 = m \\ y - y_0 = n \\ z - z_0 = mf_x + nf_y \\ \qquad\quad = f_x(x - x_0) + f_y(y - y_0) \end{cases}$$

または，ベクトル $\vec{A}$，$\vec{B}$，$\vec{C}$ を三辺とする平行六面体の体積 V は

$$V = \vec{C} \cdot (\vec{A} \times \vec{B})$$

であるが，いま，ベクトル $\vec{A}$，$\vec{B}$，$\vec{C}$ は同じの面上にあるので，

$$\vec{C} \cdot (\vec{A} \times \vec{B}) = 0$$

に基づいて，

$$\begin{vmatrix} x - x_0 & y - y_0 & z - z_0 \\ 1 & 0 & f_x \\ 0 & 1 & f_y \end{vmatrix} = 0$$

からも求められる．

[3] 媒介変数を用いた表記 $x = x(u, v)$，$y = y(u, v)$，$z = z(u, v)$ の場合

(a) 先の [2] の場合とみなし，z_x，z_y を求める．

$$\begin{cases} z_x = z_u u_x + z_v v_x \\ z_y = z_u u_y + z_v v_y \end{cases}$$

$x = x(u, v)$，$y = y(u, v)$ を x に対する偏微分を計算すると，

$$\begin{cases} 1 = x_u u_x + x_v v_x \\ 0 = y_u u_x + y_v v_x \end{cases}$$

より，.

$$u_x = \frac{\begin{vmatrix} 1 & 0 \\ x_v & y_v \end{vmatrix}}{\begin{vmatrix} x_u & y_u \\ x_v & y_v \end{vmatrix}} = \frac{y_v}{\begin{vmatrix} x_u & y_u \\ x_v & y_v \end{vmatrix}},$$

$$v_x = \frac{\begin{vmatrix} x_u & y_u \\ 1 & 0 \end{vmatrix}}{\begin{vmatrix} x_u & y_u \\ x_v & y_v \end{vmatrix}} = \frac{-y_u}{\begin{vmatrix} x_u & y_u \\ x_v & y_v \end{vmatrix}}$$

同様に，$x = x(u, v)$，$y = y(u, v)$ を y に対する偏微分を計算すると，

$$\begin{cases} 0 = x_u u_y + x_v v_y \\ 1 = y_u u_y + y_v v_y \end{cases}$$

$$u_y = \frac{\begin{vmatrix} 0 & 1 \\ x_v & y_v \end{vmatrix}}{\begin{vmatrix} x_u & y_u \\ x_v & y_v \end{vmatrix}} = \frac{-x_v}{\begin{vmatrix} x_u & y_u \\ x_v & y_v \end{vmatrix}},$$

$$v_y = \frac{\begin{vmatrix} x_u & y_u \\ 0 & 1 \end{vmatrix}}{\begin{vmatrix} x_u & y_u \\ x_v & y_v \end{vmatrix}} = \frac{x_u}{\begin{vmatrix} x_u & y_u \\ x_v & y_v \end{vmatrix}}$$

よって，

$$z_x = \frac{z_u y_v - z_v y_u}{\begin{vmatrix} x_u & y_u \\ x_v & y_v \end{vmatrix}} = -\frac{\begin{vmatrix} y_u & z_u \\ y_v & z_v \end{vmatrix}}{\begin{vmatrix} x_u & y_u \\ x_v & y_v \end{vmatrix}},$$

$$z_y = \frac{-z_u x_v + z_v x_u}{\begin{vmatrix} x_u & y_u \\ x_v & y_v \end{vmatrix}} = -\frac{\begin{vmatrix} z_u & x_u \\ z_v & x_v \end{vmatrix}}{\begin{vmatrix} x_u & y_u \\ x_v & y_v \end{vmatrix}}$$

(b) 接平面の方程式は

$$(x - x_0)z_x + (y - y_0)z_y - (z - z_0) = 0$$

すなわち，

$$\begin{vmatrix} x - x_0 & y - y_0 & z - z_0 \\ x_u & y_u & z_u \\ x_v & y_v & z_v \end{vmatrix} = 0$$

(c) 法線の方程式は

$$\frac{(x - x_0)}{z_x} = \frac{(y - y_0)}{z_y} = \frac{(z - z_0)}{-1}$$

$$\frac{x - x_0}{\begin{vmatrix} y_u & z_u \\ y_v & z_v \end{vmatrix}} = \frac{y - y_0}{\begin{vmatrix} z_u & x_u \\ z_v & x_v \end{vmatrix}} = \frac{z - z_0}{\begin{vmatrix} x_u & y_u \\ x_v & y_v \end{vmatrix}}$$

以上を表にまとめると，**表 1.12.5**，**1.12.6**，**1.12.7** となる．とくに陰関数で表される曲線，曲面についてまとめると**表 1.12.8** となる．

例題 1.12.1. 空間曲線 $x = t, y = t^2, z = t^3$ 上の点 $(1, 1, 1)$ における接線と法平面の方程式を求めよ．

表 1.12.5

	接線	法平面
関数	$\dfrac{x-x_0}{1}=\dfrac{y-y_0}{y'(x_0)}=\dfrac{z-z_0}{z'(x_0)}$	$(x-x_0)+(y-y_0)y'(x_0)+(z-z_0)z'(x_0)=0$
媒介変数	$\dfrac{x-x_0}{x_t(t_0)}=\dfrac{y-y_0}{y_t(t_0)}=\dfrac{z-z_0}{z_t(t_0)}$	$(x-x_0)x_t(t_0)+(y-y_0)y_t(t_0)+(z-z_0)z_t(t_0)=0$
陰関数	$\dfrac{x-x_0}{\lvert yz\rvert}=\dfrac{y-y_0}{\lvert zx\rvert}=\dfrac{z-z_0}{\lvert xy\rvert}$	$\lvert yz\rvert(x-x_0)+\lvert zx\rvert(y-y_0)+\lvert xy\rvert(z-z_0)=0$

表 1.12.6

	接平面
関数	$(x-x_0)z_x(x_0, y_0)+(y-y_0)z_y(x_0, y_0)+(z-z_0)\times(-1)=0$
媒介変数	$\lvert yz\rvert(x-x_0)+\lvert zx\rvert(y-y_0)+\lvert xy\rvert(z-z_0)=0$
陰関数	$(x-x_0)f_x(x_0, y_0, z_0)+(y-y_0)f_y(x_0, y_0, z_0)+(z-z_0)f_z(x_0, y_0, z_0)=0$

表 1.12.7

	法線
関数	$\dfrac{x-x_0}{z_x(x_0, y_0)}=\dfrac{y-y_0}{z_y(x_0, y_0)}=\dfrac{z-z_0}{-1}$
媒介変数	$\dfrac{x-x_0}{\lvert yz\rvert}=\dfrac{y-y_0}{\lvert zx\rvert}=\dfrac{z-z_0}{\lvert xy\rvert}$
陰関数	$\dfrac{x-x_0}{f_x(x_0, y_0, z_0)}=\dfrac{y-y_0}{f_y(x_0, y_0, z_0)}=\dfrac{z-z_0}{f_z(x_0, y_0, z_0)}$

表 1.12.8

曲線 $f(x, y)=0$	曲面 $f(x, y, z)=0$
$(\vec{r}-\vec{r_0})\cdot\nabla f=0$	
接線　$(x-x_0)f_x+(y-y_0)f_y=0$	接平面　$(x-x_0)f_x+(y-y_0)f_y+(z-z_0)f_z=0$
$(\vec{r}-\vec{r_0})\,/\!/\,\nabla f$	
法線　$\dfrac{x-x_0}{f_x(x_0, y_0, z_0)}=\dfrac{y-y_0}{f_y(x_0, y_0, z_0)}$	法線　$\dfrac{x-x_0}{f_x(x_0, y_0, z_0)}=\dfrac{y-y_0}{f_y(x_0, y_0, z_0)}=\dfrac{z-z_0}{f_z(x_0, y_0, z_0)}$

解答　(1,1,1) は $t=1$ のときの曲線 $x=t, y=t^2, z=t^3$ 上の点である.

$$(x_t, y_t, z_t)=(1, 2t, 3t^2)=(1, 2, 3)$$

接線の方程式：

$$\frac{x-1}{1}=\frac{y-1}{2}=\frac{z-1}{3}$$

法平面の方程式：

$$(x-1)+2(y-1)+3(z-1)=0 \qquad \square$$

例題 1.12.2. 点 (0, 1, 1) を通る，$x=t, y=5t^2+3, z=2t+1$ の法平面の方程式を求めよ.

解答　この曲線上の点 $(x_0=t_0, y_0=5t_0^2+3, z_0=2t_0+1)$ において，

$$\begin{cases} x_t=1 \\ y_t=10t_0 \\ z_t=2 \end{cases}$$

よって，法平面の方程式：

$$(x-t_0)+10t_0\{y-(5t_0^2+3)\}+2\{z-(2t_0+1)\}=0$$

この平面は点 (0, 1, 1) を通るため，

$$-t_0+10t_0(1-(5t_0^2+3))+2(1-(2t_0+1))=0$$
$$t_0\{5+10(5t_0^2+2)\}=0$$

この方程式の根は

$$t_0=0$$

したがって，法平面の方程式：

$$x + 2(z - 1) = 0 \qquad \square$$

例題 1.12.3. 球面 $x^2 + y^2 + z^2 = 14$ 上の点 $(1, 2, 3)$ における接平面と法線の方程式を求めよ．

解答 $f(x, y, z) = x^2 + y^2 + z^2 - 14$

$$\nabla f = (f_x, f_y, f_z) = (2x, 2y, 2z) = (2, 4, 6)$$

接平面の方程式：

$$2(x - 1) + 4(y - 2) + 6(z - 3) = 0$$

法線の方程式：

$$\frac{x-1}{1} = \frac{y-2}{2} = \frac{z-3}{3} \qquad \square$$

例題 1.12.4. 球面 $x^2 + y^2 + z^2 = 14$ に接する，点 $(7, 0, 0)$ と点 $(0, 14, 0)$ を通る平面の方程式を求めよ．

解答 接点を (x_0, y_0, z_0) とすると，

$$\nabla f = (f_x, f_y, f_z) = (2x_0, 2y_0, 2z_0)$$

接平面の方程式：

$$2x_0(x - x_0) + 2y_0(y - y_0) + 2z_0(z - z_0) = 0$$
$$x_0 x + y_0 y + z_0 z = 14$$

点 $(7, 0, 0)$ と点 $(0, 14, 0)$ を代入すると，

$$\begin{cases} 7x_0 = 14 & x_0 = 2 \\ 14y_0 = 14 & y_0 = 1 \end{cases}$$

接点 (x_0, y_0, z_0) が球面 $x^2 + y^2 + z^2 = 14$ の上にあるので，

$$x_0^2 + y_0^2 + z_0^2 = 14, \qquad z_0 = \pm 3$$

したがって，接平面の方程式：

$$2x + y \pm 3z = 14 \qquad \square$$

例題 1.12.5. 曲面 $z = xy$ の接平面の中で，平面 $x + 3y + z + 9 = 0$ に平行であるものを求めよ．

解答 曲面 $z = xy$ との接点を (x_0, y_0, z_0) とし，点 (x_0, y_0, z_0) における曲面 $(f(x, y, z) = xy - z = 0)$ の法線方向ベクトルは，

$$\nabla f = (f_x, f_y, f_z) = (y_0, x_0, -1)$$

であり，平面 $(g(x, y, z) = x + 3y + z + 9 = 0)$ の法線方向ベクトルは，

$$\nabla g = (g_x, g_y, g_z) = (1, 3, 1)$$

である．接平面と平面 $x + 3y + z + 9 = 0$ が平行であるとき，$\nabla f = \nabla g$ が満足される．よって，

$$x_0 = -3, \ y_0 = -1, \ z_0 = 3$$

$$\nabla f = (f_x, f_y, f_z) = (-1, -3, -1)$$

接平面の方程式：

$$(x + 3) + 3(y + 1) + (z - 3) = 0 \qquad \square$$

例題 1.12.6. 曲面 $\sqrt{x} + \sqrt{y} + \sqrt{z} = \sqrt{a}\ (a > 0)$ 上の任意の点における接平面と x, y, z 軸線との交点の座標をそれぞれ X, Y, Z とする．$X + Y + Z$ が常に a に等しいことを示せ．

解答 点 (x_0, y_0, z_0) における曲面 $(f(x, y, z) = \sqrt{x} + \sqrt{y} + \sqrt{z} - \sqrt{a} = 0)$ の法線方向は，

$$\nabla f = (f_x, f_y, f_z) = \left(\frac{1}{2\sqrt{x_0}}, \frac{1}{2\sqrt{y_0}}, \frac{1}{2\sqrt{z_0}}\right)$$

接平面の方程式：

$$(x - x_0)\frac{1}{\sqrt{x_0}} + (y - y_0)\frac{1}{\sqrt{y_0}} + (z - z_0)\frac{1}{\sqrt{z_0}} = 0$$

各座標軸との交点を X, Y, Z とすると，X は x 軸との交点であり，すなわち点 $(X, 0, 0)$ であるので，$y = 0, z = 0$ を接平面の式に代入して求まる．

$$X = \sqrt{x_0}\left(\sqrt{x_0} + \sqrt{y_0} + \sqrt{z_0}\right) = \sqrt{x_0}\sqrt{a}$$

同じように，

$$Y = \sqrt{y_0}\sqrt{a}, \quad Z = \sqrt{z_0}\sqrt{a}$$

よって，

$$X + Y + Z = \left(\sqrt{x_0} + \sqrt{y_0} + \sqrt{z_0}\right)\sqrt{a} = a \qquad \square$$

例題 1.12.7. 曲面 $2^{x/z} + 2^{y/z} = 8$ 上の点 $(2, 2, 1)$ におけるこの曲面の接平面と法線を求めよ．

解答 曲面 $f(x, y, z) = 2^{x/z} + 2^{y/z} - 8 = 0$ について，

$$f_x = \log 2 \cdot 2^{x/z} \cdot \frac{1}{z} = 4 \log 2$$
$$f_y = \log 2 \cdot 2^{y/z} \cdot \frac{1}{z} = 4 \log 2$$
$$f_z = \log 2 \left(-\frac{x}{z^2} 2^{x/z} - \frac{y}{z^2} 2^{y/z}\right) = -16 \log 2$$

したがって，法線の方程式：

$$\frac{x-2}{4} = \frac{y-2}{4} = \frac{z-1}{-16}$$

接平面の方程式：

$$(x - 2) + (y - 2) - 4(z - 1) = 0 \qquad \square$$

例題 1.12.8. 曲面 $x = r\cos\phi,\ y = r\sin\phi,\ z = r$ 上の

$r = r_0, \phi = \phi_0$ の点における，この曲面の接平面と法線を求めよ．

解答　$x = r\cos\phi,\ y = r\sin\phi$ を x と y で偏微分すると

$$\begin{cases} 1 = r_x\cos\phi - r\sin\phi\cdot\phi_x \\ 0 = r_x\sin\phi + r\cos\phi\cdot\phi_x \end{cases}$$

$$\begin{cases} 0 = r_y\cos\phi - r\sin\phi\cdot\phi_y \\ 1 = r_y\sin\phi + r\cos\phi\cdot\phi_y \end{cases}$$

より

$$r_x = \cos\phi, \quad r_y = \sin\phi$$

したがって，

$$z_x = z_r r_x = \cos\phi, \quad z_y = z_r r_y = \sin\phi$$

が得られ，法線の方程式は

$$\frac{x - r_0\cos\phi_0}{\cos\phi_0} = \frac{y - r_0\sin\phi_0}{\sin\phi_0} = \frac{z - r_0}{-1}$$

であり，接平面の方程式は

$$(x - r_0\cos\phi_0)\cos\phi_0 + (y - r_0\sin\phi_0)\sin\phi_0 - (z - r_0) = 0$$

である．すなわち，

$$x\cos\phi_0 + y\sin\phi_0 - z = 0$$

□

例題 1.12.9. 点 $x_0 = u_0 + v_0,\ y_0 = u_0^2 + v_0^2,\ z_0 = u_0^3 + v_0^3$ における曲面 $x = u + v,\ y = u^2 + v^2,\ z = u^3 + v^3$ の接平面を求めよ．

解答　$x = u + v,\ y = u^2 + v^2$ を x や y で偏微分すると

$$\begin{cases} 1 = u_x + v_x \\ 0 = 2uu_x + 2vv_x \end{cases} \qquad \begin{cases} 0 = u_y + v_y \\ 1 = 2uu_y + 2vv_y \end{cases}$$

より

$$\begin{cases} u_x = \dfrac{v}{v-u} \\ v_x = \dfrac{-u}{v-u} \end{cases} \qquad \begin{cases} u_y = \dfrac{1}{2(u-v)} \\ v_y = \dfrac{-1}{2(u-v)} \end{cases}$$

したがって，

$$z_x = 3u^2\cdot u_x + 3v^2\cdot v_x = \frac{-3u^2v + 3v^2u}{u-v} = -3u_0v_0$$

$$z_y = 3u^2\cdot u_y + 3v^2\cdot v_y = \frac{3u^2 - 3v^2}{2(u-v)} = \frac{3}{2}(u_0 + v_0)$$

となって，接平面の方程式：

$$z_x(x - x_0) + z_y(y - y_0) - (z - z_0) = -3u_0v_0(x - x_0) + \frac{3}{2}(u_0 + v_0)(y - y_0) - (z - z_0) = 0$$

□

例題 1.12.10. 曲面 $3x^2 + y^2 + z^2 = 16$ の上の点 $(-1, -2, 3)$ の接平面と xOy 平面との角度の余弦を求めよ．

解答　平面 xOy の法線方向の単位ベクトルは，$(0, 0, 1)$ である．曲面 ($f(x, y, z) = 3x^2 + y^2 + z^2 - 16 = 0$) の法線方向は，

$$\nabla f = (f_x, f_y, f_z) = (6x, 2y, 2z) = (-6, -4, 6)$$

両法線の角度を α とすると，

$$\cos\alpha = \frac{(0, 0, 1)\cdot(-6, -4, 6)}{\sqrt{36 + 16 + 36}} = \frac{6}{\sqrt{88}} = \frac{3}{\sqrt{22}}$$

□

例題 1.12.11. 球面 $x^2 + y^2 + z^2 = 9/4$ とだ球面 $3x^2 + (y-1)^2 + z^2 = 17/4$ の交線を考える．この交線上の $x = 1$ の点における接線と法平面を求めよ．

解答　$x = 1$ の点では，

$$\begin{cases} y^2 + z^2 = \dfrac{5}{4} \\ (y-1)^2 + z^2 = \dfrac{5}{4} \end{cases}$$

が成り立ち，根は

$$\begin{cases} x = 1 \\ y = \dfrac{1}{2} \\ z = \pm 1 \end{cases}$$

である．すなわち，考えている交線上の $x = 1$ の点は，$(1, 1/2, \pm 1)$ である．そして，

$$\begin{cases} 2x + 2yy_x + 2zz_x = 0 \\ 6x + 2(y-1)y_x + 2zz_x = 0 \end{cases}$$

から，点 $(1, 1/2, 1)$ では，

$$\begin{cases} y_x + 2z_x = -2 \\ -y_x + 2z_x = -6 \end{cases} \rightarrow \begin{cases} y_x = 2 \\ z_x = -2 \end{cases}$$

接線の方程式：

$$\frac{x-1}{1} = \frac{y - 1/2}{2} = \frac{z-1}{-2}$$

法平面の方程式：

$$(x - 1) + 2(y - 1/2) - 2(z - 1) = 0$$

また，点 $(1, 1/2, -1)$ では，

$$\begin{cases} y_x - 2z_x = -2 \\ -y_x - 2z_x = -6 \end{cases} \rightarrow \begin{cases} y_x = 2 \\ z_x = 2 \end{cases}$$

接線の方程式：

$$\frac{x-1}{1} = \frac{y-1/2}{2} = \frac{z-1}{2}$$

法平面の方程式：

$$(x-1) + 2(y-1/2) + 2(z-1) = 0 \qquad \square$$

例題 1.12.12. 空間曲線

$$\begin{cases} x^2 + y^2 + z^2 = 4a^2 \\ x^2 + y^2 = 2ax \end{cases} \quad (a \neq 0)$$

上の点 $(a, a, \sqrt{2}a)$ における接線を求めよ．

解答　曲線の式を x で微分すると

$$\begin{cases} x + yy_x + zz_x = 0 \\ x + yy_x = a \end{cases}$$

点 $(a, a, \sqrt{2}a)$ では，

$$\begin{cases} a + ay_x + \sqrt{2}az_x = 0 \\ a + ay_x = a \end{cases} \rightarrow \begin{cases} y_x = 0 \\ z_x = -\dfrac{1}{\sqrt{2}} \end{cases}$$

したがって，接線の方程式：

$$\frac{x-a}{1} = \frac{y-a}{0} = \frac{z-\sqrt{2}a}{-\dfrac{1}{\sqrt{2}}}$$

すなわち，

$$\frac{x-a}{1} = \frac{z-\sqrt{2}a}{-\dfrac{1}{\sqrt{2}}}, \quad y - a = 0 \qquad \square$$

例題 1.12.13. 曲面

$$\frac{x^2}{a^2} + \frac{y^2}{b^2} = 2z \ (a > 0,\ b > 0)$$

上の点 (x_0, y_0, z_0) における接平面と法線の方程式を求めよ．

解答

$$F = \frac{x^2}{a^2} + \frac{y^2}{b^2} - 2z = 0,$$

$$F_x = \frac{2x}{a^2},\ F_y = \frac{2y}{b^2},\ F_z = -2$$

よって，接平面の方程式：

$$\frac{2x}{a^2}(x-x_0) + \frac{2y}{b^2}(y-y_0) + 2(z-z_0) = 0$$

すなわち

$$\frac{x_0x}{a^2} + \frac{y_0y}{b^2} = z + z_0$$

法線の方程式：

$$\frac{x-x_0}{\dfrac{2x_0}{a^2}} = \frac{y-y_0}{\dfrac{2y_0}{b^2}} = \frac{z-z_0}{-2} \qquad \square$$

例題 1.12.14. 曲面 $z = k\tan^{-1}(y/x)$ $(k > 0,\ x \neq 0)$ 上の点 (x_0, y_0, z_0) における接平面と法線の方程式を求めよ．

解答

$$\frac{\partial z}{\partial x} = k\frac{1}{1+\dfrac{y^2}{x^2}}\left(-\frac{y}{x^2}\right) = -\frac{ky}{x^2+y^2},$$

$$\frac{\partial z}{\partial y} = k\frac{1}{1+\dfrac{y^2}{x^2}}\left(\frac{1}{x}\right) = \frac{kx}{x^2+y^2}$$

よって，接平面の方程式：

$$\frac{-ky_0}{x_0^2+y_0^2}(x-x_0) + \frac{kx_0}{x_0^2+y_0^2}(y-y_0) - (z-z_0) = 0$$

$$ky_0x - kx_0y + (x_0^2+y_0^2)(z-z_0) = 0$$

法線の方程式：

$$\frac{x-x_0}{\dfrac{-ky_0}{x_0^2+y_0^2}} = \frac{y-y_0}{\dfrac{kx_0}{x_0^2+y_0^2}} = -(z-z_0) = 0$$

$$\frac{x-x_0}{ky_0} = \frac{y-y_0}{-kx_0} = \frac{z-z_0}{x_0^2+y_0^2} \qquad \square$$

例題 1.12.15. 曲面 $f(y-mz, x-nz) = 0$ の接平面は定直線に平行であることを証明せよ．

解答　左辺を $F(x, y, z)$ とおき F_x, F_y, F_z を計算する．

さらに，$u = y - mz,\ v = x - nz$ とおけば，

$$\begin{cases} F_x = f_u\dfrac{\partial u}{\partial x} + f_v\dfrac{\partial v}{\partial x} = f_v \\ F_y = f_u\dfrac{\partial u}{\partial y} + f_v\dfrac{\partial v}{\partial y} = f_u \\ F_z = f_u\dfrac{\partial u}{\partial z} + f_v\dfrac{\partial v}{\partial z} = -mf_u - nf_v \end{cases}$$

よって，曲面上の点 (x_0, y_0, z_0) における接平面の方程式：

$$f_v(x-x_0) + f_u(y-y_0) - (mf_u + nf_v)(z-z_0) = 0$$

すなわち

$$f_vx + f_uy - (mf_u + nf_v)z$$
$$-\{f_vx_0 + f_uy_0 - (mf_u + nf_v)z_0\} = 0$$

この平面の方向比は $f_v : f_u : -(mf_u + nf_v)$ である．

ところが

$$nF_v + mF_u + 1(-mF_u - nF_v) = 0$$

であるから，上の接平面は方向比が $n : m : 1$ の直線

に平行である．したがって，定直線

$$\frac{x}{n} = \frac{y}{m} = \frac{z}{1}$$

に平行である． □

例題 1.12.16. 曲面

$$f\left(\frac{x-a}{z-c}, \frac{y-b}{z-c}\right) = 0$$

の接平面は定点を通ることを証明せよ．

解答　$u = (x-a)/(z-c)$，$v = (y-b)/(z-c)$ とし，

$$F(x, y, z) = f\left(\frac{x-a}{z-c}, \frac{y-b}{z-c}\right)$$

とおく．

$$\begin{aligned} F_x &= f_u \frac{\partial u}{\partial x} = \frac{f_u}{z-c} \\ F_y &= f_v \frac{\partial v}{\partial y} = \frac{f_v}{z-c} \\ F_z &= f_u \frac{\partial u}{\partial z} + f_v \frac{\partial v}{\partial z} \\ &= -f_u \frac{x-a}{(z-c)^2} - f_v \frac{y-b}{(z-c)^2} \end{aligned}$$

よって，接平面の方程式：

$$\begin{aligned} &\frac{f_u}{z_0-c}(x-x_0) + \frac{f_v}{z_0-c}(y-y_0) \\ &\quad -\left\{f_u \frac{x_0-a}{(z_0-c)^2} + f_v \frac{y_0-b}{(z_0-c)^2}\right\}(z-z_0) \\ &= 0 \end{aligned}$$

この方程式は $x = a, y = b, z = c$ によって満たされるから，接平面は定点 (a, b, c) を通る． □

注意 1.12.1. この曲面は，点 (a, b, c) を頂点とする錐面である．

例題 1.12.17. 曲面 $z = f(x^2 + y^2)$ の法線は z 軸と交わることを証明せよ．

解答　$x^2 + y^2 = u$ とおけば $z = f(u)$

$$\begin{aligned} \therefore \frac{\partial z}{\partial x} &= f'(u)\frac{\partial u}{\partial x} = 2xf'(u), \\ \frac{\partial z}{\partial y} &= f'(u)\frac{\partial u}{\partial y} = 2yf'(u) \end{aligned}$$

よって，法線の方程式：

$$\frac{x-x_0}{2x_0 f'(u)} = \frac{y-y_0}{2y_0 f'(u)} = \frac{z-z_0}{-1}$$

これは，z 軸上の点の座標 $x = 0, y = 0, z = z_0 + 1/(2f'(u))$ によって満たされる．よって，法線は z 軸と交わる．

注意 1.12.2. この曲面は，z 軸を軸とする回転面である．

2. 重　積　分

2.1　重積分の定義

2.1.1　1変数の関数

1変数の関数 $y = f(x)$ の定積分

$$\int_a^b f(x)dx$$

の定義は，次のように二通りある．

図形の面積としての定義

$a < b$ のとき，区間 $[a, b]$ で常に $f(x) \geq 0$ ならば，定積分

$$\int_a^b f(x)dx$$

は，$y = f(x)$ のグラフと直線 $x = a$, $x = b$ および x 軸で囲まれた図形の面積 S に等しい．

すなわち，区分求積法に基づいて考えると，区間 $[a, b]$ を n 等分して，分割点の座標を a に近いほうから順に $x_1, x_2, \cdots, x_{n-1}$ とし，

$$a = x_0,\ b = x_n,\ \frac{b-a}{n} = \Delta x$$

とおくとき，分割して得られた n 個の長方形の面積の和

$$f(x_1)\Delta x + f(x_2)\Delta x + \cdots + f(x_n)\Delta x$$
$$= \sum_{k=1}^{n} f(x_k)\Delta x$$

は図形の面積 S の近似値となり，S は $n \to \infty$ のときの $\sum_{k=1}^{n} f(x_k)\Delta x$ の極限値と考えられる．よって，

$$\lim_{n\to\infty}\sum_{k=1}^{n} f(x_k)\Delta x = \int_a^b f(x)dx$$

より一般性がある定義

$f(x)$ が区間 $[a, b]$ で有界な関数（必ずしも $f(x) \geq 0$ ではない）とする．

区間 $[a, b]$ を分割し（必ずしも等分割ではない），各分割区間 $[x_{i-1}, x_i]$ の長さを h_i とするとき，$f(x)$ が積分可能の関数であれば，定積分は次のように定義される．

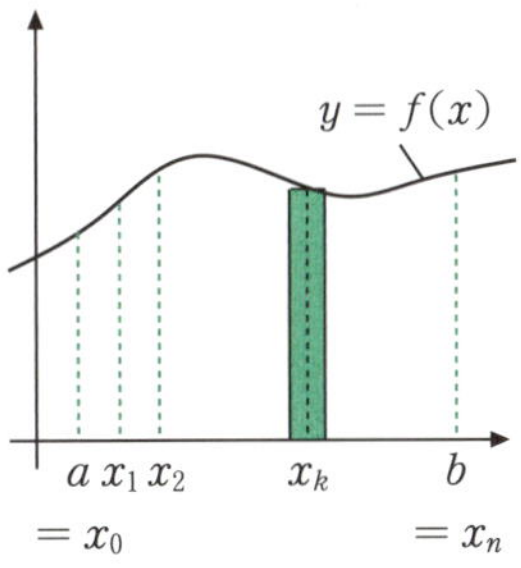

図 2.1.1

$$\int_a^b f(x)dx = \lim_{h\to 0}\sum_{i=1}^{n} f(\xi_i)h_i$$

ここで，

(a) $h_i = x_i - x_{i-1}$

(b) ξ_i は小区間 $[x_{i-1}, x_i]$ 内の任意の一点であり，$\xi_i \in [x_{i-1}, x_i]$．

(c) h は各分割小区間の長さ $h_1, h_2, \cdots, h_n$ の中で最も大きいものであり，$h = \max(h_1, h_2, \cdots, h_n)$．

2.1.2　2変数の関数

先の1変数の関数と同様，2変数の関数 $z = f(x, y)$ の重積分

$$\iint_D f(x, y)dxdy$$

も，以下の二つの定義から理解される．

体積としての定義

(a) 1変数関数の場合の x 軸上の領域，すなわち区間 $[a, b]$ に対応して，2変数関数の場合，平面上の領域 D を考える．

(b) 1変数関数の場合，曲線 $y = f(x)$ の下の部分の面積を考える．これに対応して，2変数関数の場合，曲面 $z = f(x, y)$ の下の部分（つまり D を底面とし，z 軸に平行な直線からなる柱状体で面 $f(x, y)$ より下の部分）の体積を考える．

(c) 1変数関数の場合，面積を各微小長方形の面積の和で近似する．これに対して，2変数関数の場合，体積を各微小直方体の体積の和で近似する．すなわち，区間を多くの，y 軸に平行な線

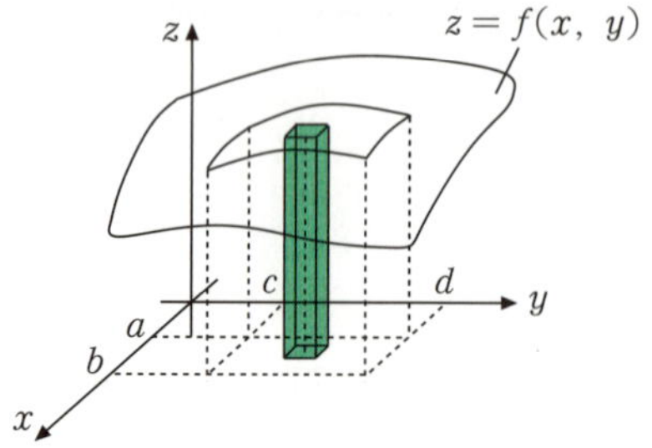

図 2.1.2

(x = 定数) と x 軸に平行な線 (y = 定数) の細線で分割し，それによってできる長方形の面積を $\Delta\sigma_{ij} = \Delta x \Delta y$ とし，その長方形内の任意の点 ξ_i, η_j における関数 $f(x, y)$ の値を $f(\xi_i, \eta_j)$ とすると，$f(\xi_i, \eta_j)\Delta\sigma_{ij}$ は，この微小直方体の体積であるので，曲面 $f(x, y)$ より下の柱状体の体積 V は，分割を限りなく細かくしていくときの，それらの直方体の体積の和で計算される．

$$V = \iint_D f(x, y)dxdy$$
$$= \lim_{\substack{\Delta x \to 0 \\ \Delta y \to 0}} \sum_{i=1}^{m} \sum_{j=1}^{n} f(\xi_i, \eta_j)\Delta x_i \Delta y_j$$

より一般性がある定義

$f(x, y)$ が区間 D で有界な関数 (必ずしも $f(x, y) \geq 0$ ではない) とする．区間 D を分割し (必ずしも等分割ではない，また必ずしも x = 定数，y = 定数 の線群で分割するとは限らない)，各区間の面積を $\Delta\sigma_{ij}$ として，2 重積分は次のように定義される．

$$\iint_D f(x, y)dxdy = \lim_{\Delta\sigma \to 0} \sum f(\xi_i, \eta_j)\Delta\sigma_{ij}$$

ここで，

(a) $\Delta\sigma_{ij}$ は区間 ij の面積である．

(b) ξ_i, η_j は区間 ij 内の任意の一点である．

(c) $\Delta\sigma$ は小区間の面積 $\Delta\sigma_{ij}$ の中で最も大きいものであり，$\Delta\sigma = \max(\Delta\sigma_{ij})$．

2.1.3　3 変数の関数

以上の定義は，3 重積分や 4 重積分などにも拡張できる．例えば，$u = f(x, y, z)$ の 3 次元空間の領域 D での 3 重積分は次のように考えられる．

$$\iiint_D f(x, y, z)dxdydz = \lim_{\Delta\sigma \to 0} \sum f(\xi_i, \eta_j, \zeta_k)\Delta\sigma_{ijk}$$

ここで，

- $\Delta\sigma_{ijk}$ は区間 ijk の体積である．
- ξ_i, η_j, ζ_k は区間 ijk 内の任意の一点である．
- $\Delta\sigma$ は各小領域の体積 $\Delta\sigma_{ijk}$ の中で最も大きいものであり，$\Delta\sigma = \max(\Delta\sigma_{ijk})$．

したがって，3 重積分

$$\iiint_D dxdydz = \text{領域 } D \text{ の体積}$$
$$\iiint_D \rho(x, y, z)dxdydz = \text{領域 } D \text{ の質量}$$

ここで，$\rho(x, y, z)$ は密度関数である．

2.1.4　重積分の性質

以上の定義からわかるように，1 変数の定積分の各性質はそのまま多重積分の場合に適用できる．

[性質 1]　和の重積分 = 重積分の和

$$\iint_D (f(x, y) + g(x, y))\,dxdy$$
$$= \iint_D f(x, y)dxdy + \iint_D g(x, y)dxdy$$

$$\iint_D cf(x, y)dxdy = c\iint_D f(x, y)dxdy$$

より一般的には，

$$\iint_D (c_1 f(x, y) + c_2 g(x, y))\,dxdy$$
$$= c_1 \iint_D f(x, y)dxdy + c_2 \iint_D g(x, y)dxdy$$

[性質 2]　もし，領域 D で $f(x, y) \leq \varphi(x, y)$ であれば，

$$\iint_D f(x, y)dxdy \leq \iint_D \varphi(x, y)dxdy$$

[性質 3]　領域全体の重積分 = 各部分領域の重積分の和

$$\iint_D f(x, y)dxdy$$
$$= \iint_{D_1} f(x, y)dxdy + \iint_{D_2} f(x, y)dxdy$$

[性質 4]　関数 $f(x, y)$ の領域 D 内の最大値と最小値をそれぞれ M と m とすれば，

$$mS \leq \iint_D f(x, y)dxdy \leq MS$$

ここで，S は領域 D の面積である．

[性質 5]　積分における平均値の定理

関数 $f(x, y)$ が閉領域 D 内で連続であれば，領域 D 内に以下の式を満足する点 (ξ, η) が必ず存在する．

$$\iint_D f(x, y)dxdy = f(\xi, \eta)\cdot S$$

すなわち，

$$f(\xi, \eta) = \frac{1}{S}\iint_D f(x, y)dxdy$$

を満足する点 (ξ, η) が領域 D 内に必ず存在する．

2.2 重積分の計算

2.2.1 累次積分

重積分は，2 重積分を 1 変数の定積分に直してから計算する．

[1] 2 重積分を 1 変数の定積分に直すためには，次式が必要である．

立体の座標 x における断面積を $S(x)$ とすれば，この立体の 2 平面 $x=a,\ x=b\ (a<b)$ の間にある部分の体積 V は，次式で与えられる．

$$V=\int_a^b S(x)dx$$

[2] $\iint_D f(x,y)dxdy$ の計算法

D が 4 つの線

$$\begin{cases} x=a, & x=b, & (a<b) \\ y=\varphi_1(x), & y=\varphi_2(x), & (\varphi_1(x)<\varphi_2(x)) \end{cases}$$

で囲まれた領域のとき，

$$\iint_D f(x,y)dxdy=\int_a^b dx\int_{\varphi_1(x)}^{\varphi_2(x)} f(x,y)dy$$

証明

(a) まず座標 x における断面積 $S(x)$ を求める．

区間内のある一点 x_0 に，面 yOz に平行する平面による立体の断面を考える．

この断面は，区間 $[\varphi_1(x_0),\varphi_2(x_0)]$ を底辺とし，曲線 $f(x_0,y)$ を上の境界とする，両側は直線 $y=\varphi_1(x_0),\ y=\varphi_2(x_0)$ で囲まれている図形である．したがって，その面積は

$$S(x_0)=\int_{\varphi_1(x_0)}^{\varphi_2(x_0)} f(x_0,y)dy$$

である．よって，任意の一点 x において，その断面積は

$$S(x)=\int_{\varphi_1(x)}^{\varphi_2(x)} f(x,y)dy$$

(b) 2 重積分を計算すると，

$$V=\int_a^b S(x)dx=\int_a^b dx\int_{\varphi_1(x)}^{\varphi_2(x)} f(x,y)dy$$

(c) したがって，

$$V=\iint_D f(x,y)dxdy$$

であるので，

$$\iint_D f(x,y)dxdy=\int_a^b dx\int_{\varphi_1(x)}^{\varphi_2(x)} f(x,y)dy$$

が得られる．すなわち，ここでは，まず x をパ

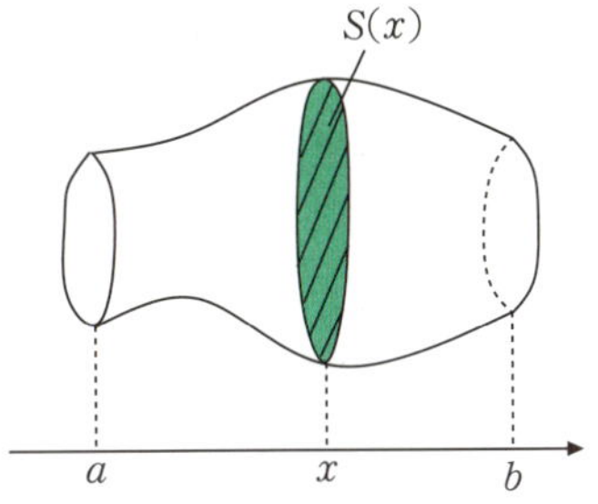

図 2.2.1

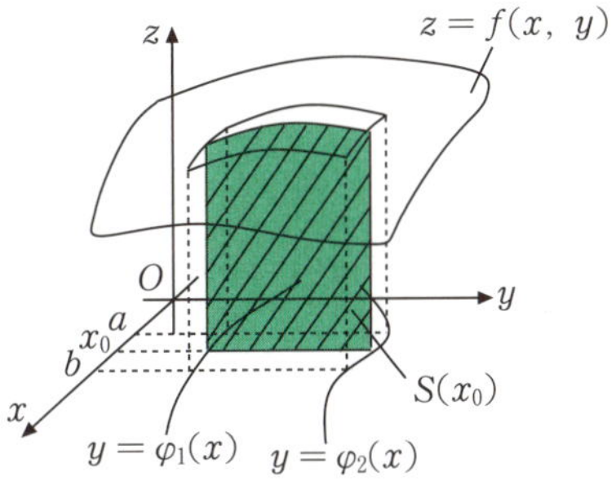

図 2.2.2

ラメータとし，$f(x,y)$ を y のみの関数とみなして，y について積分を行う．そして，得られた断面積 $S(x)$ は x の関数であるので，x について区間 $[a,b]$ 上の定積分を計算すればよい． □

[3] もし領域 D が長方形 $a\leq x\leq b,\ c\leq y\leq d$ であれば，

$$\varphi_1(x)=c,\ \varphi_2(x)=d$$

であるので，その重積分は，

$$\iint_D f(x,y)dxdy=\int_a^b dx\int_c^d f(x,y)dy$$

となる．

[4] x を先に積分してもよい．

D が 4 つの線

$$\begin{cases} y=c, & y=d, & (c<d) \\ x=\phi_1(y), & x=\phi_2(y), & (\phi_1(y)<\phi_2(y)) \end{cases}$$

で囲まれた領域のとき，

$$\iint_D f(x,y)dxdy=\int_c^d dy\int_{\phi_1(y)}^{\phi_2(y)} f(x,y)dx$$

[5] まとめ

(a) y を先に積分する際，$x=$ 定数 の線群（すなわち y 軸に平行な直線）を，x の小さい所から大きい所へと移動して，領域 D の境界と接する両側の点を $x_{\min}$ と $x_{\max}$ とする．その範囲内の領域 D の境界との交点は 2 個となるが，下の方は $y_1=\varphi_1(x)$ であり，上の方は $y_2=\varphi_2(x)$ である．

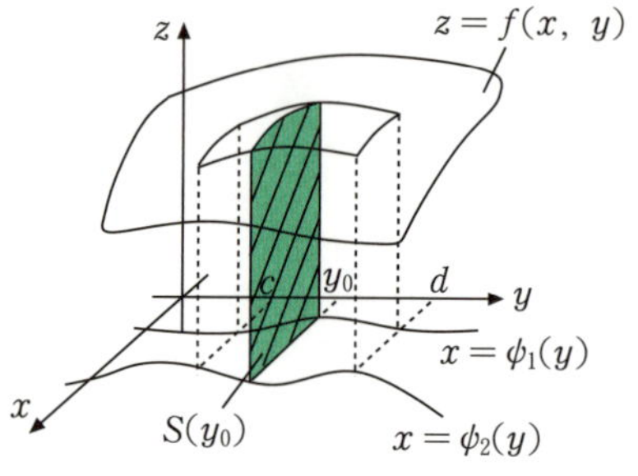

図 2.2.3

(b) x を先に積分する際，$y=$ 定数 の線群（すなわち x 軸に平行な直線）を，y の小さい所から大きい所へと移動して，領域 D の境界と接する両側の点を $y_{\min}$ と $y_{\max}$ とする．その範囲内の領域 D の境界との交点は 2 個となるが，左の方は $x_1=\varphi_1(y)$ であり，右の方は $x_2=\varphi_2(y)$ である．

(c) 領域が複雑で交点は 2 個以上となる場合，領域を分けてから積分する．

例題 2.2.1. 次の定積分を求めよ．

$$\iint_{-1\leq x\leq 1,\,-1\leq y\leq 1,}(x^2+y^2)dxdy$$

解答　y を先に積分する．この際，

$x_{\min}=-1$，$x_{\max}=1$，$y_{小}=\varphi_1(x)=-1$，$y_{大}=\varphi_2(x)=1$ により，

$$\begin{aligned}
&\iint_{\substack{-1\leq x\leq 1\\ -1\leq y\leq 1}}(x^2+y^2)dxdy\\
&=\int_{-1}^{1}dx\int_{-1}^{1}(x^2+y^2)dy\\
&=\int_{-1}^{1}\left[x^2y+\frac{1}{3}y^3\right]_{-1}^{1}dx\\
&=\int_{-1}^{1}\left(2x^2+\frac{2}{3}\right)dx\\
&=\left[\frac{2}{3}x^3+\frac{2}{3}x\right]_{-1}^{1}\\
&=\frac{8}{3}
\end{aligned}$$

□

例題 2.2.2. D は線 $y=1$, $x=2$, $y=x$ で囲まれた領域のとき，

$$\iint_D xydxdy$$

を求めよ．

解答　［解法 1］　y を先に積分する．

$x_{\min}=1$, $x_{\max}=2$, $y_{小}=\varphi_1(x)=1$, $y_{大}=\varphi_2(x)=x$ により，

$$\begin{aligned}
&\iint_D xydxdy\\
&=\int_1^2 dx\int_1^x xydy\\
&=\int_1^2\left[\frac{1}{2}xy^2\right]_1^x dx\\
&=\int_1^2\left(\frac{1}{2}(x^3-x)\right)dx\\
&=\frac{1}{2}\left[\frac{x^4}{4}-\frac{x^2}{2}\right]_1^2\\
&=\frac{9}{8}
\end{aligned}$$

［解法 2］　x を先に積分する．

$y_{\min}=1$, $y_{\max}=2$, $x_{小}=\phi_1(y)=y$, $x_{大}=\phi_2(y)=2$ により，

$$\begin{aligned}
&\iint_D xydxdy\\
&=\int_1^2 dy\int_y^2 xydx\\
&=\int_1^2\left[\frac{1}{2}x^2y\right]_y^2 dy\\
&=\int_1^2\left(\frac{1}{2}(4y-y^3)\right)dy\\
&=\frac{1}{2}\left[2y^2-\frac{y^4}{4}\right]_1^2\\
&=\frac{9}{8}
\end{aligned}$$

□

例題 2.2.3. D は x 軸，y 軸および放物線 $x=\sqrt{1-y}$ で囲まれた領域のとき，

$$\iint_D 3x^2y^2dxdy$$

を求めよ．

解答　［解法 1］　y を先に積分する．

$x_{\min}=0$, $x_{\max}=1$, $y_{小}=\varphi_1(x)=0$, $y_{大}=\varphi_2(x)=1-x^2$ により，

$$\begin{aligned}
&\iint_D 3x^2y^2dxdy\\
&=\int_0^1 dx\int_0^{1-x^2}3x^2y^2dy\\
&=\int_0^1\left[x^2y^3\right]_0^{1-x^2}dx\\
&=\int_0^1 x^2(1-x^2)^3dx\\
&=\int_0^1(x^2-3x^4+3x^6-x^8)dx\\
&=\left[\frac{x^3}{3}-3\frac{x^5}{5}+3\frac{x^7}{7}-\frac{x^9}{9}\right]_0^1\\
&=\frac{16}{315}
\end{aligned}$$

［解法 2］　x を先に積分する．

$y_{\min}=0$, $y_{\max}=1$, $x_{小}=\phi_1(y)=0$, $x_{大}=\phi_2(y)=\sqrt{1-y}$ により，

$$\iint_D 3x^2y^2dxdy$$
$$= \int_0^1 dy \int_0^{\sqrt{1-y}} 3x^2y^2dx$$
$$= \int_0^1 \left[x^3y^2\right]_0^{\sqrt{1-y}} dy$$
$$= \int_0^1 y^2(1-y)\sqrt{1-y}dy$$
$$= \int_1^0 t^3(1-t^2)^2(-2tdt) \quad (1-y=t^2)$$
$$= 2\int_0^1 t^4(1-t^2)^2dt$$
$$= 2\int_0^1 (t^4-2t^6+t^8)dt$$
$$= 2\left[\frac{t^5}{5} - 2\frac{t^7}{7} + \frac{t^9}{9}\right]_0^1$$
$$= \frac{16}{315}$$ □

例題 2.2.4. D は直線 $y = x-2$ 軸と放物線 $y^2 = x$ で囲まれた領域のとき，

$$\iint_D xydxdy$$

を求めよ．

解答　まず交点を求める．

$(x-2)^2 = x$ より $x^2-5x+4=0$．したがって，交点は $x=4$，$y=2$ と $x=1$，$y=-1$ である．

［解法 1］　y を先に積分する．

領域 D を領域 D_1 と領域 D_2 に分ける．

領域 D_1 では，

$x_{\min} = 0$, $x_{\max} = 1$, $y_{小} = \varphi_1(x) = -\sqrt{x}$，$y_{大} = \varphi_2(x) = \sqrt{x}$,

領域 D_2 では，

$x_{\min} = 1$, $x_{\max} = 4$, $y_1 = \varphi_1(x) = x-2$, $y_2 = \varphi_2(x) = \sqrt{x}$,

したがって，

$$\iint_D xydxdy = \iint_{D_1} xydxdy + \iint_{D_2} xydxdy$$
$$= \int_0^1 dx \int_{-\sqrt{x}}^{\sqrt{x}} xydy + \int_1^4 dx \int_{x-2}^{\sqrt{x}} xydy$$
$$= \int_0^1 dx \left(\frac{xy^2}{2}\right)_{-\sqrt{x}}^{\sqrt{x}} + \int_1^4 dx \left(\frac{xy^2}{2}\right)_{x-2}^{\sqrt{x}}$$
$$= 0 + \int_1^4 \left(\frac{x^2}{2} - \frac{x(x-2)^2}{2}\right)dx$$
$$= \frac{1}{2}\int_1^4 (-x^3+5x^2-4x)dx$$
$$= \frac{1}{2}\left(-\frac{x^4}{4} + \frac{5x^3}{3} - 2x^2\right)_1^4$$
$$= \frac{45}{8}$$

［解法 2］　x を先に積分する．

$y_{\min} = -1$, $y_{\max} = 2$, $x_{小} = \phi_1(y) = y^2$, $x_{大} = \phi_2(y) = y+2$ により，

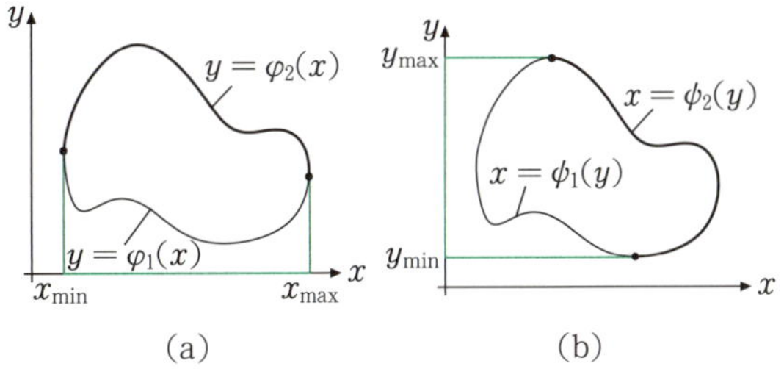

図 2.2.4

$$\iint_D xydxdy$$
$$= \int_{-1}^2 dy \int_{y^2}^{y+2} xydx$$
$$= \int_{-1}^2 \left[\frac{x^2y}{2}\right]_{y^2}^{y+2} dy$$
$$= \frac{1}{2}\int_{-1}^2 \left[y(y+2)^2 - y^5\right] dy$$
$$= \frac{1}{2}\left[\frac{y^4}{4} + 4\frac{y^3}{3} + 2y^2 - \frac{y^6}{6}\right]_{-1}^2$$
$$= \frac{45}{8}$$ □

注意 2.2.1. 積分領域を分けること（この例では，1つの式で表されないため）．また，領域の形状によるものもある．

注意 2.2.2. x または y を先に積分することによってかかる手間が違う．

2.2.2　積分順序の変更

要領

［1］ まず，領域 D を描く．

(a) $x = x_{\min}$ と $x = x_{\max}$ の線を描く．

(b) その範囲内に，$y = \varphi_1(x)$ と $y = \varphi_2(x)$ の曲線を描く（図 2.2.4(a) 参照）．

［2］ 次は，$y =$ (定数) の線を下から上へと移動して，

(a) 交点が 3 以上の場合，領域を分ける．

(b) 各領域の $y_{\min}$ と $y_{\max}$ を求める．

(c) 各範囲内の $y = \varphi(x)$ の逆関数，$x = \phi_1(y)$ と $x = \phi_2(y)$ を求める（図 2.2.4(b) 参照）．

積分順序の変更例

例 2.2.1.

$$\int_0^1 dx \int_0^{x^2} \sqrt{y-y^2}dy = \int_0^1 dy \int_{\sqrt{y}}^1 \sqrt{y-y^2}dx$$

例 2.2.2.

$$\int_1^e dx \int_0^{\log x} f(x,y)dy = \int_0^1 dy \int_{e^y}^e f(x,y)dx$$

例 2.2.3.

$$\int_0^{\pi} dx \int_{-\sin\frac{x}{2}}^{\sin x} f(x,\, y)dy$$
$$= \int_{-1}^{0} dy \int_{-2\arcsin y}^{\pi} f(x,\, y)dx$$
$$+ \int_0^1 dy \int_{\arcsin y}^{\pi - \arcsin y} f(x,\, y)dx$$

2.2.3　3 重 積 分

計算法

もし，空間領域 D が

$$\begin{cases} x_{\min} = a, \\ x_{\max} = b, \end{cases} \quad (a < b)$$
$$\begin{cases} y_1 = \varphi_1(x), \\ y_2 = \varphi_2(x), \end{cases} \quad \bigl(\varphi_1(x) < \varphi_2(x)\bigr)$$
$$\begin{cases} z_1 = \phi_1(x,\, y), \\ z_2 = \phi_2(x,\, y), \end{cases} \quad \bigl(\phi_1(x,\, y) < \phi_2(x,\, y)\bigr)$$

で囲まれた領域であれば，

$$\iiint_D f(x,\, y,\, z)dxdydz$$
$$= \iint_{D_{xy}} dxdy \int_{\phi_1(x,y)}^{\phi_2(x,y)} f(x,\, y,\, z)dz$$
$$= \int_a^b dx \int_{\varphi_1(x)}^{\varphi_2(x)} dy \int_{\phi_1(x,y)}^{\phi_2(x,y)} f(x,\, y,\, z)dz$$

この場合，積分の上限と下限の決め方は，以下のようである．

まず，$x =$ 定数, $y =$ 定数 の線群（すなわち，z 軸に平行な線．z を先に積分するので，z の他のすべての変数を一定とする）と領域の境界の 2 つの交点について考える．下の方は $z_1 = \phi_1(x,\, y)$，上の方は $z_2 = \phi_2(x,\, y)$ である．

そして，x, y のとりうる範囲について考える．そのために，空間領域の xy 平面への投影領域を考えればよい．それは，2 重積分の場合と同様である．

例題 2.2.5. D は三つの座標平面 $x = 0,\, y = 0,\, z = 0$ および平面 $x + 2y + z = 1$ で囲まれた領域のとき，

$$\iiint_D xdxdydz$$

を求めよ．

解答　まず，z 軸に平行な線群と領域の境界の交点からわかるように，

$$z_1 = \phi_1(x,\, y) = 0,$$
$$z_2 = \phi_2(x,\, y) = 1 - x - 2y$$

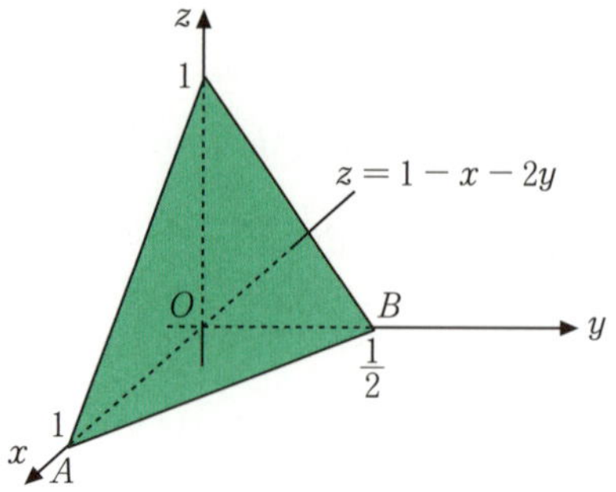

図 2.2.5

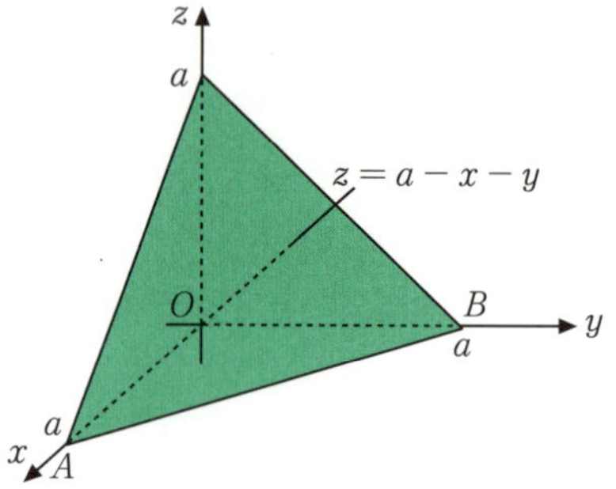

図 2.2.6

そして，空間領域の xy 平面への投影領域について考える．それは三角形 AOB であるが，斜辺 AB は線 $x + 2y = 1$ で表される．したがって，

$$\begin{cases} x_{\min} = 0, & x_{\max} = 1, \\ y_1 = \varphi_1(x) = 0, & y_2 = \varphi_2(x) = \dfrac{1-x}{2}. \end{cases}$$

よって，

$$\iiint_D xdxdydz$$
$$= \int_0^1 dx \int_0^{(1-x)/2} dy \int_0^{1-x-2y} xdz$$
$$= \int_0^1 xdx \int_0^{(1-x)/2} (1 - x - 2y)dy$$
$$= \int_0^1 x(y - xy - y^2)_0^{(1-x)/2} dx$$
$$= \frac{1}{4} \int_0^1 (x - 2x^2 + x^3)dx$$
$$= \frac{1}{48}$$

□

例題 2.2.6. 次の重積分を求めよ．

$$\iiint_D dxdydz,$$
$$D: x + y + z \leqq a,\ x \geqq 0,\ y \geqq 0,\ z \geqq 0$$

解答　まず，z 軸に平行な線群と領域の境界の交点からわかるように，

$$z_1 = \phi_1(x,\, y) = 0,$$
$$z_2 = \phi_2(x,\, y) = a - x - y$$

そして，空間領域の xy 平面への投影領域について考える．それは三角形 AOB であるが，斜辺 AB は線 $x+y=a$ で表される（$z=0$ を代入）．したがって，

$$\begin{cases} x_{\min}=0, & x_{\max}=a, \\ y_1=\varphi_1(x)=0, & y_2=\varphi_2(x)=a-x. \end{cases}$$

よって，

$$\begin{aligned}
&\iiint_D dxdydz \\
&=\int_0^a dx\int_0^{a-x}dy\int_0^{a-x-y}dz \\
&=\int_0^a dx\int_0^{a-x}(a-x-y)dy \\
&=\int_0^a dx\left(ay-xy-\frac{y^2}{2}\right)\Bigg|_{y=0}^{y=a-x} \\
&=\int_0^a\left((a-x)^2-\frac{(a-x)^2}{2}\right)dx \\
&=\frac{-1}{6}(a-x)^3\Bigg|_0^a=\frac{a^3}{6}
\end{aligned}$$

□

例題 2.2.7. 次の重積分を求めよ．

$$\iiint_D \sqrt{x+y+z}\,dxdydz,$$
$$D:\ 0\le x\le 1,\ 0\le y\le 1,\ 0\le z\le 1$$

解答

$$\begin{aligned}
&\iiint_D \sqrt{x+y+z}\,dxdydz \\
&=\int_0^1 dx\int_0^1 dy\int_0^1\sqrt{x+y+z}\,dz \\
&=\int_0^1 dx\int_0^1\left\{\frac{2}{3}(x+y+z)^{\frac{3}{2}}\Bigg|_0^1\right\}dy \\
&=\frac{2}{3}\int_0^1 dx\int_0^1\left((x+y+1)^{\frac{3}{2}}-(x+y)^{\frac{3}{2}}\right)dy \\
&=\frac{2\times 2}{3\times 5}\int_0^1\left\{(x+y+1)^{\frac{5}{2}}-(x+y)^{\frac{5}{2}}\right\}\Bigg|_0^1 dx \\
&=\frac{2\times 2}{3\times 5}\int_0^1\left\{(x+2)^{\frac{5}{2}}-2(x+1)^{\frac{5}{2}}+x^{\frac{5}{2}}\right\}dx \\
&=\frac{2\times 2\times 2}{3\times 5\times 7}\left\{(x+2)^{\frac{7}{2}}-2(x+1)^{\frac{7}{2}}+x^{\frac{7}{2}}\right\}\Bigg|_0^1 \\
&=\frac{8}{35}\left(9\sqrt{3}-8\sqrt{2}+1\right)
\end{aligned}$$

□

例題 2.2.8. 次の重積分を求めよ．

$$\iiint_D (x^2+y^2+z^2)dxdydz,$$
$$D: x^2+y^2+z^2\le a^2,\ x\ge 0,\ y\ge 0,\ z\ge 0$$

解答　まず，z 軸に平行な線群と領域の境界の交点

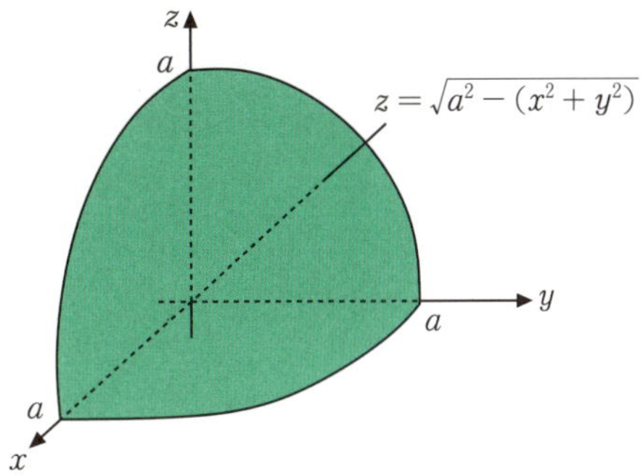

図 2.2.7

からわかるように，

$$z_1=\phi_1(x,y)=0,$$
$$z_2=\phi_2(x,y)=\sqrt{a^2-(x^2+y^2)}$$

そして，空間領域の xy 平面への投影領域について考える．それは半径 a の円の 4 分の 1 である（$z=0$ を代入）．したがって，

$$\begin{cases} x_{\min}=0, & x_{\max}=a, \\ y_1=\varphi_1(x)=0, & y_2=\varphi_2(x)=\sqrt{a^2-x^2}. \end{cases}$$

よって，

$$\begin{aligned}
&\iiint_D (x^2+y^2+z^2)dxdydz \\
&=\int_0^a dx\int_0^{\sqrt{a^2-x^2}}dy\cdot \\
&\quad\int_0^{\sqrt{a^2-(x^2+y^2)}}(x^2+y^2+z^2)dz \\
&=\int_0^a dx\int_0^{\sqrt{a^2-x^2}}dy\cdot \\
&\quad\left(x^2+y^2+\frac{1}{3}z^2\right)z\Bigg|_0^{\sqrt{a^2-(x^2+y^2)}} \\
&=\int_0^a dx\cdot\int_0^{\sqrt{a^2-x^2}}\left(x^2+y^2+\frac{1}{3}(a^2-x^2-y^2)\right)\cdot \\
&\quad\sqrt{a^2-(x^2+y^2)}dy
\end{aligned}$$

上式の計算は複雑であるので，xy 面に関する積分を極座標系のもとで行う．その積分領域は簡単で，積分範囲は

$$\begin{cases} \theta_{\min}=0, & \theta_{\max}=\dfrac{\pi}{2}, \\ r_1=\varphi_1(\theta)=0, & r_2=\varphi_2(\theta)=a. \end{cases}$$

であるので，

(与式)

$$= \int_0^{\frac{\pi}{2}} d\theta \int_0^a \left(r^2 + \frac{1}{3}(a^2 - r^2)\right)\sqrt{a^2 - r^2}rdr$$
$$= \int_0^{\frac{\pi}{2}} d\theta \int_0^a \left(r^2 - a^2 + \frac{1}{3}(a^2 - r^2)\right)\sqrt{a^2 - r^2}rdr$$
$$+ a^2 \int_0^{\frac{\pi}{2}} d\theta \int_0^a \sqrt{a^2 - r^2}rdr$$
$$= \frac{\pi}{2}\cdot\frac{-2}{3}\cdot\frac{-1}{2}\cdot\frac{2}{5}(a^2 - r^2)^{\frac{5}{2}}\Big|_0^a$$
$$+ a^2\frac{\pi}{2}\cdot\frac{-1}{2}\cdot\frac{2}{3}(a^2 - r^2)^{\frac{3}{2}}\Big|_0^a$$
$$= \frac{\pi}{2}\left[\frac{-2}{15}a^5 + \frac{1}{3}a^5\right]$$
$$= \frac{\pi a^5}{10}$$

なお，この問題を球面座標：

$$x = r\sin\theta\cos\varphi, \quad y = r\sin\theta\sin\varphi, \quad z = r\cos\theta$$

で計算すると非常に簡単である．

$$\iiint_D (x^2 + y^2 + z^2)dxdydz$$
$$= \int_0^{\frac{\pi}{2}} d\theta \int_0^{\frac{\pi}{2}} d\varphi \int_0^a r^2\cdot r^2\sin\theta dr$$
$$= -\cos\theta\Big|_0^{\frac{\pi}{2}}\cdot\frac{\pi}{2}\cdot\frac{1}{5}a^5$$
$$= \frac{\pi a^5}{10}$$

□

2.3　変数の変換

2.3.1　変数変換 $x = \varphi(u, v), y = \phi(u, v)$ による 2 重積分の計算

変数変換 $x = \varphi(u, v)$, $y = \phi(u, v)$ によって，xy 平面上の領域 D は uv 平面上の領域 K に写像された．このとき，

$$\iint_D f(x, y)dxdy = \iint_K f(x(u, v), y(u, v))dudv$$

となるか？

例えば，領域 D が xy 平面上の頂点が $(-2,-2)$, $(-2,2)$, $(2,-2)$, $(2,2)$ にある正方形であるときの 2 重積分 $\iint_D xdxdy$ について考える．このとき，

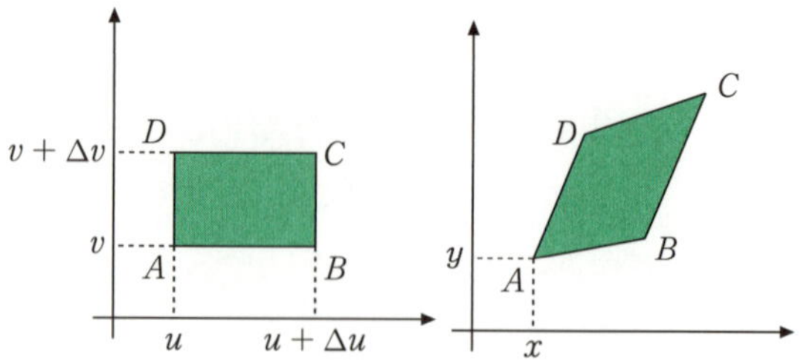

図 2.3.1

$$\text{上の式の左辺} = \iint_D xdxdy = \int_{-2}^2 dx \int_{-2}^2 xdy$$
$$= \int_{-2}^2 4xdx$$
$$= \left[2x^2\right]_{-2}^2$$
$$= 16$$

そして，$x = 2u$, $y = 2v$ とすると，D は uv 平面上の頂点が $(-1, -1)$, $(-1, 1)$, $(1, -1)$, $(1, 1)$ にある正方形領域 K となる．このとき，

$$\text{上の式の右辺} = \iint_K 2ududv$$
$$= \int_{-1}^1 du \int_{-1}^1 2udv$$
$$= \int_{-1}^1 4udu$$
$$= \left[2u^2\right]_{-1}^1$$
$$= 4 \neq \text{左辺}$$

このことについて次のように考える．

[1]　重積分の定義によれば

$$\text{左辺} = \lim_{\Delta\sigma} f(x_i, y_j)\Delta\sigma_{ij}\Big|_{xy\,\text{座標}}$$
$$\text{右辺} = \lim_{\Delta\sigma} f\Big(x(u_i, v_j), y(u_i, v_j)\Big)\Delta\sigma_{ij}\Big|_{uv\,\text{座標}}$$

[2]　分割を 1 対 1 に対応すると，

$$f(x_i, y_j) = f\Big(x(u_i, v_j), y(u_i, v_j)\Big)$$

[3]　写像によって面積は

$$\Delta\sigma_{ij}\Big|_{xy\,\text{座標}} \neq \Delta\sigma_{ij}\Big|_{uv\,\text{座標}}$$

したがって，左右は等しくない．しかし，ここで，右辺を

$$\iint_K f(x(u, v), y(u, v))\cdot J\cdot dudv$$

とすれば，両者は等しくなる．ここで，

$$J = \frac{\Delta\sigma_{ij}\Big|_{xy\text{ 座標}}}{\Delta\sigma_{ij}\Big|_{uv\text{ 座標}}}$$

である．したがって，J を求めればよい．

一つの微小 4 角形に注目して，その頂点は左と右の図では，それぞれ次のようになる（図 2.3.1）．

A 点	(u, v)	(x, y)
B 点	$(u+\Delta u, v)$	$(x+\frac{\partial x}{\partial u}\Delta u, y+\frac{\partial y}{\partial u}\Delta u)$
C 点	$(u+\Delta u, v+\Delta v)$	$(x+\frac{\partial x}{\partial u}\Delta u+\frac{\partial x}{\partial v}\Delta v,$ $y+\frac{\partial y}{\partial u}\Delta u+\frac{\partial y}{\partial v}\Delta v)$
D 点	$(u, v+\Delta v)$	$(x+\frac{\partial x}{\partial v}\Delta v, y+\frac{\partial y}{\partial v}\Delta v)$

図 2.3.1 の左の図での長方形の面積は

$$\Delta\sigma_{ij}\Big|_{uv\text{ 座標}} = \Delta u\Delta v$$

右の図については，

$$\overrightarrow{AB} = \frac{\partial x}{\partial u}\Delta u\vec{i} + \frac{\partial y}{\partial u}\Delta u\vec{j}$$
$$\overrightarrow{AD} = \frac{\partial x}{\partial v}\Delta v\vec{i} + \frac{\partial y}{\partial v}\Delta v\vec{j}$$

として，その平行四辺形の面積は

$$\Delta\sigma_{ij}\Big|_{xy\text{ 座標}} = \left|\overrightarrow{AB}\times\overrightarrow{AD}\right|$$
$$= \left\|\begin{matrix}\vec{i} & \vec{j} & \vec{k}\\ \frac{\partial x}{\partial u}\Delta u & \frac{\partial y}{\partial u}\Delta u & 0\\ \frac{\partial x}{\partial v}\Delta v & \frac{\partial y}{\partial v}\Delta v & 0\end{matrix}\right\|$$
$$= \begin{vmatrix}\frac{\partial x}{\partial u} & \frac{\partial y}{\partial u}\\ \frac{\partial x}{\partial v} & \frac{\partial y}{\partial v}\end{vmatrix}\Delta u\Delta v$$

よって，

$$J = \begin{vmatrix}\frac{\partial x}{\partial u} & \frac{\partial y}{\partial u}\\ \frac{\partial x}{\partial v} & \frac{\partial y}{\partial v}\end{vmatrix} = \begin{vmatrix}\frac{\partial x}{\partial u} & \frac{\partial x}{\partial v}\\ \frac{\partial y}{\partial u} & \frac{\partial y}{\partial v}\end{vmatrix}$$

2.3.2　極座標系における重積分

極座標を用いた変数変換

$$x = r\cos\theta,\ y = r\sin\theta$$

を用いると

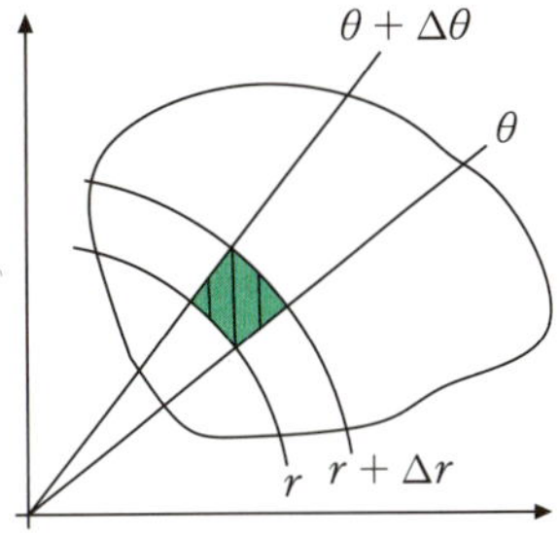

図 2.3.2

$$J = \begin{vmatrix}\frac{\partial x}{\partial u} & \frac{\partial x}{\partial v}\\ \frac{\partial y}{\partial u} & \frac{\partial y}{\partial v}\end{vmatrix} = \begin{vmatrix}\frac{\partial x}{\partial r} & \frac{\partial x}{\partial \theta}\\ \frac{\partial y}{\partial r} & \frac{\partial y}{\partial \theta}\end{vmatrix}$$
$$= \begin{vmatrix}\cos\theta & -r\sin\theta\\ \sin\theta & r\cos\theta\end{vmatrix} = r$$

となる．したがって，極座標系における重積分は，以下のように表される．

$$\iint_D f(x, y)dxdy = \iint_K f(r\cos\theta,\ r\sin\theta)rdrd\theta$$

このことは，次のことからも理解される．

重積分

$$\iint_D f(x, y)dxdy$$

は，

$$\iint_D f(x, y)dxdy = \lim_{\Delta\sigma\to 0}\Sigma f(\xi_i, \eta_j)\Delta\sigma$$

で定義されるものであり，本来分割の方法には無関係である．

直角座標系の場合，$x=$（定数）と $y=$（定数）の線群で分割する．それによって得られた微小要素の面積 $\Delta\sigma$ は $\Delta x\Delta y$ である．

これに対して，極座標の場合，$r=$（定数）の線群（同心円）と $\theta=$（定数）の線群（射線）で分割する．$r, r+\Delta r, \theta, \theta+\Delta\theta$ の 4 本の線で囲まれた要素の面積は

$$\Delta\sigma = \frac{1}{2}(r+\Delta r)^2\Delta\theta - \frac{1}{2}r^2\Delta\theta$$
$$= r\Delta r\Delta\theta + \frac{1}{2}(\Delta r)^2\Delta\theta$$

である．Δr と $\Delta\theta$ は十分小さいとき，

$$\Delta\sigma \cong r\Delta r\Delta\theta$$

であり，すなわち面積は長さ Δr と $r\Delta\theta$ の長方形の面積に等しい．

よって，重積分は，

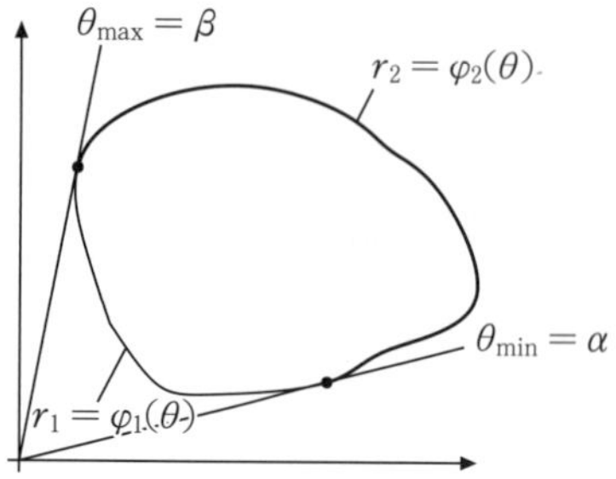

図 2.3.3

$$\begin{aligned}
&\iint_D f(x, y)dxdy \\
&= \Sigma \text{関数値} \times \text{面積} \\
&= \lim_{\Delta\sigma\to 0} \Sigma f(x_i, y_j)\Delta x\Delta y \\
&= \lim_{\Delta\sigma\to 0} \Sigma f(r_i\cos\theta_j, r_i\sin\theta_j)r\Delta r\Delta\theta \\
&= \iint_D f(r\cos\theta, r\sin\theta)rdrd\theta
\end{aligned}$$

となる．そして，もし領域 D が 4 つの線

$$\begin{cases} \theta_{\min} = \alpha, & \theta_{\max} = \beta, \quad (\alpha < \beta) \\ r_1 = \varphi_1(\theta), & r_2 = \varphi_2(\theta), \quad (\varphi_1(\theta) < \varphi_2(\theta)) \end{cases}$$

で囲まれた領域であれば，直角座標系の場合と同じように，

$$\begin{aligned}
&\iint_D f(x, y)dxdy \\
&= \iint_D f(r\cos\theta, r\sin\theta)rdrd\theta \\
&= \int_\alpha^\beta d\theta \int_{\varphi_1(\theta)}^{\varphi_2(\theta)} f(r\cos\theta, r\sin\theta)rdr
\end{aligned}$$

この場合，積分の上限と下限の決め方は，x, y 座標系の場合と同様である．

r を先に積分するので，$\theta =$ (定数) の斜線（つまり，先に積分する変数以外の変数を一定とする）を θ が小さい値から大きい値へと回転して，$\theta_{\min} = \alpha$ と $\theta_{\max} = \beta$ をまず決める．そして，その範囲内では斜線 $\theta =$ (定数) と領域の境界との交点が二つあるが，小さい方は $r_1 = \varphi_1(\theta)$ であり，大きい方は $r_2 = \varphi_2(\theta)$ である．

同様に，θ を先に積分することができる．すなわち，もし領域 D が 4 つの線

$$\begin{cases} r_{\min} = a, & r_{\max} = b, \quad (a < b) \\ \theta_1 = \phi_1(r), & \theta_2 = \phi_2(r), \quad (\phi_1(r) < \phi_2(r)) \end{cases}$$

で囲まれた領域であれば，

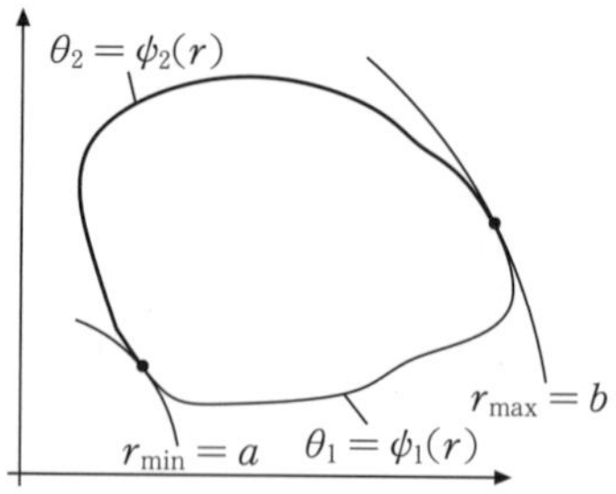

図 2.3.4

$$\begin{aligned}
&\iint_D f(x, y)dxdy \\
&= \iint_D f(r\cos\theta, r\sin\theta)rdrd\theta \\
&= \int_a^b rdr \int_{\phi_1(r)}^{\phi_2(r)} f(r\cos\theta, r\sin\theta)d\theta
\end{aligned}$$

この場合，積分の上限と下限は，次のように決める．

$r =$ (定数) の同心円を r が小さい値から大きい値へと書いて，$r_{\min} = a$ と $r_{\max} = b$ をまず決める．そして，その範囲内では同心円 $r =$ (定数) と領域の境界との交点が二つあるが，小さい方は $\theta_1 = \phi_1(r)$ であり，大きい方は $\theta_2 = \phi_2(r)$ である．

例題 2.3.1. 半径 R の円の 1/4 の面積を求めよ．

解答

$$\begin{aligned}
\text{面積} &= \iint_D dxdy \\
&= \int_0^R dx \int_0^{\sqrt{R^2-x^2}} dy \\
&= \int_0^R \sqrt{R^2 - x^2}dx \\
&= \left[\frac{1}{2}\sqrt{R^2 - x^2} + \frac{R^2}{2}\arcsin\frac{x}{R}\right]_0^R \\
&= \frac{\pi R^2}{4} \\
\text{面積} &= \iint_D rdrd\theta \\
&= \int_0^{\pi/2} d\theta \int_0^R rdr \\
&= \frac{\pi R^2}{4}
\end{aligned}$$

□

例題 2.3.2. 半径 R_1 と R_2 の円管の領域 D について，

$$\iint_D \sqrt{x^2 + y^2}dxdy$$

を求めよ．

解答

$$\begin{aligned}
\iint_D \sqrt{x^2 + y^2}dxdy &= \iint_D r^2drd\theta \\
&= \int_0^{2\pi} d\theta \int_{R_1}^{R_2} r^2dr \\
&= \frac{2\pi(R_2^2 - R_1^2)}{3}
\end{aligned}$$

□

例題 2.3.3. $r = 2a\cos\theta$ で囲まれた領域の面積を求め

よ．

解答 ［r を先に積分する場合］

$$\begin{cases} \theta_{\min} = -\dfrac{\pi}{2}, & \theta_{\max} = \dfrac{\pi}{2}, \\ r_1 = \varphi_1(\theta) = 0, & r_2 = \varphi_2(\theta) = 2a\cos\theta. \end{cases}$$

$$\begin{aligned} \iint_D r dr d\theta &= \int_{-\pi/2}^{\pi/2} d\theta \int_0^{2a\cos\theta} r dr \\ &= \int_{-\pi/2}^{\pi/2} (2a\cos\theta)^2/2 d\theta \\ &= a^2 \int_{-\pi/2}^{\pi/2} 2\cos^2\theta d\theta \\ &= a^2 \int_{-\pi/2}^{\pi/2} (1+\cos 2\theta) d\theta \\ &= a^2 [\theta + \sin 2\theta/2]_{-\pi/2}^{\pi/2} \\ &= \pi a^2 \end{aligned}$$

［θ を先に積分する場合］

$$\begin{cases} r_{\min} = 0, & r_{\max} = 2a, \\ \theta_1 = -\arccos\left(\dfrac{r}{2a}\right) & \theta_2 = \arccos\left(\dfrac{r}{2a}\right). \end{cases}$$

$$\begin{aligned} \iint_D r dr d\theta &= \int_0^{2a} r dr \int_{-\arccos(r/2a)}^{\arccos(r/2a)} d\theta \\ &= 2\int_0^{2a} \arccos(r/2a) r dr \\ &= 2\left[\left(\frac{r^2}{2} - a^2\right)\arccos(r/2a) \right. \\ &\qquad \left. - \frac{r}{4}\sqrt{4a^2 - r^2}\right]_0^{2a} \\ &= \pi a^2 \end{aligned}$$

□

付記（公式）

$$\int x \arccos\frac{x}{b} dx = \left(\frac{x^2}{2} - \frac{b^2}{4}\right)\arccos\frac{x}{b} - \frac{x}{4}\sqrt{b^2 - x^2}$$

例題 2.3.4. $\displaystyle\int_0^\infty e^{-x^2} dx = \frac{\sqrt{\pi}}{2}$ を証明せよ．

解答 $\displaystyle\int_0^\infty e^{-x^2} dx = A$, $\displaystyle\int_0^\infty e^{-y^2} dy = A$ とすれば，

$$\begin{aligned} &\iint_{\text{第一象限}} e^{-x^2-y^2} dx dy \\ &= \int_0^\infty e^{-x^2} dx \int_0^\infty e^{-y^2} dy \\ &= \int_0^\infty dx \int_0^\infty e^{-x^2-y^2} dy \\ &= \int_0^\infty e^{-x^2} dx \int_0^\infty e^{-y^2} dy \\ &= \left[\int_0^\infty e^{-x^2} dx\right] \times \left[\int_0^\infty e^{-y^2} dy\right] \\ &= A^2 \end{aligned}$$

一方，

$$\begin{aligned} &\iint_{\text{第一象限}} e^{-x^2-y^2} dx dy \\ &= \int_0^{\pi/2} d\theta \int_0^\infty e^{-r^2} r dr \\ &= \frac{\pi}{2}\left[-\frac{1}{2}e^{-r^2}\right]_0^\infty \\ &= \frac{\pi}{4} = A^2 \end{aligned}$$

よって，

$$\int_0^\infty e^{-x^2} dx = \frac{\sqrt{\pi}}{2}$$

□

例題 2.3.5. D は中心が原点，半径が a の円であるとき，

$$\iint_D e^{-(x^2+y^2)} dx dy$$

を求めよ．

解答 極座標系を用いて求める．r を先に積分すると

$$\begin{cases} \theta_{\min} = 0, & \theta_{\max} = 2\pi, \\ r_1 = \varphi_1(\theta) = 0, & r_2 = \varphi_2(\theta) = a, \end{cases}$$

より，

$$\begin{aligned} &\iint_D e^{-(x^2+y^2)} dx dy \\ &= \iint_D e^{-r^2} r dr d\theta \\ &= \int_0^{2\pi} d\theta \int_0^a e^{-r^2} r dr \\ &= \int_0^{2\pi} \left[-\frac{1}{2}e^{-r^2}\right]_0^a d\theta \\ &= \frac{1}{2}(1 - e^{-a^2}) \int_0^{2\pi} d\theta \\ &= \pi(1 - e^{-a^2}) \end{aligned}$$

□

例題 2.3.6. 閉曲線

$$(x^2 + y^2)^3 = a^2(x^4 + y^4)$$

で囲まれた領域の面積を求めよ．

解答 極座標系を用いて求める．

$$x = r\cos\theta, \ y = r\sin\theta$$

代入すれば，

$$r^2 = a^2(\cos^4\theta + \sin^4\theta)$$

が得られる．したがって，領域は

$$\begin{cases} \theta_{\min} = 0, & \theta_{\max} = 2\pi, \\ r_1 = \varphi_1(\theta) = 0, & r_2 = \varphi_2(\theta) = a\sqrt{\cos^4\theta + \sin^4\theta}. \end{cases}$$

よって，

$$\begin{aligned}
\text{面積} &= \iint_D r dr d\theta \\
&= \int_0^{2\pi} d\theta \int_0^{a\sqrt{\cos^4\theta+\sin^4\theta}} r dr \\
&= \frac{1}{2}a^2 \int_0^{2\pi} (\cos^4\theta + \sin^4\theta) d\theta \\
&= \frac{3}{4}\pi a^2
\end{aligned}$$

□

例題 2.3.7. 直円柱面 $x^2+y^2=2ax$ と球面 $x^2+y^2+z^2=4a^2$ の両方の中にある部分の体積を求めよ．

解答　対称性により，

$$V = 4\iint_D \sqrt{4a^2-x^2-y^2}dxdy$$

ここで，D は半分の円周 $y=\sqrt{2ax-x^2}$ と x 軸で囲まれた領域である．それを極座標系で表すと，

$$\begin{cases} \theta_{\min}=0, & \theta_{\max}=\dfrac{\pi}{2}, \\ r_1=\varphi_1(\theta)=0, & r_2=\varphi_2(\theta)=2a\cos\theta \end{cases}$$

よって，

$$\begin{aligned}
V &= 4\iint_D \sqrt{4a^2-r^2} r dr d\theta \\
&= 4\int_0^{\frac{\pi}{2}} d\theta \int_0^{2a\cos\theta} \sqrt{4a^2-r^2} r dr \\
&= \frac{32}{3}a^3 \int_0^{\frac{\pi}{2}} (1-\sin^3\theta) d\theta \\
&= \frac{32}{3}a^3 \left(\frac{\pi}{2}-\frac{2}{3}\right)
\end{aligned}$$

□

2.3.3　3 変数の場合

3 変数の場合も，2 変数の場合と計算の流れは同様である．

2.3.4　計　算　例

例題 2.3.8. 次の重積分を求めよ．

$$\iint_D \sqrt{1-\frac{x^2}{a^2}-\frac{y^2}{b^2}}dxdy$$

$D: x^2/a^2+y^2/b^2=1$ のだ円内である．

解答　$x=ar\cos\theta$，$y=br\sin\theta$ とすれば，極座標系での領域 K の範囲は $0\leq r\leq 1$，$0\leq\theta\leq 2\pi$ である．

また，ヤコビアンは

$$J = abr$$

よって，

$$\begin{aligned}
&\iint_D \sqrt{1-\frac{x^2}{a^2}-\frac{y^2}{b^2}}dxdy \\
&= \int_0^{2\pi} d\theta \int_0^1 \sqrt{1-r^2}(abr)dr = \frac{2}{3}\pi ab
\end{aligned}$$

ちなみに，だ円の面積は

$$\iint_D dxdy = \int_0^{2\pi} d\theta \int_0^1 (abr)dr = \pi ab$$

□

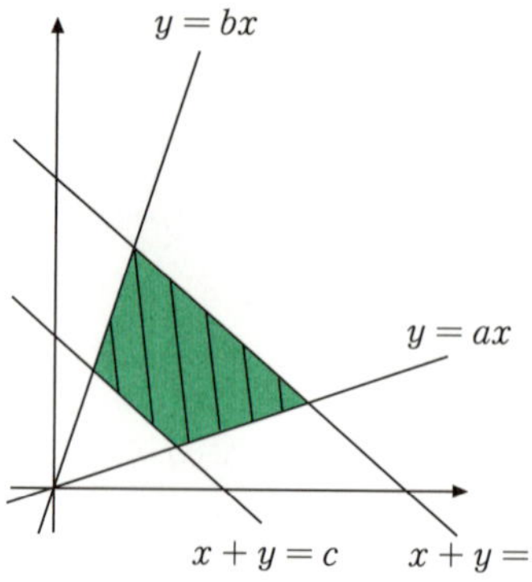

図 2.3.5

例題 2.3.9. 4 本の直線

$$x+y=c,\quad x+y=d,\quad y=ax,\quad y=bx,$$
$$(0<c<d,\ 0<a<b)$$

によって囲まれた閉領域 D の面積を求めよ．

解答　$u=x+y$，$v=y/x$，すなわち，

$$x=\frac{u}{1+v},\quad y=\frac{uv}{1+v}$$

とすれば，uv 座標系での領域 K の範囲は $c\leq u\leq d$，$a\leq v\leq b$ である．

また，

$$J=\frac{u}{(1+v)^2}$$

よって，面積は

$$\begin{aligned}
&\iint_D dxdy = \int_a^b dv \int_c^d \frac{u}{(1+v)^2}du \\
&= \frac{(b-a)(d^2-c^2)}{2(1+a)(1+b)}
\end{aligned}$$

□

例題 2.3.10. 次の重積分を求めよ．D は，x 軸，y 軸と直線 $x+y=2$ によって囲まれた領域とする．

$$\iint_D e^{\frac{y-x}{y+x}}dxdy$$

解答　$u=y-x$，$v=y+x$ すなわち，

$$x=\frac{v-u}{2},\quad y=\frac{v+u}{2}$$

とする．

u を先に積分する．

$$\begin{cases} v_{\min} = 0, & x_{\max} = 2, \\ u_1 = \varphi_1(v) = -v, & u_2 = \varphi_2(v) = v. \end{cases}$$

また,

$$J = \begin{vmatrix} -\frac{1}{2} & \frac{1}{2} \\ \frac{1}{2} & \frac{1}{2} \end{vmatrix} = -\frac{1}{2}$$

よって, 積分は

$$\begin{aligned} \iint_D e^{\frac{y-x}{y+x}} dxdy &= \iint_K e^{\frac{u}{v}} |J| dudv \\ &= \frac{1}{2} \int_0^2 dv \int_{-v}^{v} e^{\frac{u}{v}} du \\ &= \frac{1}{2} \int_0^2 (e - e^{-1}) v dv \\ &= e - e^{-1} \end{aligned}$$

□

2.4 広義積分

これまでに, 関数 $f(x, y)$ が有界閉領域で連続である場合に重積分を考えてきたが, 1 変数の場合と同じように, 重積分の定義をそれ以外の場合にも拡張できる. ここでは, その拡張として,

[1] 関数が非有界関数の場合,

[2] 積分領域が非有界領域の場合,

を考える.

2.4.1 非有界関数の場合

$$\int_0^A \frac{1}{r^\alpha} dr = \frac{1}{\alpha+1} r^{\alpha+1} \Big|_0^A$$

より, その積分値が有限な値になるためには,

$$\alpha + 1 > 0 \quad \text{すなわち}, \quad \alpha > -1$$

が必要である. このことから, $\lim_{x \to a} f(x) = \infty$ であっても, $\lim_{x \to a} f(x) = (x-a)^\alpha$ $(\alpha > -1)$ であれば, 広義積分

$$\int_a^A f(x) dx$$

が存在する.

重積分の場合, 例えば, $\lim_{x \to 0} f(x, y) = \infty$ のように, 原点で有界ではない関数 $f(x, y)$ について, 重積分

$$\iint_D f(x, y) dxdy,\ D = \{(x, y) | 0 \le x^2 + y^2 \le 1\}$$

を考える. このとき,

$$\iint_D \frac{1}{r^\alpha} dxdy = \int_0^2 \pi \int_0^1 \frac{1}{r^\alpha} r dr d\theta = \frac{2\pi}{\alpha+2} r^{\alpha+2} \Big|_0^1$$

より $\lim_{r \to 0} f(x, y) = r^\alpha$ $(\alpha > -2)$ であれば, 広義積分

$$\iint_D f(x, y) dxdy$$

が存在する.

例題 2.4.1. 次の値を求めよ.

$$\iint_D \frac{xy}{(x^2+y^2)^{3/2}} dxdy$$

ただし, $D = \{(x, y) | 0 \le x \le 1,\ 0 \le y \le 1\}$ とする.

解答

$$\begin{aligned} &\iint_D \frac{xy}{(x^2+y^2)^{3/2}} dxdy \\ &= 2 \int_0^{\pi/4} \int_0^{1/\cos\theta} \frac{r^2 \sin\theta \cos\theta}{r^3} r dr d\theta \\ &= 2 \int_0^{\pi/4} \sin\theta d\theta \\ &= -2\cos\theta \Big|_0^{\pi/4} = 2\left(1 - \frac{\sqrt{2}}{2}\right) = 2 - \sqrt{2} \end{aligned}$$

□

2.4.2 非有界領域の場合

$$\int_A^\infty \frac{1}{r^\alpha} dr = \frac{1}{\alpha+1} r^{\alpha+1} \Big|_0^\infty$$

より, その積分値が有限な値になるためには,

$$\alpha + 1 < 0 \quad \text{すなわち}, \quad \alpha < -1$$

が必要である. このことから, $x \to \infty$ で, 関数 $f(x)$ が, $\lim_{x \to \infty} f(x) = x^\alpha$ $(\alpha < -1)$ のような無限小であれば, 広義積分 $\int_A^\infty f(x) dx$ が存在する.

重積分の場合, 例えば,

$$\iint_D f(x, y) dxdy,\ D = \{(x, y) | A \le x^2 + y^2\}$$

を考える. このとき,

$$\iint_D r^\alpha dxdy = \int_0^2 \pi \int_A^\infty r^\alpha r dr d\theta = \frac{2\pi}{\alpha+2} r^{\alpha+2} \Big|_A^\infty$$

より $\lim_{r \to \infty} f(x, y) = r^\alpha$ $(\alpha < -2)$ であれば, 広義積分

$$\iint_D f(x, y) dxdy$$

が存在する.

例題 2.4.2. 次の値を求めよ.

$$\iint_D \frac{1}{x^2 y^2} dxdy$$

ただし, 領域 $D = \{(x, y) | 1 \le x,\ 1 \le y\}$ とする.

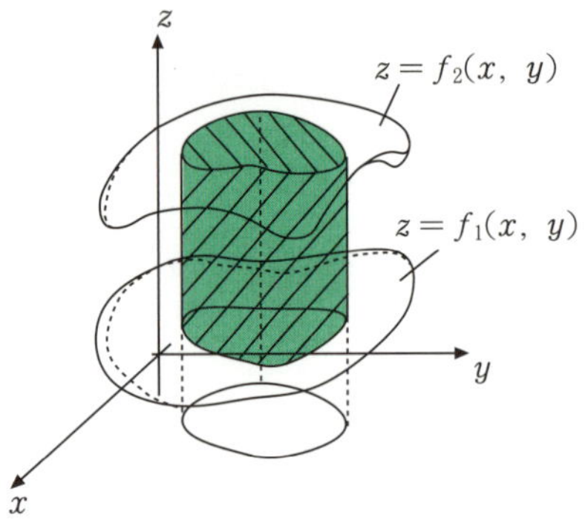

図 2.5.1

解答
$$\iint_D \frac{1}{x^2 y^2} dxdy$$
$$= 2\int_0^{\pi/4} \int_{1/\sin\theta}^{\infty} \frac{1}{r^4 \cos^2\theta \sin^2\theta} r\, dr\, d\theta$$
$$= 2\int_0^{\pi/4} \frac{1}{\cos^2\theta \sin^2\theta} \frac{-1}{2r^2}\Big|_{1/\sin\theta}^{\infty} d\theta$$
$$= \int_0^{\pi/4} \frac{1}{\cos^2\theta \sin^2\theta} \sin^2\theta\, d\theta$$
$$= \int_0^{\pi/4} \frac{1}{\cos^2\theta} d\theta$$
$$= \tan\theta \Big|_0^{\pi/4} = 1 \qquad \square$$

2.5 面積と体積

2.5.1 領域 D の面積

領域 D の面積は $\iint_D dxdy$ で表される.

2.5.2 体 積

[1] 2重積分 (2曲面 $f_1(x,y)$ と $f_2(x,y)$ で囲まれる部分の体積 ($f_1 < f_2$))
$$V = \iint_D \{f_2(x,y) - f_1(x,y)\} dxdy$$

[2] 3重積分 (領域 Ω の体積)
$$V = \iint_\Omega dxdydz$$

例題 2.5.1. だ円面 $x^2/a^2 + y^2/b^2 + z^2/c^2 = 1$ で囲まれる部分の体積を求めよ.

解答

[解法1] 2重積分を用いる場合
$$f_2(x,y) = c\sqrt{1 - \frac{x^2}{a^2} - \frac{y^2}{b^2}}$$
$$f_1(x,y) = -c\sqrt{1 - \frac{x^2}{a^2} - \frac{y^2}{b^2}}$$

また, D は $\frac{x^2}{a^2} + \frac{y^2}{b^2} = 1$ のだ円であるが, 変換

$$\begin{cases} x = ar\cos\theta \\ y = br\sin\theta \end{cases}$$

を用いると, $|J| = abr$ であるので,
$$V = \iint_D \{f_2(x,y) - f_1(x,y)\} dxdy$$
$$= \int_0^{2\pi} d\theta \int_0^1 2c\sqrt{1 - \frac{x^2}{a^2} - \frac{y^2}{b^2}}\, abr\, dr$$
$$= 2\pi \times abc \times \Big[\frac{-2}{3}(1-r^2)^{\frac{3}{2}}\Big]_0^1$$
$$= \frac{4\pi abc}{3}$$

[解法2] 3重積分を用いる場合

変換
$$\begin{cases} x = ar\sin\theta\cos\varphi \\ y = br\sin\theta\sin\varphi \\ z = cr\cos\theta \end{cases}$$

を用いると,
$$J = \begin{vmatrix} \frac{\partial x}{\partial r} & \frac{\partial x}{\partial \theta} & \frac{\partial x}{\partial \varphi} \\ \frac{\partial y}{\partial r} & \frac{\partial y}{\partial \theta} & \frac{\partial y}{\partial \varphi} \\ \frac{\partial z}{\partial r} & \frac{\partial z}{\partial \theta} & \frac{\partial z}{\partial \varphi} \end{vmatrix}$$
$$= \begin{vmatrix} a\sin\theta\cos\varphi & ar\cos\theta\cos\varphi & -ar\sin\theta\sin\varphi \\ b\sin\theta\sin\varphi & br\cos\theta\sin\varphi & br\sin\theta\cos\varphi \\ c\cos\theta & -cr\sin\theta & 0 \end{vmatrix}$$
$$= abcr^2 \sin\theta$$

よって
$$V = \iint_\Omega dxdydz$$
$$= \int_0^{\pi} d\theta \int_0^{2\pi} d\varphi \int_0^1 abcr^2 \sin\theta\, dr$$
$$= \frac{4\pi abc}{3} \qquad \square$$

2.5.3 曲 面 積

計算法

[1] 面積の変換を考える: $S' = S\cos\gamma$
[2] 面 $z = f(x,y)$ の法線方向余弦を考える
   法線方向比は $(-f_x, -f_y, 1)$ であるので, その方向余弦は
$$\left(\frac{-f_x}{\sqrt{f_x^2 + f_y^2 + 1}}, \frac{-f_y}{\sqrt{f_x^2 + f_y^2 + 1}}, \frac{1}{\sqrt{f_x^2 + f_y^2 + 1}} \right)$$

となる. ゆえに,

$$\cos\gamma = \frac{1}{\sqrt{f_x^2 + f_y^2 + 1}}$$

[3] 面 $z = f(x, y)$ の，xy 平面の領域 D の真上にある部分の面積 S

$$\begin{aligned} S &= \sum \Delta S \\ &= \sum \frac{\Delta S'}{\cos\gamma} \\ &= \sum \sqrt{f_x^2 + f_y^2 + 1}\Delta x \Delta y \\ &= \iint_D \sqrt{f_x^2 + f_y^2 + 1} dxdy \end{aligned}$$

例 2.5.1.

[1] $z = \varphi(x)$ を z 軸の周りに回転してできる曲面の面積

[方法 1]

$$S = \int_{x_a}^{x_b} 2\pi x \sqrt{(dx)^2 + (dz)^2}$$

[方法 2]（上記 [1]-[3] の方法）

曲面の方程式は

$$z = \varphi(r) = \varphi(\sqrt{x^2 + y^2})$$

よって，

$$\begin{cases} -\varphi_x = \varphi'(r)\dfrac{-x}{\sqrt{x^2 + y^2}}, \\ -\varphi_y = \varphi'(r)\dfrac{-y}{\sqrt{x^2 + y^2}} \end{cases}$$

また，xy 平面の領域 D は，半径 $r = x_a$ と $r = x_b$ 内の円管であるので，

$$\begin{aligned} S &= \iint_D \sqrt{\varphi_x^2 + \varphi_y^2 + 1} dxdy \\ &= \int_0^{2\pi} d\theta \int_{x_a}^{x_b} \sqrt{\varphi'(r)^2 + 1} rdr \\ &= 2\pi \int_{x_a}^{x_b} r \sqrt{\left(\frac{dz}{dr}\right)^2 + 1} dr \end{aligned}$$

[2] 球面 $x^2 + y^2 + z^2 = a^2$ の面積

$$z = \pm\sqrt{a^2 - x^2 - y^2} = f(x, y)$$

したがって

$$f_x = \frac{-x}{\sqrt{a^2 - x^2 - y^2}}, \quad f_y = \frac{-y}{\sqrt{a^2 - x^2 - y^2}}$$

よって，

$$\begin{aligned} S &= \iint_D \sqrt{f_x^2 + f_y^2 + 1} dxdy \\ &= \iint_D \frac{a}{\sqrt{a^2 - x^2 - y^2}} dxdy \\ &= \iint_D \frac{a}{z} dxdy \end{aligned}$$

また，変換

$$\begin{cases} x = a\sin\theta\cos\varphi, \\ y = a\sin\theta\sin\varphi \end{cases}$$

を用いると，

$$|J| = a^2 \sin\theta\cos\theta$$

$$\frac{a}{\sqrt{a^2 - x^2 - y^2}} = \frac{a}{\sqrt{a^2 - a^2\sin^2\theta}} = \frac{1}{\cos\theta}$$

結局

$$\begin{aligned} S &= \iint_D \frac{1}{\cos\theta} a^2 \sin\theta\cos\theta d\theta d\varphi \\ &= \iint_D a^2 \sin\theta d\theta d\varphi \end{aligned}$$

2.5.4 重 心

平面上に n 個の点 (x_i, y_i) にある質量 m_i からなる質点系の重心は，

$$\bar{x} = \frac{\sum_{i=1}^{n} m_i x_i}{M}, \quad \bar{y} = \frac{\sum_{i=1}^{n} m_i y_i}{M}$$

である．ここに，$M = \sum_{i=1}^{n} m_i$ を表す．

したがって，密度 $\rho(x, y)$ の平面領域 D の重心は以下の式で求まる．

$$\begin{cases} \bar{x} = \dfrac{1}{M}\iint_D xdm = \dfrac{1}{M}\iint_D \rho(x, y)xdxdy \\ \bar{y} = \dfrac{1}{M}\iint_D ydm = \dfrac{1}{M}\iint_D \rho(x, y)ydxdy \end{cases}$$

ここに，質量は

$$M = \iint_D \rho(x, y)dxdy$$

で表される．

同様に，空間の領域 D については，その重心は

$$\begin{cases} \bar{x} = \dfrac{1}{M}\iiint_D xdm = \dfrac{1}{M}\iiint_D \rho(x, y, z)xdxdydz \\ \bar{y} = \dfrac{1}{M}\iiint_D ydm = \dfrac{1}{M}\iiint_D \rho(x, y, z)ydxdydz \\ \bar{z} = \dfrac{1}{M}\iiint_D zdm = \dfrac{1}{M}\iiint_D \rho(x, y, z)zdxdydz \end{cases}$$

ここに，質量は，

$$M = \iiint_D \rho(x, y, z)dxdydz$$

で表される．

また，曲線の場合，例えば，曲線 $y = f(x)$ の単位長さの密度を $\rho(x)$ とすれば，$x = a$ から $x = b$ までの部分質量は，

$$M = \int_a^b \rho(x)\sqrt{1+y'^2}dx$$

となるので，重心は以下の式で求まる．

$$\begin{cases} \overline{x} = \dfrac{\displaystyle\int_a^b \rho(x)x\sqrt{1+y'^2}dx}{\displaystyle\int_a^b \rho(x)\sqrt{1+y'^2}dx}, \\ \overline{y} = \dfrac{\displaystyle\int_a^b \rho(x)y\sqrt{1+y'^2}dx}{\displaystyle\int_a^b \rho(x)\sqrt{1+y'^2}dx} \end{cases}$$

2.5.5 慣性能率

慣性能率は力学でよく使う概念である．

質量 m の質点が，質量を無視できる長さの r のワイヤの上に固定され，中心 z の周りに回転する．ニュートンの法則によれば，その加速度を a とすれば，力 F は，

$$F = ma$$

この力 F によるモーメント L は

$$L = Fr = mar = m\alpha r^2$$

ここに，α は，角加速度である．

いま，n の質点を考える．

$$L = \sum_{i=1}^n F_i r_i = \sum_{i=1}^n m_i a_i r_i = \sum_{i=1}^n m_i \alpha r_i^2$$

したがって，固定軸 z の周りに回転する平面領域 D については，

$$L_z = \iint_D dm\alpha r^2 = \alpha \iint_D \rho(x, y)(x^2+y^2)dxdy = \alpha I_z$$

ここに，I_z は，z 軸の周りの慣性能率という．

なお，固定軸 x，y の周りに回転する場合，

$$\begin{cases} L_x = \iint_D dm\alpha y^2 = \alpha I_x \\ L_y = \iint_D dm\alpha x^2 = \alpha I_y \end{cases}$$

ここに，I_y，I_x は，それぞれ x，y 軸の周りの慣性能率という．

同様に，空間の領域 D に対しては，

$$\begin{cases} L_x = \alpha I_x = \alpha \iiint_D \rho(y^2+z^2)dxdydz \\ L_y = \alpha I_y = \alpha \iiint_D \rho(z^2+x^2)dxdydz \\ L_z = \alpha I_z = \alpha \iiint_D \rho(x^2+y^2)dxdydz \end{cases}$$

2.6 線 積 分

2.6.1 定 義

$$\begin{cases} \int_c P(x, y)dx = \lim \sum_{i=1}^n P(x_i, y_i)\Delta x_i \\ \int_c P(x, y)dy = \lim \sum_{i=1}^n P(x_i, y_i)\Delta y_i \\ \int_c P(x, y)ds = \lim \sum_{i=1}^n P(x_i, y_i)\Delta s_i \end{cases}$$

ここに，

$$\Delta s_i = \sqrt{\Delta x_i^2 + \Delta y_i^2} = \sqrt{1+\left(\frac{\Delta y_i}{\Delta x_i}\right)^2}\Delta x_i = \sqrt{1+\left(\frac{\Delta x_i}{\Delta y_i}\right)^2}\Delta y_i$$

2.6.2 性 質

[1] $\int_c P(x, y)dx$

$$= \int_{c_1} P(x, y)dx + \int_{c_2} P(x, y)dx, \quad (c = c_1 + c_2)$$

[2] $\int_c P(x, y)dx = -\int_{-c} P(x, y)dx$

2.6.3 計 算 法

曲線 c を

$$c: \ x = f(t), \quad y = g(t), \quad (a \leq t \leq b)$$

とする．

$$\int_c P(x, y)dx = \int_a^b P\Big(f(t), g(t)\Big)\frac{dx}{dt}dt = \int_a^b P\Big(f(t), g(t)\Big)f'(t)dt$$

$$\int_c P(x, y)dy = \int_a^b P\Big(f(t), g(t)\Big)\frac{dy}{dt}dt = \int_a^b P\Big(f(t), g(t)\Big)g'(t)dt$$

$$\int_c P(x, y)ds = \int_a^b P\Big(f(t), g(t)\Big)\sqrt{(dx)^2+(dy)^2} = \int_a^b P\Big(f(t), g(t)\Big)\sqrt{1+\frac{g'(t)}{f'(t)}}dt$$

注意 2.6.1. 曲線 c は $y=\varphi(x)$ で与えられる場合,

$$\int_c P(x,y)dx = \int_{x_a}^{x_b} P\Big(x, \varphi(x)\Big)dx$$

$$\int_c P(x,y)dy = \int_{x_a}^{x_b} P\Big(x, \varphi(x)\Big)\varphi'(x)dx$$

$$\int_c P(x,y)ds = \int_{x_a}^{x_b} P\Big(x, \varphi(x)\Big)\sqrt{1+[\varphi'(x)]^2}dx$$

例題 2.6.1. 線積分

$$\int_c y^2 dx$$

を計算せよ．ここに，c は以下の 2 つの場合を考えなさい．

(1) 円心が原点にある半径 $r=a$ の円の上半分の円周で，方向は逆時計方向．

(2) x 軸に沿う点 $A(a,0)$ から点 $B(-a,0)$ までの線分

解答 (1) c の方程式は $x=a\cos\theta$，$y=a\sin\theta$，θ は 0 から π へ変化していく．

$$\begin{aligned}\iint_c y^2 dx &= \int_0^{\pi} a^2\sin^2\theta(-a\sin\theta)d\theta \\ &= a^3\int_0^{\pi}(1-\cos^2\theta)d(\cos\theta) \\ &= a^3\left[\cos\theta - \frac{\cos^3\theta}{3}\right]_0^{\pi} \\ &= -\frac{4a^3}{3}\end{aligned}$$

(2) c の方程式は $y=0, x=x$，x は a から $-a$ へ変化していく．

$$\iint_c y^2 dx = \int_a^{-a} 0dx = 0$$

□

注意 2.6.2. 起点における t の値は終点のそれより大きくてもよいが，単調でなければならない．

注意 2.6.3. 起点，終点が同じであっても，経路が異なるとその積分の値は通常異なる．

例題 2.6.2. 線積分

$$\int_c 2xydx + x^2dy$$

を計算せよ．ここに，c は以下の 3 つの場合を考えなさい．

(1) 放物線上 $y=x^2$ 上の $O(0,0)$ から $B(1,1)$ までの線分．

(2) 放物線上 $x=y^2$ 上の $O(0,0)$ から $B(1,1)$ までの線分．

(3) $O(0,0)$ から $A(1,0)$ までの直線と，$A(1,0)$ から $B(1,1)$ までの直線からなる折れ線の線分．

解答 (1) 変数 x に直して積分する．

$$\begin{aligned}\int_c 2xydx + x^2dy &= \int_0^1 (2x\cdot x^2 + x^2\cdot 2x)dx \\ &= 4\int_0^1 x^3dx = 1\end{aligned}$$

(2) 変数 y に直して積分する．

$$\begin{aligned}\int_c 2xydx + x^2dy &= \int_0^1 (2y^2\cdot y\cdot 2y + y^4)dy \\ &= 5\int_0^1 y^4dy = 1\end{aligned}$$

(3)
$$\begin{aligned}&\int_c 2xydx + x^2dy \\ &= \int_{OA} 2xydx + x^2dy + \int_{AB} 2xydx + x^2dy \\ &= \int_0^1 (2x\cdot 0 + x^2\cdot 0)dx + \int_0^1 (2y\cdot 0 + 1)dy \\ &= 1\end{aligned}$$

□

注意 2.6.4. 経路が異なってもその積分の値は同じとなる場合もある．

例題 2.6.3. 線積分

$$\int_c x^3dx + 3zy^2dy - x^2ydz$$

を計算せよ．ここに，c は $A(3,2,1)$ から $B(0,0,0)$ までの直線の線分とする．

解答

直線 AB の方程式は

$$\frac{x}{3} = \frac{y}{2} = \frac{z}{1}$$

すなわち，媒介変数の形では

$$x=3t,\ y=2t,\ z=t,\quad t:1\to 0$$

よって，

$$\begin{aligned}&\int_c x^3dx + 3zy^2dy - x^2ydz \\ &= \int_1^0 \Big[(3t)^3\cdot 3 + 3t(2t)^2\cdot 2 - (3t)^2\cdot 2t\Big]dt \\ &= 87\int_1^0 t^3dt = -\frac{87}{4}\end{aligned}$$

□

例題 2.6.4. 線積分

$$\int_c xydx$$

を計算せよ．ここに，c は放物線 $y^2=x$ 上の $A(1,-1)$ から $B(1,1)$ までの線分とする．

解答

(1) 変数 x に直して積分する．

$y=\pm\sqrt{x}$ は単射ではないので，積分経路を AO, OB とに分ける．

$$\int_c xydx = \int_{AO} xydx + \int_{OB} xydx$$
$$= \int_1^0 x(-\sqrt{x})dx + \int_0^1 x\sqrt{x}dx$$
$$= 2\int_0^1 x^{\frac{3}{2}}dx \ = \ \frac{4}{5}$$

(2) 変数 y に直して積分する．この場合，y は -1 から 1 へと変化していく．

$$\int_c xydx = \int_{-1}^1 y^2 y(y^2)' dy$$
$$= 2\int_{-1}^1 y^4 dy$$
$$= 2\left[\frac{y^5}{5}\right]_{-1}^1 \ = \ \frac{4}{5} \qquad \square$$

注意 2.6.5. 積分経路に沿う被積分変数が単値でなければならない．

例題 2.6.5. 線積分

$$\int_c \sqrt{y}ds$$

を計算せよ．ここに，c は放物線 $y = x^2$ 上の $O(0, 0)$ から $B(1, 1)$ までの線分とする．

解答

$$\int_c \sqrt{y}ds = \int_0^1 \sqrt{x^2}\sqrt{1+[(x^2)']^2}dx$$
$$= \int_0^1 x\sqrt{1+4x^2}dx$$
$$= \left[\frac{1}{12}(1+4x^2)^{\frac{3}{2}}\right]_0^1$$
$$= \frac{1}{12}(5\sqrt{5}-1) \qquad \square$$

ジョゼフ=ルイ・ラグランジュ

Joseph-Louis Lagrange（1736–1813）．イタリア（トリノ）生まれ．オイラー（1703–1783）と並ぶ 18 世紀最大の数学者・天文学者である．特に微分積分法の誕生と同時期に生まれた変分法を，1760 年代より力学の問題に適用・応用し，解析力学の礎を築いた．

文献紹介

高校で学んだ微分積分学をもとに大学で微分積分学を学ぶ際に，おそらくほとんどの学生は以下の5点に戸惑うであろう．

・関数の極限や連続性の定義が厳密になった

・取り扱う初等関数が増える

・関数の変数が増え，空間認識が必要となる

・取り扱う問題が抽象的である

・他の数学（線形代数，ベクトル解析，微分方程式等々）とのつながりがわかりにくい

数学に限らず，自分に合う専門書・参考書を見つけることは，大学生としての学びにおいて必要不可欠である．しかしながら，学生はどうしても目の前の「単位を修得する」ことに固執しすぎて，「本質を説明した本」よりも「この問題の答えが載っている本」「わかりやすい表現で書かれた本」を選びがちになる．それでは数学を通じて養うべき「論理的思考力」の育成にはつながらない．そこで，著者らの経験に基づき，工学を学ぶ学生にぜひとも読んで頂きたい本を以下に紹介する．

[1]　田島一郎：解析入門，岩波書店（1981）．

1変数関数の微分積分について，実数の連続性，連続関数，微分可能性，積分可能性，一様収束といった解析学の基礎を，丁寧かつわかりやすい表現でまとめられた本である．高校の数学からのつながりがわかりやすくまとまっているので，ぜひとも大学の数学を学ぶ前に読んでいただきたい．

[2]　森毅：ベクトル解析，ちくま学芸文庫（2009）．

多変数関数の微分積分からベクトル場での微分積分のつながりを，多くの図を用いてわかりやすく述べた本である．ぜひとも大学1年で多変数関数の微分積分を学んだ後に読んでほしい．

[3]　高木貞治：定本解析概論，岩波書店（2010）．

言わずと知れた微分積分学の名著である．演習問題は決して多くなく，読みやすい本ではないが，微分積分の一般的解説としてはこの本以上にまとまった本は，著者の知る限り存在しない．ぜひとも工学を学ぶ大学生には卒業までに読んでいただきたい．

[4]　田島一郎，渡部隆一，宮崎浩：工科の数学1 微分積分，培風館（2011）．

著者らが長年講義で使用してきた本である．微分積分学について多くの本があるが，特に2変数関数での方向微分係数，接平面を用いた2変数関数の微分可能性などの説明は，よくまとまっている．演習問題も豊富に含まれているので，文献[3]と合わせて読んでいただきたい．

[5]　エルスゴルツ, L.E.（瀬川富士 訳）：科学者・技術者のための変分法，ブレイン図書出版（1971）．
[6]　柴田正和，変分法と変分原理，森北出版（2017）．

最後に文献[5]と[6]は，力学の諸問題やさまざまな設計問題を考える際，関数の変化（変分）に注目し，その停留条件から極値を求める方法を説明した本であり，いわゆる解析力学の基礎を網羅している．両書籍とも学生が自習しやすいようにまとめられており，量も質も申し分ない．ぜひとも力学を学習する工学の学生や物理を学ぶ学生に読んでいただきたい．

第2部
線形変換とその表現
—工学への適用—

第3章「線形代数学の基礎」では，すでに学んできた線形代数学の基礎的な概念を復習する．習熟している読者はスキップしてもよい．従来の線形代数学とは異なり，はじめの段階でスカラー積が導入されたユークリッド線形空間を，さらにベクトル積を用いるために3次元ユークリッド空間を対象とする．これは，ベクトルの長さ（ノルム）や直交性の概念が，工学への応用に際して重要だからである．

第4章「ベクトルと線形変換の行列表現」では，抽象的なベクトルと線形変換を具体的に取り扱うために必要となる基底による“行列表現”を与える．さらに，基底変換に対するベクトルと線形変換の変換則を与え，ベクトルと線形変換およびそれらの演算はすべて行列の演算として具体化される．以上は3章の抽象概念を具体的に取り扱う方法である．「抽象概念の多様な表現の存在」を理解されたい．

第5章「ベクトルの線形変換積とその表現」では，線形変換の表現に極めて有用な演算であるベクトルの線形変換積を導入し，その演算則と性質とをまとめる．この演算により，ユークリッド線形空間上の線形変換はこの線形空間の基底ベクトルの線形変換積の組を用いて表現できることを示す．

第6章「交代線形変換とその表現」では，ベクトル3重積の線形変換積を用いた表現から交代線形変換を定義できることを示す．さらに，この逆として交代線形変換がベクトル積を用いて表現されるという交代線形変換の表現定理も与える．また交代線形変換が回転変換と深くかかわることをみる．

第7章「線形変換の表現」では，まず線形変換（その表現行列）の固有値問題を3次元に限定して述べ，固有ベクトルの線形変換積を用いた線形変換（行列）のスペクトル分解を与える．またこの分解から特異値分解を与え，さらに特異値分解の幾何的解釈となる「極分解」を示す．

第8章「線形変換関数の表現」では，物理法則における“客観性”の概念と深く関係する関数の表現を与える．線形変換（行列）を変量としてスカラー値，ベクトル値さらにテンソル値をとる関数を対象とする場合，座標系の直交変換に対して等方性という制約条件を満たさなければならない．テンソルの等方関数を考える場合，その表現はどのように与えられるのかを示す．等方テンソル関数の表現定理をベクトルの線形変換積を用いた線形変換のスペクトル分解を基に展開する．

3. 線形代数の基礎

3.1 線形代数の考え方

数学を学ぶ目的はさまざまに考えられるが，世界の「モノごと」に対して「抽象化と厳密な論理展開」によって，それらをよりよく理解するための方法を身につけることである．つまり，「数理的思考」の涵養である．現代，数学はますます抽象化かつ高度化している．最近では，複雑な世界の「モノごと」の本質である「非線形現象」を理解するための理論として，“複雑系”(complex system)に注目が集められている．

数学全体の中で，“線形性”，ブルバキ流では“線形構造”がそれらの基礎であることは間違いない．この観点から線形代数学を大学の初年次等に設置し必修科目として位置づけることは極めて当然のことである．しかし，工学系の多くの学生にとって，線形代数学はベクトル・行列・行列式・連立１次方程式を対象とした“計算的学科目”としての印象が強く，“線形性”が専門科目の中で枢要な数理となっていることに気がついていないのが現状である．一方，工学の専門科目において，微分方程式，関数解析，数値解析，最適化法等および経済・経営分野における数理計画法等で線形構造の理解と分析が必要となってくる．

そこで，このような状況に対して線形代数学についての著者の考え方を述べておく．“線形”を理解する上で最も基本的なモデルは数の間の関係を表す正比例 $y = ax$ である．この正比例関係を多次元化（有限次元）した数理の体系が線形代数学（の一部）である．この関係の多次元化において必要となることは，数とその計算法としての加法と倍計算法，さらに比例定数の持つ働き（作用）の拡張である．数の拡張としてベクトルおよびその代数演算（加法と倍計算法），比例定数の拡張としての線形写像（または線形変換）が定義され線形構造が抽出される．したがって，線形代数学は線形演算が定義された量の集合としての「線形空間」とその上で定義された「線形写像」に関する数理の体系である．さらに，線形写像すらも線形空間の元として捉えてしまう抽象化も与えられる．この線形写像という抽象的な概念は線形空間に基底を導入することで具体的な表現が与えられ「行列」となる．すなわち，線形写像の表現行列または行列表現である．このような表現は，行列を単に計算的側面から捉えるのではなくベクトルをベクトルに写像（変換）する働きを具体的に表すために必要となる量と見ることを意味する．さらに，線形変換とその表現行列をベクトルとして表されない量として位置づけることも重要である．このような線形変換の位置づけは「テンソル」概念の導入へ導かれる．

線形代数学を上述のように正比例関係の多次元化と捉えると，比例定数の拡張としての線形変換（行列・テンソル）の詳細な考察が重要なテーマであることがわかる．線形変換をどのように表現すればその働きや作用の本質が見えてくるのか．与えられた線形変換にとって固有な表現が存在することになる．線形代数学の主役は線形写像や線形変換の性質を明らかにすることであると考える．

3.2 線形代数と工学

筆者の専門は数学ではなく計算力学である．計算力学は力学現象，特に連続体の力学現象に対する計算的アプローチである．これまで現象の数理モデルである偏微分方程式の数値計算スキームを開発し，それを用いて数値シミュレーションを行ってきた．計算力学の基礎理論は連続体力学であり，その数理はまさにテンソル代数およびテンソル解析そのものである．連続体力学の理解のみならず数値計算スキームの開発等において常に線形代数学の恩恵を受けている．線形代数学の知識がなければ成果を上げることはできなかったと思い，その重要性を深く認識することが出来た．したがって，工学においては，線形代数学は基礎中の基礎であると言っても過言ではない．その例を紹介する．

3.2.1 振　動　論

力学現象の代表的な例として“振動現象”がある．この現象を理解するには，運動方程式である微分方程式の解を定めなければならない．この解を定めるのに線形代数学の知識が必要となることを示す．

質量 m，減衰係数 c，ばね定数 k を有する力学系を M-C-K システムとよぶ．この系の 1 次元自由振動は，変位を時間の関数として $x(t)$ と表すと，次の運動方程式で表される．

$$m\frac{d^2x(t)}{dt^2} = -c\frac{dx(t)}{dt} - kx(t)$$

この 2 階同次型常微分方程式の初期値問題の解はいくつかの方法で求められる．ここでは，線形代数学との関連で次のような定式化を行う．この運動方程式を変位 $x(t)$ と速度 $v(t)$ に関する連立の微分方程式とみて次のように表す．

$$\frac{dx(t)}{dt} = v(t)$$
$$\frac{dv(t)}{dt} = -\frac{c}{m}v(t) - \frac{k}{m}x(t)$$

さらに，この連立微分方程式を行列を用いて表すと次のような単一の方程式となる．

$$\frac{d}{dt}\boldsymbol{x}(t) = \boldsymbol{A}\boldsymbol{x}(t)$$

ここに $\boldsymbol{x}(t)$, A は次のものである．

$$\boldsymbol{x}(t) = \begin{bmatrix} x(t) \\ v(t) \end{bmatrix}, \quad \boldsymbol{A} = \begin{bmatrix} 0 & 1 \\ -k/m & -c/m \end{bmatrix}$$

この行列表示の微分方程式の解（ベクトル）は，式の形状から指数関数を用いて表現できることに気がつけば，行列の指数関数の考えを導入し，初期ベクトル $\boldsymbol{x}(0)$ を考慮して次のように表されることになる．

$$\boldsymbol{x}(t) = e^{\boldsymbol{A}t}\boldsymbol{x}(0)$$

この解ベクトルの表現には，行列の指数関数の具体的な表現が必要となる．この指数関数は，行列 $\boldsymbol{A}$ の無限級数の和として次のように定義される．

$$e^{\boldsymbol{A}t} := \sum_{n=0}^{\infty}\frac{\boldsymbol{A}^n}{n!}$$

したがって，行列 $\boldsymbol{A}$ のべき乗の効率的な計算法が必要となる．そこで活躍するのが，行列のべき乗を容易に計算するための対角化であり，行列のスペクトル分解である．ここでは，単振動に伴う M-C-K システムについての紹介であるが，一般的な線形システム論では，上記のような行列表示の 1 階微分方程式を対象としてその解の挙動を解明することが求められる．そこでも，行列の対角化やスペクトル分解が役に立っている．

3.2.2　線形システム

入力量をベクトル $\boldsymbol{z}$ とし，出力量をベクトル $\boldsymbol{y}$ とする．ベクトル $\boldsymbol{z}$ をベクトル $\boldsymbol{y}$ に変換する働きを線形と仮定する場合，この入力-出力の関係を線形システムという．このシステムは線形写像を行列 $\boldsymbol{M}$ とすると次のように表される．

$$\boldsymbol{y} = \boldsymbol{M}\boldsymbol{z}$$

このシステムにおいて，行列 $\boldsymbol{M}$ で表されるような装置でベクトル $\boldsymbol{z}$ を計測したらベクトル $\boldsymbol{y}$ が得られた場合，この計測量 $\boldsymbol{y}$ を用いて元の量 $\boldsymbol{z}$ を同定または推定する問題をシステム同定問題とよぶ．この問題は，通常のベクトル $\boldsymbol{z}$ からベクトル $\boldsymbol{y}$ を定める問題とは異なり逆の定式化であることから“逆問題”(inverse problem) となる．同定，推定問題をはじめとして“逆問題”を解く場合には線形代数学が多用されている．例えば，上記の線形システムの行列 $\boldsymbol{M}$ が次のようなある誤差 ε を含むような場合について考える．

$$\boldsymbol{M}_\varepsilon := \begin{bmatrix} 1 & 1+\varepsilon \\ 1+\varepsilon & 1 \end{bmatrix} \quad (0 < \varepsilon < 1)$$

計測量 $\boldsymbol{y}$ から同定量 $\boldsymbol{z}$ の定まり方を調べるには，逆行列 $\boldsymbol{M}_\varepsilon^{-1}$ を求めればよいが，行列 $\boldsymbol{M}_\varepsilon$ の固有値問題を解いて行列の対角化や次のスペクトル分解を用いて考えることもできる．

$$\boldsymbol{M}_\varepsilon = (2+\varepsilon)(\boldsymbol{v}_1 \odot \boldsymbol{v}_1) + (-\varepsilon)(\boldsymbol{v}_2 \odot \boldsymbol{v}_2)$$

とする．ここに演算 $\odot$ は，本論で導入する線形変換積である．この表現から逆行列は

$$\boldsymbol{M}_\varepsilon^{-1} = \frac{1}{2+\varepsilon}(\boldsymbol{v}_1 \odot \boldsymbol{v}_1) + \frac{1}{-\varepsilon}(\boldsymbol{v}_2 \odot \boldsymbol{v}_2)$$

として与えられるので，この同定問題の解 $\boldsymbol{z} = \boldsymbol{M}_\varepsilon^{-1}\boldsymbol{y}$ は，$\varepsilon \to 0$ のとき $\|\boldsymbol{z}\| \to \infty$ となることがわかる．この例のようにシステムの解析にはシステム行列 $\boldsymbol{M}$ のスペクトル分解および特異値分解が役に立つ．

3.2.3　連続体力学

次に線形代数学が数理理論の基礎となる代表的な例である連続体力学を紹介する．連続体力学は，固体や流体を含む“変形可能な物体”に関する統一的な力学である．したがって，その基本理論は保存則（質量・運動量・エネルギー）と物体の性質を特徴づけるための構成則から構築される．これらの法則を数理的に表現するには質量などのスカラー場，変位や速度といっ

たベクトル場，歪や応力といったテンソル場の概念が必要となる．したがって，連続体力学では，これらの諸量に対する代数・解析の知識が必須となる．特に，連続体力学の本質的な量である歪と応力を表現するための“テンソル”に関する数理が求められている．ここで，このテンソルとは，線形写像または線形変換であり，その具体的表現は行列となる．これまでの学部初年次の線形代数学では線形写像や線形変換に対してテンソルとの関係に言及することが少ない．行列がテンソルの表現であることも触れない．そのため，学部生にとってテンソルは大変なじみの薄い概念となっているのが現状である．専門科目の固体力学・弾性力学・流体力学で歪や応力との関連でテンソルと出会うことになる．

連続体力学の詳しい内容は参考文献を参照していただくことにし，その概要を示して線形代数学との関連を述べておく．3 次元空間内に存在する物体は時々刻々その形状を変化させながら空間内を移動する．その形状を変化させながらの運動を，物体内の任意の点（物体点）に関する時間変数 t および空間変数 $\boldsymbol{X}$ に依存する写像と捉え，次のようにベクトル場を用いて表現する．

$$\boldsymbol{x} = \boldsymbol{f}(\boldsymbol{X}, t)$$

この写像 $\boldsymbol{f}$ の時間変数および空間変数に関する変化率を力学量として用いる．時間変数に関する導関数が速度・加速度ベクトルとなる．空間変数に関するものが変形勾配 (deformation gradient) とよばれる次のテンソルである．

$$\boldsymbol{F} := \mathrm{grad}_{\boldsymbol{X}} \boldsymbol{f}$$

このように連続体力学では，最初からテンソル概念が必要となる．このテンソルに対して，線形変換の「極分解」(polar decomposition) を用いて，

$$\boldsymbol{F} = \boldsymbol{R}\boldsymbol{U} = \boldsymbol{V}\boldsymbol{R}$$

と分解すると，剛体回転 $\boldsymbol{R}$ を取り除いた純粋な伸縮 $\boldsymbol{U}$, $\boldsymbol{V}$ のみによる次のコーシー-グリーン (Cauchy-Green) 歪テンソルが導入される．

$$\boldsymbol{C} := \boldsymbol{F}^{\mathrm{t}}\boldsymbol{F} = \boldsymbol{U}^2, \quad \boldsymbol{B} := \boldsymbol{F}\boldsymbol{F}^{\mathrm{t}} = \boldsymbol{V}^2$$

連続体力学における物体の性質を表す構成式は，コーシー応力テンソル $\boldsymbol{T}$ と変形勾配テンソル $\boldsymbol{F}$ を結びつける関係式として，構成則の原理を満たすように理論的に導出される．例えば，等方弾性体の構成式は，テンソル関数 $\boldsymbol{K}$ を用いて，

$$\boldsymbol{T} = \boldsymbol{K}\boldsymbol{B}, \quad (\boldsymbol{K}(\boldsymbol{Q}\boldsymbol{B}\boldsymbol{Q}^{\mathrm{t}}) = \boldsymbol{Q}\boldsymbol{K}(\boldsymbol{B})\boldsymbol{Q}^{\mathrm{t}})$$

と表される．ここで，等方テンソル関数の表現定理（第 8 章）を用いると，通常多用されている等方線形弾性体の次のような構成式が導かれる．

$$\boldsymbol{T} = \lambda(\mathrm{Tr}\,\boldsymbol{A})\boldsymbol{I} + 2\mu\boldsymbol{A} \quad \left(\boldsymbol{A} := \frac{1}{2}(\boldsymbol{B} - \boldsymbol{I})\right)$$

以上より，連続体力学の基本的な数理としてテンソル（テンソル場）の極分解や等方テンソル関数とその表現等に関する知識が必要となる．

3.3 ユークリッド線形空間

3.3.1 線 形 空 間

はじめに，これまで多用してきた実数として表せない量としての“ベクトル”を導入する．そこで，有向線分や実数の組として導入されてきたベクトルの概念の代わりに，和と実数倍が自由自在に行うことのできる量として代数的に定義する．そのためには，線形空間の定義が必要となり，一般的かつ抽象的にベクトルが定義できることになる．

定義 3.3.1（線形空間）. 集合の元の間に次の 2 つの演算（加法と実数倍法）を導入し，その演算が以下の 8 個の公理系を満たす場合，この集合を**実数上の線形空間 (linear space)** または，**ベクトル空間 (vector space)** とよび V で表し，その元を**ベクトル (vector)** とよぶ．

(a) 加法の公理（交換則，結合則，零元の存在，負元の存在）

(b) 実数倍法の公理（結合則，第 1 分配則，第 2 分配則，1 倍則）

なお，上記の公理を具体的に示すと次のようになる．

加法の公理　任意の元 a, b に対して，和 $a + b$ が定まり，

(1)（交換則）

$$a + b = b + a \tag{3.3.1}$$

(2)（結合則）

$$(a + b) + c = a + (b + c) \equiv a + b + c \tag{3.3.2}$$

(3)（零元 $\mathbf{0}$ の存在）

$$a + \mathbf{0} = \mathbf{0} + a \equiv a \tag{3.3.3}$$

(4)（負元 $-a$ の存在）

$$a+(-a)=(-a)+a=\mathbf{0} \tag{3.3.4}$$

実数倍法の公理　任意の元 a と実数 p に対して，実数倍 pa が定まり，

(5)（結合則）

$$(pq)a=p(qa)=q(pa) \tag{3.3.5}$$

(6)（第 1 分配則）

$$(p+q)a=pa+qa \tag{3.3.6}$$

(7)（第 2 分配則）

$$p(a+b)=pa+pb \tag{3.3.7}$$

(8)（1 倍則）

$$1a=a \tag{3.3.8}$$

この定義によれば，実数の集合は，実数の加法とある数との乗法に関して上記の公理系を満たすので，線形空間の一例となる．そこで，線形空間としての実数の集合を $\boldsymbol{R}$ と表すことにする．なお，有向線分としての幾何ベクトルは，その加法を三角形則または平行四辺形則，実数倍法を有向線分の引き伸ばしまたは縮めによって与えれば，このような演算は，上記の公理系を満たすことが幾何学的に証明できる．したがって，有向線分の集合は線形空間となる．なお，“n 個の実数の順序を考慮した組” を元とする線形空間である “数ベクトル空間” が定義できる．

例 3.3.1（数ベクトル空間 $\boldsymbol{R}^n$）． n 個の実数の組からなる集合を $\boldsymbol{R}^n=\{\alpha|\alpha=(\alpha^1,\alpha^2,\ldots,\alpha^n),\alpha^i\in\boldsymbol{R}\}$ とする．この元に対し，加法と実数倍法を次のように定義する．

$$\alpha+\beta:=(\alpha^1+\beta^1,\alpha^2+\beta^2,\ldots,\alpha^n+\beta^n) \tag{3.3.9}$$

$$p\alpha=(p\alpha^1,p\alpha^2,\ldots,p\alpha^n)\ (\forall p\in\boldsymbol{R}) \tag{3.3.10}$$

この演算に関して集合 $\boldsymbol{R}^n$ は線形空間の公理系を満たすので，線形空間となる．この線形空間を n 次元**数ベクトル空間**とよび，その元を**数ベクトル**とよぶ．

3.3.2 ユークリッド線形空間

線形空間の元としてのベクトルは，その定義から明らかなように，加法と実数倍法が可能な量として与えられる．この性質だけでは，物理現象等の表現には適さないので，幾何ベクトルの場合で馴染みの「長さや角」を有する量として与えることが必要となる．そのための概念が “計量” とか “内積” とよばれるものである．

定義 3.3.2（スカラー積）． 実数上の線形空間を V とする．その 2 つのベクトル a,b に対して，一つの実数を与える演算を $(a\cdot b)$ と表す．この演算が次の性質を満たす場合，線形空間上の**スカラー積 (scalar product)** または**内積 (inner product)** とよぶ．

(1) 線形性

$$(a+c\cdot b)=(a\cdot b)+(c\cdot b) \tag{3.3.11}$$

$$(pa\cdot b)=p(a\cdot b) \tag{3.3.12}$$

(2) 対称性

$$(a\cdot b)=(b\cdot a) \tag{3.3.13}$$

(3) 半正定値性

$$(a\cdot a)\geqq 0,$$

$$(a\cdot a)=0\Leftrightarrow a=\mathbf{0}\ (\text{正定値性}) \tag{3.3.14}$$

このスカラー積の定義から次のような幾何学的な概念が定義できることになる．

定義 3.3.3（ノルムと角）． 各ベクトル a に対して，次の実数をベクトル a の**ノルム (norm)** とよび，次のように表す．

$$\|a\|:=\sqrt{(a\cdot a)} \tag{3.3.15}$$

さらに，零ベクトルではない 2 つのベクトル a,b に対して，次式を満たす実数 $\theta(0\leqq\theta\leqq\pi)$ をベクトル a と b とのなす**角**または**角度**とよぶ．

$$\cos\theta:=\frac{(a\cdot b)}{\|a\|\|b\|} \tag{3.3.16}$$

なお，上式において，$(a\cdot b)=0$ を満たす場合には，ベクトル a と b は**直交する**といい，$a\perp b$ と表す．

式 (3.3.16) から 2 つのベクトルのスカラー積を次のように幾何学的に表すこともできる．

$$(a\cdot b)=\|a\|\|b\|\cos\theta \tag{3.3.17}$$

スカラー積の例として $\boldsymbol{R}^n$ でのスカラー積を示す．

例 3.3.2. $\boldsymbol{R}^n$ の 2 つの数ベクトル α,β に対して，そのスカラー積を次の積和

$$(\alpha\cdot\beta):=\alpha^1\beta^1+\alpha^2\beta^2+\cdots+\alpha^n\beta^n \tag{3.3.18}$$

と定義する．この定義から上記の性質をすべて満たすことがわかる．数ベクトル α のノルムは次のように表される．

$$\|\alpha\| = \sqrt{(\alpha \cdot \alpha)} = \sqrt{(\alpha^1)^2 + (\alpha^2)^2 + \cdots + (\alpha^n)^2}$$

なお，例 3.3.3 で示す $\boldsymbol{R}^n$ の標準基底 $\{\varepsilon_1, \varepsilon_2, \ldots, \varepsilon_n\}$ の各数ベクトル ε_i は

$$\|\varepsilon_1\| = \cdots = \|\varepsilon_n\| = 1, \quad (\varepsilon_i \cdot \varepsilon_j) = 0 \ (i \neq j) \tag{3.3.19}$$

を満たし，すなわち各 ε_i は，上記のスカラー積の定義に関して，大きさ 1 と直交性をもつことになる．

問 3.3.1. $\boldsymbol{R}^3$ のスカラー積

$$(\alpha \cdot \beta) := \alpha^1\beta^1 + \alpha^2\beta^2 + \alpha^3\beta^3$$

は式 (3.3.11)〜(3.3.14) を満たすことを証明せよ．

線形空間の元の間にスカラー積が導入されていると，その演算を用いてベクトルのノルムと角を通して直交性が考慮でき，幾何学的な取り扱いが可能となる．そこで，次のような線形空間を定義する．

定義 3.3.4（ユークリッド線形空間）． 有限次元の線形空間 V の元の間にスカラー積が導入されている場合，その線形空間を**ユークリッド線形空間 (Euclidean linear space)** とよび，V_E と表す．

3.3.3　基底と次元

定義 3.3.1 においてベクトルを線形空間の元として抽象的に定義した．このベクトルを具体化するために有効な概念を導入する．すなわち，任意のベクトルをどのように眺めれば具体的に表されるのか考える．それには，線形空間に含まれる特別な役割を果たすベクトルを選ぶことが必要である．そのようなベクトルを選び出すために元の間に次のような関係を導入する．

定義 3.3.5（線形独立・線形従属）． 線形空間 V の任意の個数のベクトルの組 $a_1, \cdots, a_n$ に対し，次の線形関係式

$$p_1 a_1 + \cdots + p_n a_n = \boldsymbol{0} \tag{3.3.20}$$

の係数 $p_1, \cdots, p_n$ に関する 2 つの場合を以下のようによんで区別する．

(1) $p_1 = \cdots = p_n = 0$，すなわちすべての係数が零の場合，ベクトルの組は**線形独立**　(3.3.21)

(2) $\exists\, p_i \neq 0$，すなわち少なくとも 1 つ零でない係数が存在する場合，ベクトルの組は**線形従属**　(3.3.22)

この定義から，ベクトルの組に零元 $\boldsymbol{0}$ を含む場合，その組は線形従属になることがわかる．

なお，ユークリッド線形空間 V_E では，$\boldsymbol{0}$ でないベクトルの間に直交性があるので "互いに直交する n 個のベクトルの組は線形独立である" ことがわかる．

問 3.3.2. 零元を含むベクトルの組が線形従属になることを確かめよ．

このようなベクトル間の関係をもとにして，線形独立なベクトルの個数が最大となるような組を選び出して，次のような定義を与える．

定義 3.3.6（基底と次元）． 線形空間 V の n 個のベクトルの組を $F = \{f_i\}(i = 1 \sim n)$ とする．このベクトルの組 F が次の 2 条件を満たす場合，V の**基底 (basis)** または**基底列**，F に含まれる各ベクトルを**基底ベクトル**という．

(1) 線形独立性（F は線形独立なベクトルの組）

(2) V の生成（任意のベクトルが F のベクトルの組の線形結合として表される）

なお，F に含まれるベクトルの個数を線形空間 V の**次元 (dimension)** とよび，$\dim V\ (V) = n$ と表す．n が有限の場合を有限次元線形空間とよぶ．

この基底の定義から，V に一つの基底を選ぶ（選び方は任意であり，一通りとは限らない）ことによって，任意のベクトルは，定義 3.3.6 の条件 (2) から基底ベクトルの線形結合としてユニークに表される．なお，以下での線形空間は特に断らない場合を除いて「有限次元」とする．なお，$V = \{\boldsymbol{0}\}$ のとき，問 3.3.2 より $\dim V = 0$ である．

注意 3.3.1. 定義 3.3.4 のとおり，ユークリッド線形空間 V_E とは，もととなる線形空間 V にノルムが定義されている空間であることに注意しよう．定義 3.3.5 および定義 3.3.6 はノルムが導入される前の線形空間 V で定義しているのだから，ユークリッド線形空間 V_E においても，線形独立・線形従属，あるいは基底・次元は定義されている．

例 3.3.3（$\boldsymbol{R}^n$ の基底）． $\boldsymbol{R}^n$ の数ベクトルの中で次の n 個の数ベクトル

$$\varepsilon_1 = (1, 0, \ldots, 0),\ \varepsilon_2 = (0, 1, \ldots, 0),\ \cdots,$$
$$\varepsilon_n = (0, 0, \ldots, n)$$

の組 $\{\varepsilon_1, \varepsilon_2, \cdots, \varepsilon_n\}$ は $\boldsymbol{R}^n$ の 1 つの基底となる．この最も単純な基底は基準となるものなので，$\boldsymbol{R}^n$ の**標準基底 (standard basis)** という．

ここで線形空間とこれまで示した数ベクトル空間の関係を調べておく．線形空間の元はきわめて抽象的で

あることに対して，数ベクトル空間の元は n 個の実数の組として具体的である．線形空間の元は1つの基底を選ぶと基底ベクトルの線形結合としてユニークに表されるので，その係数の組と同一視できる．そこでこの係数の組を数ベクトルとみなせば，互いの線形空間の元の間に対応がつけられる．すなわち，n 次元線形空間 V^n において基底 $\{f_1, f_2, \cdots, f_n\}$ を選ぶと，任意の $a \in V^n$ は

$$a = \alpha^1 f_1 + \alpha^2 f_2 + \cdots + \alpha^n f_n (\alpha^i \in \boldsymbol{R})$$

と書けるので，次の対応がつけられる．

$$a \in V^n \to (\alpha^1, \ldots, \alpha^n) \in \boldsymbol{R}^n$$

この対応は同型写像 (isomorphism) であり，したがって V^n と $\boldsymbol{R}^n$ は同型である．

3.3.4 V_E の基底と双対基底

ユークリッド線形空間 V_E では，線形空間 V の場合とは異なり単位のノルムと直交性を有する次のような基底が構成できる．

定義 3.3.7 (正規直交基底)． ユークリッド線形空間 V_E において，次の性質を有するベクトルの組 $A = \{a_i\}$ を V_E の**正規直交基底 (orthonormal basis)** とよぶ．

$$(1)\ \|a_i\| = 1 \quad (\text{正規性}) \tag{3.3.23}$$

$$(2)\ (a_i \cdot a_j) = \delta_{ij} \quad (\text{直交性}) \tag{3.3.24}$$

ただし，δ_{ij} はクロネッカーのデルタとする．

この定義に従うと，$\boldsymbol{R}^n$ の標準基底 $\{\varepsilon_1, \cdots, \varepsilon_n\}$ は例3.3.2で述べた $\boldsymbol{R}^n$ のスカラー積のもとで正規直交基底である．

V_E では上記の正規直交基底 A の他に，一般的な基底 $F = \{f_i\}$ も選べる．この基底に対して，スカラー積を通して次のような基底を構成できる．

定義 3.3.8 (双対基底)． ユークリッド線形空間 V_E の任意の基底を $F = \{f_i\}$ とするとき，次式を満たすベクトルの組 $\{f^i\}$ を基底 F の**双対基底 (dual basis)** または**逆基底**とよび $F^* = \{f^i\}$ と表す．

$$(f^i \cdot f_j) = \delta^i_j \tag{3.3.25}$$

ただし，δ^i_j はクロネッカーのデルタとする．

例えば，この定義に基づき基底 $F = \{f_1, f_2, f_3\}$ に対して双対基底 $F^* = \{f^1, f^2, f^3\}$ は次のようにして定められる．

各ベクトル f^i が存在するものとすると，基底 F を用いると，その基底ベクトルの線形結合として次のように表される．

$$f^i = \sum_{j=1}^{3} a^{ij} f_j = a^{i1} f_1 + a^{i2} f_2 + a^{i3} f_3 = a^{ij} f_j$$

この最右辺では，総和に関するアインシュタインの規約を採用し，総和記号 Σ を略した．その規約とは，和の範囲を示す添え字 j が上付き・下付きの両方に入っている場合，その添え字に関してのみ和をとることとし，総和記号を省略する．以後，特に断らないかぎりこの規約を採用する．

すると，双対基底の定義3.3.8より，未定係数 a^{ij} は次式を満たすように定めればよい．

$$(f^i \cdot f_l) = ((a^{ij} f_j) \cdot f_l) = a^{ij} (f_j \cdot f_l) = \delta^i_l$$

この式から9個の未定係数 a^{ij} は基底ベクトルのスカラー積から与えられる実数 $(f_j \cdot f_l)$ を f_{jl} と表すと，それを係数とする連立1次方程式の解として求められる．そこで，この9個の係数 f_{jl} を成分とする3行3列の行列を考え，その逆行列が存在するとすると，未知係数 a^{ij} はその逆行列の成分として表される．そこで，この逆行列の成分を f^{ij} と表すと，$a^{ij} = f^{ij}$ となる．したがって，双対基底ベクトルは，基底ベクトル同士のスカラー積を成分とする行列の逆行列の成分を係数とする基底ベクトルの線形結合として次のように表される．

$$f^i = f^{ij} f_j$$

上述した基底ベクトル同士のスカラー積に関して，各基底における基底ベクトル同士のスカラー積によって定まる以下のような実数をユークリッド線形空間の**計量 (metric)** とよぶ．

ここでスカラー積の対称性 (3.3.13) から計量が対称となることがわかる．

$$f_{ij} = (f_i \cdot f_j) = (f_j \cdot f_i) = f_{ji} \tag{3.3.26}$$

$$f^{ij} = (f^i \cdot f^j) = (f^j \cdot f^i) = f^{ji} \tag{3.3.27}$$

この計量を用いると，基底 F と F^* のベクトルは次のように互いに関係づけられる．

$$f^i = f^{ij} f_j, \qquad f_i = f_{ij} f^j \tag{3.3.28}$$

なお，2つの計量 f_{ij} と f^{ij} との間には次式が成り立つ．

$$f^{il} f_{lj} = f_{jl} f^{li} = \delta^i_j \tag{3.3.29}$$

さらに，正規直交基底 $\{a_i\}$ の場合は，

$$\delta_{ij} := (a_i \cdot a_j) = (a_j \cdot a_i) = \delta_{ji} \qquad (3.3.30)$$

となる．

正規直交基底 A の双対基底 A^* については，双対基底の定義 3.3.8 から，$a^i = a_i$ となることがわかる．すなわち，$A = A^*$ となり，2 つの基底を区別する必要はなくなる．

3.4　3 次元ユークリッド空間

3.4.1　ベクトル積

これまで線形空間の次元数に制限をつけてこなかったが，ここでは 3 次元に限定する．3 次元にすると，次のベクトルの演算を導入できる．まずはじめに 3 次元数ベクトル空間 $\boldsymbol{R}^3$ におけるベクトル積を定義する．

定義 3.4.1（ベクトル積）． $\boldsymbol{R}^3$ の 2 つのベクトル $\alpha = (\alpha^1, \alpha^2, \alpha^3)$, $\beta = (\beta^1, \beta^2, \beta^3)$ から次式で定まる $\boldsymbol{R}^3$ のベクトル

$$\alpha \times \beta := (\alpha^2\beta^3 - \alpha^3\beta^2, \alpha^3\beta^1 - \alpha^1\beta^3, \alpha^1\beta^2 - \alpha^2\beta^3) \qquad (3.4.1)$$

を α と β の**ベクトル積**[*1]**(vector product)** または**クロス積 (cross product)** とよぶ．

この定義からベクトル積は次の性質をもつことが容易にわかる．

（線形性）

(1) $(\alpha + \beta) \times \gamma = \alpha \times \gamma + \beta \times \gamma$ (3.4.2)

(2) $(p\alpha) \times \beta = \alpha \times (p\beta) = p(\alpha \times \beta)\ (\forall p \in \boldsymbol{R})$ (3.4.3)

（交代性）

(3) $\alpha \times \beta = -(\beta \times \alpha)$ (3.4.4)

特に，$\alpha = \beta$ のとき，

(4) $\alpha \times \alpha = \boldsymbol{0}$ (3.4.5)

問 3.4.1. $\boldsymbol{R}^3$ のベクトル積は性質 (3.4.2)〜(3.4.5) を満たすことを確かめよ．

$\boldsymbol{R}^3$ のベクトル積の定義から，$\boldsymbol{R}^3$ の標準基底 $\{\varepsilon_1, \varepsilon_2, \varepsilon_3\}$ に関し，以下の等式が成り立つことがわかる．

$$\varepsilon_1 \times \varepsilon_2 = \varepsilon_3,\ \varepsilon_2 \times \varepsilon_3 = \varepsilon_1,\ \varepsilon_3 \times \varepsilon_1 = \varepsilon_2 \qquad (3.4.6)$$

$$\varepsilon_1 \times \varepsilon_1 = \varepsilon_2 \times \varepsilon_2 = \varepsilon_3 \times \varepsilon_3 = \boldsymbol{0} \qquad (3.4.7)$$

問 3.4.2. 上の等式が成り立つことを確認せよ．

さらに，$\boldsymbol{R}^3$ の 3 個のベクトル a, b, c に対して，スカラー積とベクトル積を用いた次の演算が定義されている．

1. スカラー 3 重積 (triple scalar product)

$$(a \times b) \cdot c = (b \times c) \cdot a = (c \times a) \cdot b \qquad (3.4.8)$$

2. ベクトル 3 重積 (triple vector product)

$$(a \times b) \times c = c \times (b \times a) \qquad (3.4.9)$$

3.4.2　ベクトル積の幾何学的性質

ユークリッド空間としての $\boldsymbol{R}^3$ のベクトル積は，スカラー積の性質を考慮すると，以下に示す幾何学的性質をもっている．

(1) $\alpha \times \beta$ は α と β に直交する．(3.4.10)

(2) $\|\alpha \times \beta\| = \|\alpha\| \|\beta\| \sin\theta$ (3.4.11)

この性質は，ベクトル積の定義式およびスカラー積を直接計算することで確かめることもできるが（章末演習問題 [2]），標準基底ベクトル $\varepsilon_1, \varepsilon_2, \varepsilon_3$ のベクトル積に関する次のことからも明らかとなる．

$$\varepsilon_1 \times \varepsilon_2 \perp \varepsilon_1, \varepsilon_2, \quad \varepsilon_2 \times \varepsilon_3 \perp \varepsilon_2, \varepsilon_3, \quad \varepsilon_3 \times \varepsilon_1 \perp \varepsilon_3, \varepsilon_1 \qquad (3.4.12)$$

$$\|\varepsilon_1 \times \varepsilon_2\| = \|\varepsilon_2 \times \varepsilon_3\| = \|\varepsilon_3 \times \varepsilon_1\| = 1 \qquad (3.4.13)$$

$$(\varepsilon_1 \times \varepsilon_2 \cdot \varepsilon_3) = (\varepsilon_2 \times \varepsilon_3 \cdot \varepsilon_1) = (\varepsilon_3 \times \varepsilon_1 \cdot \varepsilon_2) = 1 \qquad (3.4.14)$$

すなわち，標準基底ベクトル同士のベクトル積 $\varepsilon_1 \times \varepsilon_2$ を例として見ると，その大きさは 1，方向は ε_1 と ε_2 に垂直で，かつ ε_3 と同じ向きのベクトルとして定められる．ここで重要なのは ε_1 と ε_2 に垂直な向きは ε_3 と $-\varepsilon_3$ の 2 つあるが，その中で ε_3 のほうをとることによって，$\varepsilon_1 \times \varepsilon_2$ をユニークに定めていることである．

3.4.3　右手系と左手系

$\boldsymbol{R}^3$ の標準基底ベクトル $\varepsilon_1, \varepsilon_2, \varepsilon_3$ に関するベクトル積の性質から，線形独立なベクトルの順序（並び方）に対する考慮が重要となる．

α, β を $\boldsymbol{R}^3$ の任意の線形独立なベクトルとするとき，$\alpha \times \beta$ は α と β に直交する 2 つのベクトル（大きさ，方向は同じで，向きのみが異なる）のうちの 1 つを定めるには，すでに $\boldsymbol{R}^3$ の標準基底ベクトル

[*1] ベクトル積を外積とよぶ書籍も多い．スカラー積は内積とよばれることが多く，それに対して外積とよんで区別している．外積は，外積代数で使用されるので，本書ではベクトル積とよぶ．

$\varepsilon_1, \varepsilon_2, \varepsilon_3$ に対するベクトル積を定めているので，その定め方に矛盾しないようにしなければならない．そこで $\varepsilon_1 \times \varepsilon_2 = \varepsilon_3$ となる定め方を**右手系**とよぶ．これは標準基底 $\varepsilon_1, \varepsilon_2, \varepsilon_3 = \varepsilon_1 \times \varepsilon_2$ を右手の親指，人差指，中指の指し示す方向においてみることを意味する．α と β と $\alpha \times \beta$ が，（順序も込めて）標準基底ベクトル $\varepsilon_1, \varepsilon_2, \varepsilon_3$ に連続的に変形できる場合 $\{\alpha, \beta, \alpha \times \beta\}$ を**右手系**とよぶ．したがってベクトル積は次の性質をもつ．

$\{\alpha, \beta, \alpha \times \beta\}$ は右手系の線形独立な組である．

なお，この性質は3つの線形独立なベクトルの組の並び方に関する制約条件と考えられる．標準基底ベクトル $\varepsilon_1, \varepsilon_2, \varepsilon_3$ の並び方（順列）に対し，数1, 2, 3の順列のうちの偶順序 (1, 2, 3), (2, 3, 1), (3, 1, 2) と奇順序 (2, 1, 3), (3, 2, 1), (1, 3, 2) に関連して3番目のベクトル（ベクトル積）の符号が決まることになる．具体的に書くと，

偶順序の標準基底：

$$\{\varepsilon_1, \varepsilon_2, \varepsilon_3\},\ \{\varepsilon_2, \varepsilon_3, \varepsilon_1\},\ \{\varepsilon_3, \varepsilon_1, \varepsilon_2\}$$

奇順序の標準基底：

$$\{\varepsilon_2, \varepsilon_1, \varepsilon_3\},\ \{\varepsilon_3, \varepsilon_2, \varepsilon_1\},\ \{\varepsilon_1, \varepsilon_3, \varepsilon_2\}$$

そこで，交代記号 e_{ijk}（式 (3.4.17) 参照）を

$$e_{ijk} = \begin{cases} 1 & (i, j, k \text{ が偶順列}) \\ -1 & (i, j, k \text{ が奇順列}) \\ 0 & (i, j, k \text{ が順列でない}) \end{cases}$$

とすれば

$$\varepsilon_1 \times \varepsilon_2 = \varepsilon_3,\ \ \varepsilon_2 \times \varepsilon_1 = -\varepsilon_3,$$
$$\varepsilon_2 \times \varepsilon_3 = \varepsilon_1,\ \ \varepsilon_3 \times \varepsilon_2 = -\varepsilon_1,$$
$$\varepsilon_3 \times \varepsilon_1 = \varepsilon_2,\ \ \varepsilon_1 \times \varepsilon_3 = -\varepsilon_2,$$

などの式は次のように書ける．

$$\varepsilon_i \times \varepsilon_j = \sum_{k=1}^{3} e_{ijk}\varepsilon_k \quad (i, j = 1, 2, 3)$$

ここまでの3次元数ベクトル空間 $\boldsymbol{R}^3$ について考察から，一般の3次元ユークリッド空間の標準基底と右手系について考える．

3次元ユークリッド空間を E^3 と書く．この正規直交基底 $\{e_1, e_2, e_3\}$ を任意に1つとり，E^3 と $\boldsymbol{R}^3$ の間の同型対応として $e_i \to \varepsilon_i$ をとる．このとき正規直交基底 $S = \{e_1, e_2, e_3\}$ を E^3 の（右手系の）標準基底とよぶことにする．

3.4.4 ベクトル演算の基底による表現

E^3 の右手系基底を $F = \{f_1, f_2, f_3\}$ とする．ベクトル積とスカラー3重積を用いると，その双対基底 $F^* = \{f^1, f^2, f^3\}$ を構成する各ベクトルは次のようにベクトル積表現として表される．

$$f^i = \frac{1}{2}\varepsilon^{ijk}(f_j \times f_k), \quad f_i \times f_j = \varepsilon_{ijk} f^k \qquad (3.4.15)$$

ただし，この場合の交代記号は次のように与えるものとする．

$$\varepsilon_{ijk} := \sqrt{f}\, e_{ijk}, \quad \varepsilon^{ijk} := \frac{1}{\sqrt{f}}\, e^{ijk} \qquad (3.4.16)$$

$$e_{ijk},\ e^{ijk} = \begin{cases} 1 & \text{順列}\,(ijk)\,\text{が偶順列} \\ -1 & \text{順列}\,(ijk)\,\text{が奇順列} \\ 0 & (ijk)\,\text{が順列ではない} \end{cases} \qquad (3.4.17)$$

$$\sqrt{f} := (f_1 \times f_2)\cdot f_3, \quad \frac{1}{\sqrt{f}} := (f^1 \times f^2)\cdot f^3 \qquad (3.4.18)$$

ここで，E^3 のベクトルを右手系の基底 F, F^*, S を用いた場合のすでに定義した各ベクトル演算を参考のためにまとめて以下に示しておく．

1. スカラー積

$$(a\cdot b) = (a^i f_i \cdot b^j f_j) = a^i b^j f_{ij} = a^i b_i = a_i b_j f^{ij} \qquad (3.4.19)$$

$$= (A^i e_i \cdot B^j e_j) = A^i B^j \delta_{ij} = A^i B^i = A_i B_i \qquad (3.4.20)$$

2. ベクトル積

$$(a \times b) = (a^i f_i \times b^j f_j) = \varepsilon_{ijk} a^i b^j f^k \qquad (3.4.21)$$

$$= (A^i e_i \times B^j e_j) = e_{ijk} A^i B^j e^k$$

$$= e_{ijk} A_i B_j C_k$$

$$\equiv \begin{vmatrix} A_1 & B_1 & e_1 \\ A_2 & B_2 & e_2 \\ A_3 & B_3 & e_3 \end{vmatrix} \qquad (3.4.22)$$

3. スカラー3重積

$$(a \times b)\cdot c = \varepsilon_{ijk} a^i b^j c^k \qquad (3.4.23)$$

$$= e_{ijk} A^i B^j C^k = e_{ijk} A_i B_j C_k$$

$$\equiv \begin{vmatrix} A_1 & B_1 & C_1 \\ A_2 & B_2 & C_2 \\ A_3 & B_3 & C_3 \end{vmatrix} \qquad (3.4.24)$$

4. ベクトル3重積

$$(a \times b) \times c = a^i b^j c^k (f_{ki} f_j - f_{kj} f_i) \qquad (3.4.25)$$

$$= A^i B^j C^k (\delta_{ki} e_j - \delta_{kj} e_i)$$

$$= (A^iC^i)(B^je_j) - (B^jC^j)(A^ie_i)$$

$$= (A_iC_i)(B_je_j) - (B_jC_j)(A_ie_i) \quad (3.4.26)$$

$$= b(a \cdot c) - a(b \cdot c) \quad (3.4.27)$$

3.5 線形写像

3.5.1 写像

第2部での主役である線形写像を定義する前に，写像の概念をまとめておく．線形空間のあるベクトルに対してひとつのベクトルを対応させるような作用を**写像（mapping）**と考える．線形空間のベクトルを他の線形空間のベクトルに対応させる写像が一般的である．すなわち，線形空間 V の任意のベクトル a に対して，線形空間 W のあるベクトル b を対応づける写像を M とするとき，写像 M を次のように表すことにする．

$$M : V \to W, \ a \in V \mapsto b = M(a) \in W \quad (3.5.1)$$

ここで，ベクトル b をベクトル a の写像 M による**像（image）**とよび，線形空間 V を写像 M の**定義域（domain）**，V の M による像の集合 $M(V) \subseteq W$ を**像空間**または**値域（range）**とよぶ．なお，このような写像に対して，次のような3種類の写像が定義されている．

定義 3.5.1（全射，単射，全単射）． 写像 $M : V \to W$ に対して次の写像を定義する．

(1) 全射（surjection）：$M(V) = W$（W の上への写像）

(2) 単射（injection）：$a \neq \tilde{a} \Leftrightarrow M(a) \neq M(\tilde{a})$（1対1写像）

(3) 全単射（bijection）：全射かつ単射

なお，写像 M が全単射の場合，ベクトル b から逆にそのベクトルを与えるようなベクトル a を定める写像として，**逆写像（inverse mapping）**が定義でき，それを M^{-1} と表す．すなわち，$M^{-1}(b) = a$ とする．この逆写像もまた全単射である．

3.5.2 線形写像と線形変換

上記の写像のうち，特に線形性を有する場合が，テンソルを考える場合に非常に重要となる．

定義 3.5.2（線形写像）． 写像 $T : V \to W$ が次のような線形性の性質を有する場合，写像 T を線形空間 V 上の**線形写像（linear mapping）**とよぶ．

(1) $T[a + \tilde{a}] = T[a] + T[\tilde{a}]$（加法の保存性） (3.5.2)

(2) $T[pa] = p(T[a])$ （$p \in \boldsymbol{R}$）（実数倍法の保存性） (3.5.3)

なお，$W = V$ の場合，すなわち，$T : V \to V$ を特に V 上の**線形変換（linear transformation）**とよぶ．

写像が線形の場合，その像を $T(a)$ の代わりに $T[a]$ と表すことにする．

線形写像の特別な場合として，その写像の値域が実数空間の場合を次のように定義する．

定義 3.5.3（線形関数）． 線形空間 V から $\boldsymbol{R}$ への線形写像 $\phi : V \to \boldsymbol{R}$ ($a \in V \mapsto \phi[a] \in \boldsymbol{R}$) を線形空間上で定義された**線形関数（linear function）**または**線形汎関数（linear functional）**とよぶ．

この写像は，実数変数の実数値関数のベクトルを変量とする場合の拡張となっている．

上記の線形写像に関して次のような特別な部分空間を定義する．

定義 3.5.4（核空間と像空間）． 線形写像 $T : V \to W$ に関して，次のような各線形空間の部分空間を定義する．

(1) $\mathrm{Ker}\, T := \{a \mid T[a] = \mathbf{0}_W\} \subseteq V$ (3.5.4)

(2) $\mathrm{Im}\, T := \{b \mid T[a] = b\} \subseteq W$ (3.5.5)

ここで，$\mathrm{Ker}\, T$，$\mathrm{Im}\, T$ をそれぞれ線形写像 T の**核空間（kernel）**，**像空間（image）**とよぶ．

なお $\mathbf{0}_W$ は線形空間 W の零元である．

この2つの部分空間と次元に関して次の定理が成り立つ．

定理 3.5.5（次元定理）． 有限次元の線形空間を V，その上で定義された線形写像を $T : V \to W$ とする．その核空間と像空間の次元の間に次の関係が成り立つ．

$$\dim V = \dim(\mathrm{Ker}\, T) + \dim(\mathrm{Im}\, T) \quad (3.5.6)$$

$\dim(\mathrm{Im}\, T)$，$\dim(\mathrm{Ker}\, T)$ を線形写像 T の**階数（rank）**，**退化次数（nullity）**とよび，それぞれ $\mathrm{rank}\, T$，$\mathrm{null}\, T$ と書く．これを用いれば (3.5.6) は

$$\dim V = \mathrm{rank}\, T + \mathrm{null}\, T \quad (3.5.7)$$

と書ける．

線形写像の定義と上記の次元定理から線形写像 T は次のような性質を有することがわかる．

1. $T[\mathbf{0}_V] = \mathbf{0}_W$ (3.5.8)
2. $\mathrm{Ker}\, T = \{\mathbf{0}_V\} \Leftrightarrow$ 単射 T (3.5.9)
3. 単射 $T \quad \Rightarrow \dim(\mathrm{Im}\, T) = \dim V$ (3.5.10)
4. $\dim V = \dim W \equiv n$,　全射 $T \Leftrightarrow$ 単射 T (3.5.11)

問 3.5.1. 上記の性質を確認せよ．

以上では，線形空間 V を対象として議論を進めてきたが，ユークリッド線形空間 V_E に関しても議論が適用できる．

3.6 線形写像空間

3.6.1 線形写像の加法と実数倍法

前節で実数倍法定義した線形空間 V から W への線形写像は多く存在する．そこでその集合を考え次の定義を与える．

定義 3.6.1（線形写像空間）． 線形空間 V から W への線形写像の集合を次のように表す．

$$L(V, W) := \{T|\ \text{線形写像}\ T : V \to W\} \quad (3.6.1)$$

この集合の元 T, S に対して「和」$T+S$ と「実数倍」pT を次のように定義する．

(1) $T+S$;

$$(T+S)[a] := T[a] + S[a] \quad (\forall a \in V) \quad (3.6.2)$$

(2) pT;

$$(pT)[a] := p(T[a]) \quad (\forall a \in V) \quad (3.6.3)$$

すると，$T+S$,　$pT \in L(V, W)$ となり，この演算に対して線形空間となる．そこで，この線形空間 $L(V, W)$ を**線形写像空間**とよぶ．

なお，$V = W$ の場合は $L(V, V)$ となる．すなわち，V 上の線形変換からなる線形空間となり，$L(V, V) \equiv L(V)$ で表す．線形空間 $L(V, W)$ には次のような特別な線形写像が考えられる．

(a) 零写像（零元）　$O[u] = \mathbf{0}_W$ (3.6.4)

(b) 負写像（負元）　$(-T) = (-1)T$ (3.6.5)

(c) 恒等写像（単位元）　$I[a] = a$ (3.6.6)

問 3.6.1. $L(V)$ が線形空間であることを確認せよ．

3.6.2 線形変換の積

2つの線形変換に対して次の演算から定まる線形変換を定義する．

定義 3.6.2（線形変換の積（合成変換））． 2つの線形変換 $T, S \in L(V)$ に対して，次のように定まる線形変換 ST を線形変換 T と S の**積（合成）**とよぶ．

$$ST; \quad (ST)[a] := S[T[a]] \quad (\forall a \in V) \quad (3.6.7)$$

なお，一般には，$ST \neq TS$ となる．この積の定義において，

$$(ST)[a] = (TS)[a] \quad (\forall a \in V) \quad (3.6.8)$$

となる場合，$ST = TS$ と表し，S と T とは**可換 (commutative)** であるという．

線形変換の積（乗法）に関して次の性質を有する．

1. $A(B+C) = AB + AC$（分配則） (3.6.9)
2. $(A+B)C = AC + AC$（分配則） (3.6.10)
3. $p(AB) = (pA)B = A(pB)$（結合則） (3.6.11)
4. $A(BC) = (AB)C \equiv ABC$（結合則） (3.6.12)
5. $AI = IA$　（I：積の単位元） (3.6.13)
6. $AA^{-1} = A^{-1}A = I$　（A：可逆） (3.6.14)

なお，線形空間 $L(V)$ では，加法および実数倍法のみならず乗法（積）が定義され，線形変換が可逆の場合には，上記の性質6の逆元 A^{-1} が存在する．このような条件を満たす集合は**群 (group)** とよばれる．すなわち，可逆な線形変換の集合は乗法に関して群となる．

3.6.3 V_E 上の線形変換

線形空間 V の代わりにスカラー積を有する V_E 上での線形変換について考えると，次に示すような多様な線形変換が導入できる．

1. 随伴変換

任意の $T \in L(V_E)$ に対し，次を満たす線形変換 $T^{\mathrm{a}} \in L(V_E)$ がただ一つ存在する．

$$(T[u]\cdot v)=(u\cdot T^{\mathrm{a}}[v]) \quad (\forall u, v\in V_E) \qquad (3.6.15)$$

この T^{a} を T の**随伴 (ajoint) 変換**という．この随伴変換について次の性質が成り立つ．

a. $(T+S)^{\mathrm{a}}=T^{\mathrm{a}}+S^{\mathrm{a}}$

b. $(pT)^{\mathrm{a}}=pT^{\mathrm{a}}$

c. $(T^{\mathrm{a}})^{\mathrm{a}}=T$

d. $(TS)^{\mathrm{a}}=S^{\mathrm{a}}T^{\mathrm{a}}$

e. $(T^{-1})^{\mathrm{a}}=(T^{\mathrm{a}})^{-1}$ （T：可逆）

このTと T^{a} の関係，あるいはスカラー積との整合性の観点で特に重要な線形変換として次のものを挙げる．

2. 対称変換

$T=T^{\mathrm{a}}$ を満たす $T\in L(V_E)$ を**対称 (symmetry) 変換**，あるいは自己随伴 (self-ajoint) 変換とよぶ．

3. 交代変換

$T=-T^{\mathrm{a}}$ を満たす $T\in L(V_E)$ を**交代 (skew) 変換**，反対称 (ansymmetry) 変換，非自己随伴 (nonself-ajoint) 変換などとよぶ．

4. 直交変換

$$(T[u]\cdot T[v])=(u\cdot v) \quad (\forall u, v\in V_E) \qquad (3.6.16)$$

が成り立つ線形変換 T を**直交 (orthogonal) 変換**という．このとき T は可逆であり，したがって条件 (3.6.14)

$$T^{\mathrm{a}}=T^{-1} \qquad (3.6.17)$$

と同等である．

5. 正定値変換

$$(u\cdot T[u])>0 \quad (\forall u\neq \mathbf{0}\in V_E)$$

を満たすとき，T を**正定値 (positive definite) 変換**という．

6. 半正定値変換

$$(u\cdot T[u])\geq 0 \quad (\forall u\in V_E)$$

を満たすとき，T を**半正定値 (semi-positive definite) 変換**，あるいは非負 (non-negative) 変換という．

3.6.4 線形変換のトレース

線形変換に対して，1つの実数値を定める次のような関数を定義する．この関数は線形変換を変量とし，その値を実数とする関数である．

定義 3.6.3（線形変換のトレース）． 任意の線形変換 T に対して，次のような性質を満たす関数を線形変換 T の**トレース (trace)** または，**跡**とよび，$\mathrm{Tr}(T)$ と表す．

1. $\mathrm{Tr}(pT+qS)=p\mathrm{Tr}(T)+q\mathrm{Tr}(S)$ (3.6.18)
2. $\mathrm{Tr}(T)=\mathrm{Tr}(T^{\mathrm{a}})$ (3.6.19)
3. $\mathrm{Tr}(TS)=\mathrm{Tr}(ST)$ (3.6.20)

線形空間にある基底を選び，$F=\{f_i\}$ とし，その双対基底を $F^*=\{f^i\}$ とすると，基底ベクトルによるトレース演算は次のように与えられる．

$$\mathrm{Tr}(T):=(T[f_i]\cdot f^i)=(T[f^i]\cdot f_i) \qquad (3.6.21)$$

この定義に従って線形変換のトレースを求めると，

$$\begin{aligned}\mathrm{Tr}(T)&=(T[f_i]\cdot f^i)=(T^l{}_i f_l\cdot f^i)\\&=T^l{}_i(f_l\cdot f^i)=T^l{}_i\delta^i_l\\&=T^i{}_i=T^1{}_1+T^2{}_2+\cdots+T^n{}_n \qquad (3.6.22)\end{aligned}$$

となる．すなわち，線形変換 T のトレースはその基底に関する成分の**対角項の総和**として表される．

3.6.5 線形変換のスカラー積

線形変換のトレースを用いることによって，2つの線形変換に対して実数値を与えるようなベクトルのスカラー積の拡張となる次の演算を導入する．

定義 3.6.4（線形変換のスカラー積）． 2つの線形変換を T, S とする．次のような実数値を与える演算を**線形変換のスカラー積**とよび，$(T\cdot S)$ と表す．

$$(T\cdot S):=\mathrm{Tr}(T^{\mathrm{a}}S) \qquad (3.6.23)$$

このように定義された線形変換のスカラー積演算は，ベクトルに対するスカラー積の性質（定義 3.3.2）に対応した次の性質を有することになる．

1. $(T+S\cdot U)=(T\cdot U)+(S\cdot U)$ (3.6.24)
2. $(pT\cdot U)=p(T\cdot U)$ (3.6.25)
3. $(T\cdot S)=(S\cdot T)$ (3.6.26)
4. $(T\cdot T)\geq 0$ (3.6.27)

3.7 演習問題

[1] $\boldsymbol{R}^3=\{\alpha|\alpha=(\alpha^1, \alpha^2, \alpha^3), \alpha^i\in\boldsymbol{R}\}$ が線形空間で

ある（線形空間の公理系を満たす）ことを確認せよ．
[2] $\boldsymbol{R}^3$ のベクトル積の定義式 (3.4.1) を直接計算することにより，性質 (3.4.10)，(3.4.11) が成り立つことを確かめよ．
[3] T が直交変換である，すなわち条件 (3.6.16) を満たすとき，T は可逆であることを証明せよ．

解答

[1] 定義 3.3.1，すなわち公理 (3.3.1)〜(3.3.8) をそれぞれ確認すればよい．零元は $\mathbf{0} = (0, \ldots, 0)$，$\alpha = (\alpha^1, \ldots, \alpha^n)$ の負元は $(-\alpha^1, \ldots, -\alpha^n)$ である．他は実数の加法，乗法が結合法則，交換法則，分配法則を満たすのだから明らかである．例えば，加法の交換法則については，$\alpha = (\alpha^1, \ldots, \alpha^n)$，$\beta = (\beta^1, \ldots, \beta^n)$ について，$\alpha + \beta = (\alpha^1 + \beta^1, \ldots, \alpha^n + \beta^n) = (\beta^1 + \alpha^1, \ldots, \alpha^n + \beta^n) = \beta + \alpha$.
[2] 数ベクトルが直交することは，スカラー積が 0 になることを見ればよい．$\alpha = (\alpha^1, \alpha^2, \alpha^3)$, $\beta = (\beta^1, \beta^2, \beta^n)$ とすると，$\alpha\times\beta$ と α のスカラー積は次のようになる．

$$
\begin{aligned}
(\alpha\times\beta\cdot\alpha) &= (\alpha^2\beta^3 - \alpha^3\beta^2)\alpha^1 \\
&\quad + (\alpha^3\beta^1 - \alpha^1\beta^3)\alpha^2 \\
&\quad + (\alpha^1\beta^2 - \alpha^2\beta^1)\alpha^3 \\
&= 0
\end{aligned}
$$

$\alpha\times\beta$ と β についても同様である．$\alpha\times\beta$ のノルムについては次のようになる．

$$
\begin{aligned}
&(\alpha\times\beta\cdot\alpha\times\beta) \\
&= (\alpha^2\beta^3 - \alpha^3\beta^2)^2 + (\alpha^3\beta^1 - \alpha^1\beta^3)^2 \\
&\quad + (\alpha^1\beta^2 - \alpha^2\beta^1)^2 \\
&= ((\alpha^1)^2 + (\alpha^2)^2 + (\alpha^3)^2)((\beta^1)^2 + (\beta^2)^2 \\
&\quad + (\beta^3)^2) \\
&\quad - (\alpha^1\beta^1 + \alpha^2\beta^2 + \alpha^3\beta^3)^2 \\
&= (\alpha\cdot\alpha)(\beta\cdot\beta) - (\alpha\cdot\beta)^2 \\
&= \|\alpha\|^2\|\beta\|^2 - (\|\alpha\|\|\beta\|\cos\theta)^2 \\
&= (\|\alpha\|\|\beta\|\sin\theta)^2
\end{aligned}
$$

[3] $\forall u \in \operatorname{Ker} T$ に対して $(u\cdot u) = (T[u]\cdot T[u]) = 0$ であり，スカラーの正定値性 (3.3.14) から $u = 0$．ゆえに T は単射．次元定理 3.5.5 から $\dim V = \operatorname{Im} T$ ゆえ T は全射．以上より T は全単射となるので可逆である．

4. ベクトルと線形変換の行列表現

4.1 基底ベクトル

まずはじめに，ベクトルを表すために必要な基底ベクトルの表現を与える．すでに述べたように線形空間の基底の選び方は任意であり，さまざまな基底を定めらる．その定められた基底に対しベクトルはその基底ベクトルの線形結合として表される（3.3.3 項）．そこで，基底として基準となるような基底を設定することにする．すると，この基準となる基底のもとでさまざまな量が具体的に表されることになる．

3 次元ユークリッド空間 E^3 を対象として議論を進める．この空間では，3 個の線形独立なベクトルの組を基底として構成できる．その基底として $S=\{e_1, e_2, e_3\}$ と $F=\{f_1, f_2, f_3\}$ を選ぶことにする．するとこれらのベクトルは E^3 のベクトルであるからお互いに関係づけられる．例えば，基底 F の各ベクトル f_i は基底 S のベクトル e_j を用いて次のように表される．

$$f_i = f^j{}_i e_j \quad (i, j = 1, 2, 3) \tag{4.1.1}$$

したがって，f_i は，e_j による線形結合の係数 $f^j{}_i$ から定められる．そこで，この係数を用いて次のような行列を導入する．

$$[f_1]_S := \begin{bmatrix} f^1{}_1 \\ f^2{}_1 \\ f^3{}_1 \end{bmatrix},\ [f_2]_S := \begin{bmatrix} f^1{}_2 \\ f^2{}_2 \\ f^3{}_2 \end{bmatrix},\ [f_3]_S := \begin{bmatrix} f^1{}_3 \\ f^2{}_3 \\ f^3{}_3 \end{bmatrix} \tag{4.1.2}$$

この行列を基底ベクトル f_i の**基底 S による行列（S-行列）**とよび，上記のように表す．この S-行列は基底 F の各基底ベクトルを基底 S から眺めた場合に 3 個の実数からなる 3 行 1 列行列（列ベクトル）として具体化されたことを意味している．E^3 のある基底を選定すると他の基底の基底ベクトルは，選定された基底を用いて行列表現できることになる．ここで示した基底 $S=\{e_1, e_2, e_3\}$ を 3 次元ユークリッド空間の**標準基底 (standard basis)** とよぶ．その S-行列は，幾何学的に E^3 の直交する 3 軸上の有向線分として“単位ベクトル”を与える．なお，標準基底の表現を特に慣用の記号を用いて次のように略記する．

$$\boldsymbol{e}_1 \equiv [e_1]_S,\ \boldsymbol{e}_2 \equiv [e_2]_S,\ \boldsymbol{e}_3 \equiv [e_3]_S \tag{4.1.3}$$

さらに，任意の基底 F の基底ベクトルの S-行列も同様に次のように略記する．

$$\boldsymbol{f}_1 \equiv [f_1]_S,\ \boldsymbol{f}_2 \equiv [f_2]_S,\ \boldsymbol{f}_3 \equiv [f_3]_S \tag{4.1.4}$$

ここで式 (4.1.1) に戻ると，これは基底 S から基底 F への**基底変換**を表していると考えられる．そこで，次のような行列を導入し，基底 S から基底 F への**基底変換行列**とよび，$\boldsymbol{P}_{SF}$ と表す．

$$\boldsymbol{P}_{SF} := \begin{bmatrix} [f_1]_S & [f_2]_S & [f_3]_S \end{bmatrix} \equiv \begin{bmatrix} \boldsymbol{f}_1 & \boldsymbol{f}_2 & \boldsymbol{f}_3 \end{bmatrix} = \begin{bmatrix} f^1{}_1 & f^1{}_2 & f^1{}_3 \\ f^2{}_1 & f^2{}_2 & f^2{}_3 \\ f^3{}_1 & f^3{}_2 & f^3{}_3 \end{bmatrix} \tag{4.1.5}$$

もちろん，基底 S から S への基底変換行列は以下に示すように**単位行列**となる．

$$\boldsymbol{P}_{SS} := \begin{bmatrix} [e_1]_S & [e_2]_S & [e_3]_S \end{bmatrix} = \begin{bmatrix} \boldsymbol{e}_1 & \boldsymbol{e}_2 & \boldsymbol{e}_3 \end{bmatrix} = \begin{bmatrix} 1 & 0 & 0 \\ 0 & 1 & 0 \\ 0 & 0 & 1 \end{bmatrix} = \boldsymbol{I} \tag{4.1.6}$$

次に各基底の双対基底の行列表現について考える．標準基底 S の双対基底を S^* とすると，S の各ベクトル e_i に対してそれと双対なベクトル e^i は，

$$(e^i \cdot e_j) = \delta^i_j \tag{4.1.7}$$

を満たすベクトルとして定められる．S は正規直交基底であるから $(e_i, e_j) = \delta_{ij}$ が成り立つ．したがって

$$\boldsymbol{e}_1 = \boldsymbol{e}^1,\ \boldsymbol{e}_2 = \boldsymbol{e}^2,\ \boldsymbol{e}_3 = \boldsymbol{e}^3 \tag{4.1.8}$$

となる．一方，一般的な基底 F の場合を考えると，基底ベクトル f_i の双対ベクトル f^i は，

$$(f^i \cdot f_j) = \delta^i_j \tag{4.1.9}$$

を満たすベクトルとなる．そこで，f^i を e^i を用いて

$$f^i := q^i{}_j e^j \tag{4.1.10}$$

とおくと，式 (4.1.1) より上記の係数は，

$$\begin{aligned}(f^i \cdot f_j) &= (q^i{}_l e^l \cdot f^m{}_j e_m) = q^i{}_l f^m{}_j \delta^l_m \\ &= q^i{}_l f^l{}_j = \delta^i_j \end{aligned}\tag{4.1.11}$$

から定められることになる．その係数を用いると，f^i の S^*-行列は，

$$[f^1]_{S^*} := \begin{bmatrix} q^1{}_1 \\ q^1{}_2 \\ q^1{}_3 \end{bmatrix} \equiv \boldsymbol{f}^1,$$

$$[f^2]_{S^*} := \begin{bmatrix} q^2{}_1 \\ q^2{}_2 \\ q^2{}_3 \end{bmatrix} \equiv \boldsymbol{f}^2,$$

$$[f^3]_{S^*} := \begin{bmatrix} q^3{}_1 \\ q^3{}_2 \\ q^3{}_3 \end{bmatrix} \equiv \boldsymbol{f}^3 \tag{4.1.12}$$

となり，基底変換行列は次のようになる．

$$\begin{aligned}\boldsymbol{P}_{S^*F^*} &:= \begin{bmatrix}[f^1]_{S^*} & [f^2]_{S^*} & [f^3]_{S^*}\end{bmatrix} \\ &\equiv \begin{bmatrix}\boldsymbol{f}^1 & \boldsymbol{f}^2 & \boldsymbol{f}^3\end{bmatrix} \\ &= \begin{bmatrix} q^1{}_1 & q^2{}_1 & q^3{}_1 \\ q^1{}_2 & q^2{}_2 & q^3{}_2 \\ q^1{}_3 & q^2{}_3 & q^3{}_3 \end{bmatrix}\end{aligned} \tag{4.1.13}$$

すると，式 (4.1.11) から基底変換行列 $\boldsymbol{P}_{SF}$ と $\boldsymbol{P}_{S^*F^*}$ との間には次の関係が成り立つことになる．

$$\begin{aligned}&\begin{bmatrix} q^1{}_1 & q^1{}_2 & q^1{}_3 \\ q^2{}_1 & q^2{}_2 & q^2{}_3 \\ q^3{}_1 & q^3{}_2 & q^3{}_3 \end{bmatrix}\begin{bmatrix} f^1{}_1 & f^1{}_2 & f^1{}_3 \\ f^2{}_1 & f^2{}_2 & f^2{}_3 \\ f^3{}_1 & f^3{}_2 & f^3{}_3 \end{bmatrix} \\ &\qquad = (\boldsymbol{P}_{S^*F^*})^{\mathrm{t}}\boldsymbol{P}_{SF} = \boldsymbol{I}\end{aligned} \tag{4.1.14}$$

したがって，

$$\boldsymbol{P}_{S^*F^*} = (\boldsymbol{P}_{SF})^{-\mathrm{t}} \tag{4.1.15}$$

ここで，基底 F とその双対基底 F^* に対して，各ベクトルの S-行列または S^*-行列が定まったので，すでに式 (3.3.26),(3.3.27) で定義した 3 次元ユークリッド空間 E^3 の計量の表現を行うと，

$$f_{ij} := (f_i \cdot f_j) = (f^l{}_i e_l \cdot f^m{}_j e_m) = f^l{}_i f^m{}_j \delta_{lm}$$

$$f^{ij} := (f^i \cdot f^j) = (q^i{}_l e^l \cdot q^j{}_m e^m) = q^i{}_l q^j{}_m \delta^{lm}$$

となる．これらの 9 個の実数からなる以下の各行列を導入する．

$$\begin{aligned}\boldsymbol{F} &:= [f_{ij}] = [f_i \cdot f_j] = [f^l{}_i f^m{}_j \delta_{lm}] \\ &= \begin{bmatrix} f^l{}_1 f^l{}_1 & f^l{}_1 f^l{}_2 & f^l{}_1 f^l{}_3 \\ f^l{}_2 f^l{}_1 & f^l{}_2 f^l{}_2 & p^l{}_2 f^l{}_3 \\ f^l{}_3 f^l{}_1 & f^l{}_3 f^l{}_2 & f^l{}_3 f^l{}_3 \end{bmatrix} \\ &= \begin{bmatrix} f^1{}_1 & f^2{}_1 & f^3{}_1 \\ f^1{}_2 & f^2{}_2 & f^3{}_2 \\ f^1{}_3 & f^2{}_3 & f^3{}_3 \end{bmatrix}\begin{bmatrix} f^1{}_1 & f^1{}_2 & f^1{}_3 \\ f^2{}_1 & f^2{}_2 & f^2{}_3 \\ f^3{}_1 & f^3{}_2 & f^3{}_3 \end{bmatrix} \\ &= (\boldsymbol{P}_{SF})^{\mathrm{t}}\boldsymbol{P}_{SF}\end{aligned} \tag{4.1.16}$$

$$\begin{aligned}\boldsymbol{F}^* &:= [f^{ij}] = [f^i \cdot f^j] = [q^i{}_l q^j{}_m \delta^{lm}] \\ &= \begin{bmatrix} q^1{}_l q^1{}_l & q^1{}_l q^2{}_l & q^1{}_l q^3{}_l \\ q^2{}_l q^1{}_l & q^2{}_l q^2{}_l & q^2{}_l q^3{}_l \\ q^3{}_l q^1{}_l & q^3{}_l q^2{}_l & q^3{}_l q^3{}_l \end{bmatrix} \\ &= \begin{bmatrix} q^1{}_1 & q^1{}_2 & q^1{}_3 \\ q^2{}_1 & q^2{}_2 & q^2{}_3 \\ q^3{}_1 & q^3{}_2 & q^3{}_3 \end{bmatrix}\begin{bmatrix} q^1{}_1 & q^2{}_1 & q^3{}_1 \\ q^1{}_2 & q^2{}_2 & q^3{}_2 \\ q^1{}_3 & q^2{}_3 & q^3{}_3 \end{bmatrix} \\ &= (\boldsymbol{P}_{S^*F^*})^{\mathrm{t}}\boldsymbol{P}_{S^*F^*} = \boldsymbol{F}^{-1}\end{aligned} \tag{4.1.17}$$

4.2　ベクトルの行列表現

基底（ベクトル）の行列表現ができたので，任意のベクトルもそれに従って行列表現が可能となる．任意のベクトルを u とし，標準基底 S および一般的な基底 F を選ぶことにすると，ベクトル u はそれらの線形結合として次のように表される．

$$\begin{aligned}u &= U^i e_i = U^1 e_1 + U^2 e_2 + U^3 e_3 \\ &= u^i f_i = u^1 f_1 + u^2 f_2 + u^3 f_3\end{aligned} \tag{4.2.1}$$

そこで，このベクトルの表現によって定まる 3 個の実数の組に注目し，次のような行列（列ベクトル）を導入する．

$$[u]_S := \begin{bmatrix} U^1 \\ U^2 \\ U^3 \end{bmatrix}, \quad [u]_F := \begin{bmatrix} u^1 \\ u^2 \\ u^3 \end{bmatrix} \tag{4.2.2}$$

この行列をそれぞれ「ベクトル u の S-行列，F-行列」とよび上記のように表すことにする．なお，特にベクトルの S-行列を慣用の表記として，

$$\boldsymbol{u} := [u]_S, \quad \boldsymbol{u}_F := [u]_F$$

とする．各基底の双対基底 S^*, F^* も構成できるので，その基底に対する線形結合式

$$u = U_i e^i = u_i f^i \tag{4.2.3}$$

から，ベクトル u の S^*-行列，F^*-行列を次のように表す．

$$[u]_{S^*} := \begin{bmatrix} U_1 \\ U_2 \\ U_3 \end{bmatrix}, \quad [u]_{F^*} := \begin{bmatrix} u_1 \\ u_2 \\ u_3 \end{bmatrix} \tag{4.2.4}$$

以上より抽象的なベクトルは基底を定めることによって行列（列ベクトル）として具体化されたことになる．この結果，これまでベクトルを対象として導入してきた各演算は行列の演算として展開できる．

前節で基底変換を導入し，その変換を基底変換行列として表したので，ベクトルの各基底行列の間に変換関係が次のように定められる．基底変換 (4.1.1) に対して式 (4.2.1) から

$$U^i = f^i{}_l u^l \tag{4.2.5}$$

を得る．したがって，ベクトル u の S-行列と F-行列は次のように関係づけられる．

$$\begin{aligned} \boldsymbol{u} = [u]_S = \begin{bmatrix} U^1 \\ U^2 \\ U^3 \end{bmatrix} &= \begin{bmatrix} f^1{}_l u^l \\ f^2{}_l u^l \\ f^3{}_l u^l \end{bmatrix} \\ &= \begin{bmatrix} f^1{}_1 & f^1{}_2 & f^1{}_3 \\ f^2{}_1 & f^2{}_2 & f^2{}_3 \\ f^3{}_1 & f^3{}_2 & f^3{}_3 \end{bmatrix} \begin{bmatrix} u^1 \\ u^2 \\ u^3 \end{bmatrix} \\ &= \boldsymbol{P}_{SF}[u]_F = \boldsymbol{P}_{SF}\boldsymbol{u}_F \end{aligned} \tag{4.2.6}$$

すなわち，ベクトルの基底行列は基底変換行列を用いて互いに関係づけられることになる．もちろん標準基底に対する基底変換だけではなく，基底 F から基底 G への基底変換行列を $\boldsymbol{P}_{FG}$ とすれば，ベクトルの行列表現の間には次のような変換関係が成り立つ．

$$\boldsymbol{u}_F = [u]_F = \boldsymbol{P}_{FG}[u]_G = \boldsymbol{P}_{FG}\boldsymbol{u}_G \tag{4.2.7}$$

一方，双対基底に関するベクトルの行列表現の間には基底変換 (4.1.10) を考慮して，

$$U_i = q^l{}_i u_l \tag{4.2.8}$$

となるので，行列表現して次式を得る．

$$\begin{aligned} [u]_{S^*} = \begin{bmatrix} U_1 \\ U_2 \\ U_3 \end{bmatrix} &= \begin{bmatrix} q^1{}_1 & q^2{}_1 & q^3{}_1 \\ q^1{}_2 & q^2{}_2 & q^3{}_2 \\ q^1{}_3 & q^2{}_3 & q^3{}_3 \end{bmatrix} \begin{bmatrix} u_1 \\ u_2 \\ u_3 \end{bmatrix} \\ &= \boldsymbol{P}_{S^*F^*}[u]_{F^*} \equiv (\boldsymbol{P}_{SF})^{-\mathrm{t}}[u]_{F^*} \end{aligned} \tag{4.2.9}$$

以上よりベクトルの各基底行列は，基底変換行列を用いて互いに関係づけられる．基底を S から F に変換すると，式 (4.2.6) と式 (4.2.9) から

$$\boldsymbol{u}_F = [u]_F = (\boldsymbol{P}_{SF})^{-1}[u]_S = (\boldsymbol{P}_{SF})^{-1}\boldsymbol{u}$$
$$[u]_{F^*} = (\boldsymbol{P}_{SF})^{\mathrm{t}}[u]_{S^*} \tag{4.2.10}$$

となり，ベクトルの基底変換行列の変換関係式の形式が異なることがわかる．すなわち，$[u]_F$ は基底変換行列の“逆”によって $[u]_S$ から定められるが，$[u]_{F^*}$ は基底変換行列の“転置”によって定まる．そこで，この違いに注目して，前者と後者の変換則を**反変的 (contravariant)**，**共変的 (covariant)** とよんで区別する．

さらに，

$$u = u_i f^i = u^i f_i = u_i f^{ij} f_j \ \rightarrow \ u^i = f^{ij} u_j \tag{4.2.11}$$

から行列表現すると，

$$\begin{aligned} \boldsymbol{u}_F = [u]_F = \begin{bmatrix} u^1 \\ u^2 \\ u^3 \end{bmatrix} &= \begin{bmatrix} f^{1j}u_j \\ f^{2j}u_j \\ f^{3j}u_j \end{bmatrix} \\ &= \begin{bmatrix} f^{11} & f^{12} & f^{13} \\ f^{21} & f^{22} & f^{23} \\ f^{31} & f^{32} & f^{33} \end{bmatrix} \begin{bmatrix} u_1 \\ u_2 \\ u_3 \end{bmatrix} \end{aligned}$$

となるので，式 (4.1.17) を考慮して以下に示すようなベクトルの基底およびその双対基底に関する行列の間の関係式を得る．

$$\boldsymbol{u}_F = [u]_F = \boldsymbol{F}^*[u]_{F*} = \boldsymbol{F}^{-1}[u]_{F*} \tag{4.2.12}$$

4.3　線形変換の行列表現

ユークリッド線形空間上の線形変換の行列表現について考える．ベクトルが線形変換によってベクトルに変換され，そのベクトルがすでに行列表現されているので線形変換も行列表現されることになる．

線形変換を T とすると，ベクトル u に対して標準基底 S と F に関して，

$$\begin{aligned} T[u] &= T[U^i e_i] = U^i T[e_i] \\ &= T[u^i f_i] = u^i T[f_i] \end{aligned}$$

となるので，結局 T は基底ベクトルの像 $T[e_i]$，$T[f_i]$ が定められれば良いことになる．そこで，

$$T[e_i]:=T^j{}_i e_j,\quad T[f_i]:=t^j{}_i f_j \tag{4.3.1}$$

と表すことにすると，各々 T の像はベクトルとなるのですでに前節で与えた次の行列表現を得る．

$$[T[e_1]]_S:=\begin{bmatrix}T^1{}_1\\T^2{}_1\\T^3{}_1\end{bmatrix},\quad [T[e_2]]_S:=\begin{bmatrix}T^1{}_2\\T^2{}_2\\T^3{}_2\end{bmatrix},$$

$$[T[e_3]]_S:=\begin{bmatrix}T^1{}_3\\T^2{}_3\\T^3{}_3\end{bmatrix} \tag{4.3.2}$$

$$[T[f_1]]_F:=\begin{bmatrix}t^1{}_1\\t^2{}_1\\t^3{}_1\end{bmatrix},\quad [T[f_2]]_F:=\begin{bmatrix}t^1{}_2\\t^2{}_2\\t^3{}_2\end{bmatrix},$$

$$[T[f_3]]_F:=\begin{bmatrix}t^1{}_3\\t^2{}_3\\t^3{}_3\end{bmatrix} \tag{4.3.3}$$

そこで，これらのベクトルの行列表現から次の行列を考え，

$$\begin{aligned}&\Big[[T[e_1]]_S\quad [T[e_2]]_S\quad [T[e_3]]_S\Big]\\&=\begin{bmatrix}T^1{}_1 & T^1{}_2 & T^1{}_3\\T^2{}_1 & T^2{}_2 & T^2{}_3\\T^3{}_1 & T^3{}_2 & T^3{}_3\end{bmatrix}=[T]_{SS}\equiv[T]_S\equiv\boldsymbol{T}\end{aligned} \tag{4.3.4}$$

$$\begin{aligned}&\Big[[T[f_1]]_F\quad [T[f_2]]_F\quad [T[f_3]]_F\Big]\\&=\begin{bmatrix}t^1{}_1 & t^1{}_2 & t^1{}_3\\t^2{}_1 & t^2{}_2 & t^2{}_3\\t^3{}_1 & t^3{}_2 & t^3{}_3\end{bmatrix}=[T]_{FF}\equiv[T]_F\equiv\boldsymbol{T}_F\end{aligned} \tag{4.3.5}$$

とおく．それぞれ線形変換 T の S-行列，F-行列とよび上記のように表す．

標準基底を採用した場合は，$S=S^*$ であるから式(4.3.4) によって T の行列表現はユニークに定まる．一方，基底 F の場合には，$F\neq F^*$ であるからその行列表現は式 (4.3.5) 以外に (4.3.7)-(4.3.9) に示すような 3 個の行列表現が存在することに注意を要する．線形変換 T による基底ベクトルの像は，式 (4.3.1) から計量 f_{ij}, f^{ij} を用いると

$$\begin{aligned}T[f_i]&=t^l{}_i f_{lj} f^j\\T[f^i]&=f^{ik}t^j{}_k f_j=f^{ik}t^l{}_k f_{lj}f^j\end{aligned} \tag{4.3.6}$$

が導き出せる．そこで，これらを行列表現して次のような基底行列を得る．

$$\begin{aligned}&\Big[[T[f_1]]_{F^*}\quad [T[f_2]]_{F^*}\quad [T[f_3]]_{F^*}\Big]\\&=\begin{bmatrix}t^l{}_1 f_{l1} & t^l{}_2 f_{l1} & t^l{}_3 f_{l1}\\t^l{}_1 f_{l2} & t^l{}_2 f_{l2} & t^l{}_3 f_{l2}\\t^l{}_1 f_{l3} & t^l{}_2 f_{l3} & t^l{}_3 f_{l3}\end{bmatrix}=[T]_{FF^*}\\&=\begin{bmatrix}f_{11} & f_{21} & f_{31}\\f_{12} & f_{22} & f_{32}\\f_{13} & f_{23} & f_{33}\end{bmatrix}\begin{bmatrix}t^1{}_1 & t^1{}_2 & t^1{}_3\\t^2{}_1 & t^2{}_2 & t^2{}_3\\t^3{}_1 & t^3{}_2 & t^3{}_3\end{bmatrix}\\&=\boldsymbol{F}\boldsymbol{T}_F\end{aligned} \tag{4.3.7}$$

$$\begin{aligned}&\Big[[T[f^1]]_F\quad [T[f^2]]_F\quad [T[f^3]]_F\Big]\\&=\begin{bmatrix}f^{1k}t^1{}_k & f^{2k}t^1{}_k & f^{3k}t^1{}_k\\f^{1k}t^2{}_k & f^{2k}t^2{}_k & f^{3k}t^2{}_k\\f^{1k}t^3{}_k & f^{2k}t^3{}_k & f^{3k}t^3{}_k\end{bmatrix}=[T]_{F^*F}\\&=\boldsymbol{T}_F\boldsymbol{F}^*\end{aligned} \tag{4.3.8}$$

$$\begin{aligned}&\Big[[T[f^1]]_{F^*}\quad [T[f^2]]_{F^*}\quad [T[f^3]]_{F^*}\Big]\\&=\begin{bmatrix}f^{1k}t^l{}_k f_{l1} & f^{2k}t^l{}_k f_{l1} & f^{3k}t^l{}_k f_{l1}\\f^{1k}t^l{}_k f_{l2} & f^{2k}t^l{}_k f_{l2} & f^{3k}t^l{}_k f_{l2}\\f^{1k}t^l{}_k f_{l3} & f^{2k}t^l{}_k f_{l3} & f^{3k}t^l{}_k f_{l3}\end{bmatrix}=[T]_{F^*F^*}\\&=\boldsymbol{F}\boldsymbol{T}_F\boldsymbol{F}^*\end{aligned} \tag{4.3.9}$$

このような T の 2 つの行列表現に対して，基底 S から F への基底変換が与えられている場合には式(4.1.1),(4.3.1) から

$$\begin{aligned}T[f_i]&=T[f^j{}_i e_j]=f^j{}_i T[e_j]=f^j{}_i T^l{}_j e_l\\&=t^j{}_i f_j=t^j{}_i f^l{}_j e_l\end{aligned}$$

となるので，9 個の係数の間に次式が成り立つことになる．

$$f^l{}_i T^j{}_l=t^l{}_i f^j{}_l$$

この式は基底変換行列 $\boldsymbol{P}_{SF}$ と上記の線形変換の S-行列，F-行列を用いると，次のように表される．

$$\boldsymbol{T}\boldsymbol{P}_{SF}=\boldsymbol{P}_{SF}\boldsymbol{T}_F$$

したがって，線形変換の基底行列の間には基底変換行列を介して次の変換関係が成り立つことになる．

$$\boldsymbol{T}_F=(\boldsymbol{P}_{SF})^{-1}\boldsymbol{T}\boldsymbol{P}_{SF},\quad \boldsymbol{T}=\boldsymbol{P}_{SF}\boldsymbol{T}_F(\boldsymbol{P}_{SF})^{-1} \tag{4.3.10}$$

次に線形変換の随伴変換に対する行列表現を考える．まずはじめに標準基底 S の場合を考える．線形変換 T の標準基底ベクトル e_i に対する像を

$$T[e_i]=T^i{}_j e_j$$

とする．随伴変換 T^{a} による像を

$$T^{\mathrm{a}}[e_i] := \widetilde{T}_i^{j} e_j$$

とおくと，随伴変換の定義 (3.6.15) から $T_i^k = \widetilde{T}_k^i$ となるので，

$$T[e_i] = T^j{}_i e_j \quad \Longleftrightarrow \quad T^{\mathrm{a}}[e_i] = T^i{}_j e_j \qquad (4.3.11)$$

を得る．したがって，T^{a} の S-行列として次式を得る．

$$[T^{\mathrm{a}}]_{SS} \equiv [T^{\mathrm{a}}]_S = \begin{bmatrix}[T^{\mathrm{a}}[e_1]]_S & [T^{\mathrm{a}}[e_2]]_S & [T^{\mathrm{a}}[e_3]]_S\end{bmatrix}$$
$$= \begin{bmatrix} T^1{}_1 & T^2{}_1 & T^3{}_1 \\ T^1{}_2 & T^2{}_2 & T^3{}_2 \\ T^1{}_3 & T^2{}_3 & T^3{}_3 \end{bmatrix} = \boldsymbol{T}^{\mathrm{t}} \qquad (4.3.12)$$

次に一般的な基底 F について考えると，(4.3.1) に示した線形変換 T の基底ベクトル f_i に対する像 $T[f_i] = t^j{}_i f_j$ に対して，T の随伴変換による双対基底ベクトル f^i の像を，

$$T^{\mathrm{a}}[f^i] := \widetilde{t}^i{}_j f^j$$

とおく．すると，随伴変換の定義 (3.6.15) から係数 $\widetilde{t}^i{}_j$ は次式を満たすように定められる．

$$(f^i \cdot T[f_j]) = (T^{\mathrm{a}}[f^i] \cdot f_j)$$

その結果，$\widetilde{t}^i{}_j = t^i{}_j$ となるので，T^{a} による像の表現は次のようになる．

$$T[f_i] = t^j{}_i f_j \quad \Longleftrightarrow \quad T^{\mathrm{a}}[f^i] = t^i{}_j f^j \qquad (4.3.13)$$

さらに，この表現から次のような表現も得られる．

$$T^{\mathrm{a}}[f^i] = t^i{}_l f^{lj} f_j$$
$$T^{\mathrm{a}}[f_i] = f_{il} t^l{}_j f^j$$
$$= f_{im} t^m{}_l f^{lj} f_j \qquad (4.3.14)$$

したがって，これらの表現から T^{a} の各基底に関する行列を得る．

$$[T^{\mathrm{a}}]_{F^*F} := \begin{bmatrix}[T^{\mathrm{a}}[f^1]]_F & [T^{\mathrm{a}}[f^2]]_F & [T^{\mathrm{a}}[f^3]]_F\end{bmatrix}$$
$$= \begin{bmatrix} t^1{}_l f^{l1} & t^2{}_l f^{l1} & t^3{}_l f^{l1} \\ t^1{}_l f^{l2} & t^2{}_l f^{l2} & t^3{}_l f^{l2} \\ t^1{}_l f^{l3} & t^2{}_l f^{l3} & t^3{}_l f^{l3} \end{bmatrix} = \boldsymbol{F}^* \boldsymbol{T}_F{}^{\mathrm{t}} \qquad (4.3.15)$$

$$[T^{\mathrm{a}}]_{FF^*} := \begin{bmatrix}[T^{\mathrm{a}}[f_1]]_{F^*} & [T^{\mathrm{a}}[f_2]]_{F^*} & [T^{\mathrm{a}}[f_3]]_{F^*}\end{bmatrix}$$
$$= \begin{bmatrix} f_{1l} t^l{}_1 & f_{2l} t^l{}_1 & f_{3l} t^l{}_1 \\ f_{1l} t^l{}_2 & f_{2l} t^l{}_2 & f_{3l} t^l{}_2 \\ f_{1l} t^l{}_3 & f_{2l} t^l{}_3 & f_{3l} t^l{}_3 \end{bmatrix} = \boldsymbol{T}_F{}^{\mathrm{t}} \boldsymbol{F} \qquad (4.3.16)$$

$$[T^{\mathrm{a}}]_{FF} := \begin{bmatrix}[T^{\mathrm{a}}[f_1]]_F & [T^{\mathrm{a}}[f_2]]_F & [T^{\mathrm{a}}[f_3]]_F\end{bmatrix}$$
$$= \begin{bmatrix} f_{1m} t^m{}_l f^{l1} & f_{1m} t^m{}_l f^{l2} & f_{1m} t^m{}_l f^{l3} \\ f_{2m} t^m{}_l f^{l1} & f_{2m} t^m{}_l f^{l2} & f_{2m} t^m{}_l f^{l1} \\ f_{3m} t^m{}_l f^{l1} & f_{3m} t^m{}_l f^{l2} & f_{3m} t^m{}_l f^{l3} \end{bmatrix}$$
$$= \boldsymbol{F}^* \boldsymbol{T}_F{}^{\mathrm{t}} \boldsymbol{F} \qquad (4.3.17)$$

$$[T^{\mathrm{a}}]_{F^*F^*} := \begin{bmatrix}[T^{\mathrm{a}}[f^1]]_{F^*} & [T^{\mathrm{a}}[f^2]]_{F^*} & [T^{\mathrm{a}}[f^3]]_{F^*}\end{bmatrix}$$
$$= \begin{bmatrix} t^1{}_1 & t^2{}_1 & t^3{}_1 \\ t^1{}_2 & t^2{}_2 & t^3{}_2 \\ t^1{}_3 & t^2{}_3 & t^3{}_3 \end{bmatrix} = ([T]_F)^{\mathrm{t}} \equiv \boldsymbol{T}_F{}^{\mathrm{t}} \qquad (4.3.18)$$

この結果として，線形変換 T の随伴変換 T^{a} の F^*-行列 (4.3.18) が T の F-行列の “転置行列” となることがわかる．もちろん，標準基底に関しては，

$$[T^{\mathrm{a}}]_{S^*} \equiv [T^{\mathrm{a}}]_S = ([T]_S)^{\mathrm{t}} = \boldsymbol{T}^{\mathrm{t}} \qquad (4.3.19)$$

となる．

可逆な線形変換 A に対し，それが直交変換の場合にはその随伴変換は A の逆変換，すなわち，$A^{\mathrm{a}} = A^{-1}$ でなければならない．したがって，A の S-行列を $\boldsymbol{A}$ とすると，直交変換の場合には次のような行列表現を得る．

$$\boldsymbol{A}^{\mathrm{t}} = \boldsymbol{A}^{-1} \qquad (4.3.20)$$

4.4　ベクトル演算の行列表現

本節では 3.4.4 項で示したベクトル同士の演算（スカラー積，ベクトル積，スカラー 3 重積，ベクトル 3 重積）に対して行列を用いた表現を与えておく．

2 つのベクトル a, b のスカラー積 $(a \cdot b)$ は，ベクトルの S および F 表現を用いることによって，

$$(a \cdot b) = A_i B^i = A^i B_i$$
$$= a_i b^i = a^i b_i$$

となるのですでに示したベクトルの行列表現（列ベクトル）を用いることによって次のように表現される．

$$(a \cdot b) = ([a]_{S^*})^{\mathrm{t}}[b]_S = ([a]_S)^{\mathrm{t}}[b]_{S^*} = \boldsymbol{a}^{\mathrm{t}}\boldsymbol{b} = \boldsymbol{b}^{\mathrm{t}}\boldsymbol{a} \qquad (4.4.1)$$
$$= ([a]_F^*)^{\mathrm{t}}[b]_F = ([a]_F)^{\mathrm{t}}[b]_{F^*}$$
$$= (\boldsymbol{a}_F^*)^{\mathrm{t}}\boldsymbol{b}_F = (\boldsymbol{a}_F)^{\mathrm{t}}\boldsymbol{b}_{F^*} \qquad (4.4.2)$$
$$= ([b]_F)^{\mathrm{t}}[a]_{F^*} = ([b]_{F^*})^{\mathrm{t}}[a]_F$$
$$= (\boldsymbol{b}_F)^{\mathrm{t}}\boldsymbol{a}_{F^*} = (\boldsymbol{b}_{F^*})^{\mathrm{t}}\boldsymbol{a}_F \qquad (4.4.3)$$

2 つのベクトルのベクトル積 $(a \times b)$ は次のように

与えられる．

$$(a\times b)=e^{ijk}A_iB_je_k=e_{ijk}A^iB^je^k$$
$$=\epsilon^{ijk}a_ib_jf_k=\epsilon_{ijk}a^ib^jf^k \qquad (4.4.4)$$

したがって，ベクトル積の S-行列は次のようになる．

$$[(a\times b)]_S:=\begin{bmatrix}e^{ij1}A_iB_j\\e^{ij2}A_iB_j\\e^{ij3}A_iB_j\end{bmatrix}=\begin{bmatrix}A_2B_3-A_3B_2\\A_3B_1-A_1B_3\\A_1B_2-A_2B_1\end{bmatrix}$$
$$=\begin{bmatrix}e_{ij1}A^iB^j\\e_{ij2}A^iB^j\\e_{ij3}A^iB^j\end{bmatrix}=\begin{bmatrix}A^2B^3-A^3B^2\\A^3B^1-A^1B^3\\A^1B^2-a^2B^1\end{bmatrix}$$
$$\equiv\begin{vmatrix}A_1&B_1&e_1\\A_2&B_2&e_2\\A_3&B_3&e_3\end{vmatrix} \qquad (4.4.5)$$
$$=[(a\times b)]_{S^*} \qquad (4.4.6)$$

次に F-行列および F^*-行列は次のようになる．

$$[(a\times b)]_F:=\begin{bmatrix}\epsilon^{ij1}a_ib_j\\\epsilon^{ij2}a_ib_j\\\epsilon^{ij3}a_ib_j\end{bmatrix}=\frac{1}{\sqrt{f}}\begin{bmatrix}a_2b_3-a_3b_2\\a_3b_1-a_1b_3\\a_1b_2-a_2b_1\end{bmatrix} \qquad (4.4.7)$$

$$[(a\times b)]_{F^*}:=\begin{bmatrix}\epsilon_{ij1}a^ib^j\\\epsilon_{ij2}a^ib^j\\\epsilon_{ij3}a^ib^j\end{bmatrix}=\sqrt{f}\begin{bmatrix}a^2b^3-a^3b^2\\a^3b^1-a^1b^3\\a^1b^2-a^2b^1\end{bmatrix} \qquad (4.4.8)$$

なお，式 (4.4.4) から基底の S から F への変換に対して，

$$e^{ijk}A_iB_j=\epsilon^{ijk}a_ib_jf^l{}_k \qquad (4.4.9)$$

の関係を考慮すると，

$$[(a\times b)]_S=\begin{bmatrix}\epsilon^{ijk}f^1{}_ka_ib_j\\\epsilon^{ijk}f^2{}_ka_ib_j\\\epsilon^{ijk}f^3{}_ka_ib_j\end{bmatrix}$$
$$=\begin{bmatrix}f^1{}_1&f^1{}_2&f^1{}_3\\f^2{}_1&f^2{}_2&f^2{}_3\\f^3{}_1&f^3{}_2&f^3{}_3\end{bmatrix}\begin{bmatrix}\epsilon^{ij1}a_ib_j\\\epsilon^{ij2}a_ib_j\\\epsilon^{ij3}a_ib_j\end{bmatrix} \qquad (4.4.10)$$
$$=\boldsymbol{P}_{SF}[(a\times b)]_F \qquad (4.4.11)$$

を得る．したがって，この関係はベクトルの基底変換に伴う変換式 (4.2.6) に対応することがわかる．

3つのベクトル a, b, c のスカラー3重積について示す．基底 S について

$$(a\times b\cdot c)=e_{ijk}A^iB^jC^k=e^{ijk}A_iB_jC_k$$
$$=\begin{vmatrix}A^1&B^1&C^1\\A^2&B^2&C^2\\A^3&B^3&C^3\end{vmatrix}$$
$$=\begin{vmatrix}\boldsymbol{a}&\boldsymbol{b}&\boldsymbol{c}\end{vmatrix} \qquad (4.4.12)$$

となり，基底 F に対しては，次のようになる．

$$\epsilon_{ijk}a^ib^jc^k=\sqrt{f}e_{ijk}a^ib^jc^k$$
$$=\sqrt{f}\begin{vmatrix}a^1&b^1&c^1\\a^2&b^2&c^2\\a^3&b^3&c^3\end{vmatrix}=\sqrt{f}\begin{vmatrix}\boldsymbol{a}_F&\boldsymbol{b}_F&\boldsymbol{c}_F\end{vmatrix} \qquad (4.4.13)$$

以上によって，スカラー3重積はベクトルの行列表現を用いて次のように与えられる．

$$\begin{vmatrix}\boldsymbol{a}&\boldsymbol{b}&\boldsymbol{c}\end{vmatrix} \qquad (S\text{-表現})$$
$$=\sqrt{f}\begin{vmatrix}\boldsymbol{a}_F&\boldsymbol{b}_F&\boldsymbol{c}_F\end{vmatrix} \qquad (F\text{-表現})$$

3つのベクトルのベクトル3重積について考える．

$$(a\times b)\times c$$
$$=b(a\cdot c)-a(b\cdot c)$$
$$=e_{ijk}A^iB^jC_ke^{lkn}e_n$$
$$=\epsilon_{ijk}a^ib^jc_k\epsilon^{lkn}f_n \qquad (4.4.14)$$

したがって，ベクトル3重積の行列表現として以下を得る．

$$[(a\times b)\times c]_S=\boldsymbol{b}(\boldsymbol{a}^{\mathrm{t}}\boldsymbol{c})-\boldsymbol{a}(\boldsymbol{b}^{\mathrm{t}}\boldsymbol{c}) \qquad (4.4.15)$$

$$[(a\times b)\times c]_F=\boldsymbol{b}_F(\boldsymbol{a}_F{}^{\mathrm{t}}\boldsymbol{c}_{F^*})-\boldsymbol{a}_F(\boldsymbol{b}_F{}^{\mathrm{t}}\boldsymbol{c}_{F^*}) \qquad (4.4.16)$$

なお，これらの表現の間には次の変換関係が成り立つこともわかる．

$$[(a\times b)\times c]_S=\boldsymbol{P}_{SF}[(a\times b)\times c]_F \qquad (4.4.17)$$

4.5 線形変換の演算の行列表現

この節では線形変換の積，トレース，スカラー積の表現を与える．

2つの線形変換を T と S とする．その積 TS の行列表現は標準基底の場合は次のようになる．

$$(TS)[e_i]:=T[S[e_i]]=T[S^l{}_ie_l]=S^l{}_iT^k{}_le_k=T^k{}_lS^l{}_ie_k$$

したがって，積の S-行列は，

$$[TS]_S := \Big[[(TS)[e_1]]_S \quad [(TS)[e_2]]_S \quad [(TS)[e_3]]_S\Big]$$
$$= \begin{bmatrix} T^1{}_1 & T^1{}_2 & T^1{}_3 \\ T^2{}_1 & T^2{}_2 & T^2{}_3 \\ T^3{}_1 & T^3{}_2 & T^3{}_3 \end{bmatrix} \begin{bmatrix} S^1{}_1 & S^1{}_2 & S^1{}_3 \\ S^2{}_1 & S^2{}_2 & S^2{}_3 \\ S^3{}_1 & S^3{}_2 & S^3{}_3 \end{bmatrix}$$
$$= [T]_S[S]_S = \boldsymbol{TS} \tag{4.5.1}$$

となる．すなわち，線形変換の積の S-行列は，各々の線形変換の S-行列の積となる．次に基底 F に対する積の F-行列は次のようになる．

$$[TS]_F := \Big[[(TS)[f_1]]_F \quad [(TS)[f_1]]_S \quad [(TS)[e_3]]_S\Big]$$
$$= \boldsymbol{T}_F\boldsymbol{S}_F$$
$$= (\boldsymbol{P}_{SF})^{-1}(\boldsymbol{TS})\boldsymbol{P}_{SF} \tag{4.5.2}$$

次に線形変換のトレースの表現を与える．トレースの定義 (3.6.3) より各基底について

$$\mathrm{Tr}(T) = (T[e_i]\cdot e^i) = (T^j{}_i e_j \cdot e^i) = T^i{}_i$$
$$= (T[f_i]\cdot f^i) = (t^j{}_i f_j \cdot f^j) = t^i{}_i$$

となるので，

$$T^i{}_i = T^1{}_1 + T^2{}_2 + T^3{}_3 \equiv \mathrm{Tr}(\boldsymbol{T}) \tag{4.5.3}$$
$$t^i{}_i = t^1{}_1 + t^2{}_2 + t^3{}_3 \equiv \mathrm{Tr}(\boldsymbol{T}_F) \tag{4.5.4}$$

と表す．すなわち，“線形変換のトレースはその基底行列の対角項の和” となる．この結果，すでに 3.6.4 項で示した線形変換のトレースに関する性質 (3.6.18)-(3.6.20) は，S-行列の場合次のようになる．

$$\mathrm{Tr}(p\boldsymbol{T} + q\boldsymbol{S}) = p\mathrm{Tr}(\boldsymbol{T}) + q\mathrm{Tr}(\boldsymbol{S})$$
$$\mathrm{Tr}(\boldsymbol{T}^{\mathrm{t}}) = \mathrm{Tr}(\boldsymbol{T}) \tag{4.5.5}$$
$$\mathrm{Tr}(\boldsymbol{TS}) = \mathrm{Tr}(\boldsymbol{ST}) \tag{4.5.6}$$

ここで，線形変換の基底変換則を考慮すると，

$$\mathrm{Tr}(\boldsymbol{T}_F) = \mathrm{Tr}((\boldsymbol{P}_{SF})^{-1}\boldsymbol{T}\boldsymbol{P}_{SF}) = \mathrm{Tr}(\boldsymbol{T}\boldsymbol{P}_{SF}(\boldsymbol{P}_{SF})^{-1})$$
$$= \mathrm{Tr}(\boldsymbol{T}(\boldsymbol{P}_{SF}(\boldsymbol{P}_{SF})^{-1})) = \mathrm{Tr}(\boldsymbol{TI}) = \mathrm{Tr}(\boldsymbol{T}) \tag{4.5.7}$$

となる．すなわち，線形変換のトレースは基底に関係することなくユニークに定まる．したがって，上記の性質は線形変換のすべての基底行列に関して成り立つことになる．

以上，線形変換のトレースを述べたので，それと深く関連した線形変換のスカラー積

$$(T\cdot S) := \mathrm{Tr}(T^{\mathrm{a}}S) \tag{4.5.8}$$

に対する行列表現を与えることにする．上記の定義から以下のように表される．

$$\mathrm{Tr}(T^{\mathrm{a}}S) := (T^{\mathrm{a}}S[e_i]\cdot e^i) = (S[e_i]\cdot T[e^i])$$
$$= T_l{}^1 S^l{}_1 = T^l{}_i S^l{}_i$$
$$= T^1{}_1S^1{}_1 + T^2{}_1S^2{}_1 + \cdots + T^2{}_3S^2{}_3 + T^3{}_3S^3{}_3$$
$$= \mathrm{Tr}(\boldsymbol{T}^{\mathrm{t}}\boldsymbol{S}) = (T\cdot S) \tag{4.5.9}$$

4.6 演習問題

V_E^3 における次の条件のもと，以下の (1)-(8) の行列表現などを求めよ．

標準基底 $S = \{e_1, e_2, e_3\}$

一般基底 $F = \{f_1, f_2, f_3\}$

基底変換　$f_1 = e_1 + e_2$，$f_2 = e_2 + e_3$，$f_3 = e_3$

ベクトル　$a = -e_1 + e_2 + 3e_3$

線形変換　$A[e_1] = e_1 + e_3$，$A[e_2] = e_1 + e_2$，$A[e_3] = e_1 + 2e_3$

(1) 基底ベクトルの行列　$\boldsymbol{e}_i$，$\boldsymbol{f}_i$，$\boldsymbol{f}^i$

(2) 基底変換行列　$\boldsymbol{P}, \boldsymbol{P}^{-1}$

(3) ベクトルの行列表現　$\boldsymbol{a}$，$\boldsymbol{a}_f$

(4) 線形変換の行列表現　$\boldsymbol{A}$，$\boldsymbol{A}_F$, $\boldsymbol{A}^{-1}$, $\boldsymbol{A}^2$

(5) 随伴変換の行列表現　$\boldsymbol{A}^{\mathrm{t}}$，$\boldsymbol{AA}^{\mathrm{t}}$，$\boldsymbol{A}^{\mathrm{t}}\boldsymbol{A}$

(6) 線形変換のトレース
$\mathrm{Tr}(\boldsymbol{A})$，$\mathrm{Tr}(\boldsymbol{A}^{\mathrm{t}})$，$\mathrm{Tr}(\boldsymbol{AA}^{\mathrm{t}})$，$\mathrm{Tr}(\boldsymbol{A}^{\mathrm{t}}\boldsymbol{A})$，$\mathrm{Tr}(\boldsymbol{A}^2)$

(7) 線形変換行列のスカラー積　$(\boldsymbol{A}\cdot\boldsymbol{A}_F)$

(8) 線形変換行列の不変量
$(I_{\boldsymbol{A}} = \{I_{\boldsymbol{A}}, II_{\boldsymbol{A}}, III_{\boldsymbol{A}}\})$

I_A：

$$(Ae_1 \times e_2)\cdot e_3 + (e_1 \times Ae_1)\cdot e_3 + (e_1 \times e_2)\cdot Ae_3$$

II_A：

$$(Ae_1 \times Ae_2)\cdot e_3 + (e_1 \times Ae_1)\cdot Ae_3 + (Ae_1 \times e_2)\cdot Ae_3$$

III_A：

$$(Ae_1 \times Ae_2)\cdot Ae_3$$

解答

(1) 標準基底 S の基底ベクトルの S-表現：

$$\boldsymbol{e}_1 = \begin{bmatrix} 1 \\ 0 \\ 0 \end{bmatrix},\ \boldsymbol{e}_2 = \begin{bmatrix} 0 \\ 1 \\ 0 \end{bmatrix},\ \boldsymbol{e}_3 = \begin{bmatrix} 0 \\ 0 \\ 1 \end{bmatrix}$$

基底 F の基底ベクトルの S-表現：

$$\boldsymbol{f}_1 = \begin{bmatrix} 1 \\ 1 \\ 0 \end{bmatrix},\ \boldsymbol{f}_2 = \begin{bmatrix} 0 \\ 1 \\ 1 \end{bmatrix},\ \boldsymbol{f}_1 = \begin{bmatrix} 0 \\ 0 \\ 1 \end{bmatrix}$$

双対基底 F^* の基底ベクトルの S-表現：

$$f^i = p^{ij} e_j$$

とおき，定義3.3.8より p^{ij} を求める．これより

$$\boldsymbol{f}^1 = \begin{bmatrix} 1 \\ 0 \\ 0 \end{bmatrix},\ \boldsymbol{f}^2 = \begin{bmatrix} -1 \\ 1 \\ 0 \end{bmatrix},\ \boldsymbol{f}^3 = \begin{bmatrix} 1 \\ -1 \\ 1 \end{bmatrix}$$

(2) 基底変換行列 $\boldsymbol{P}$：

$$\boldsymbol{P} = \boldsymbol{P}_{SF} = [\ [f_1]_S \quad [f_2]_S \quad [f_3]_S\ ]$$
$$= \begin{bmatrix} 1 & 0 & 0 \\ 1 & 1 & 0 \\ 0 & 1 & 1 \end{bmatrix} = \begin{bmatrix} \boldsymbol{f}_1 & \boldsymbol{f}_2 & \boldsymbol{f}_3 \end{bmatrix}$$

基底変換行列 $\boldsymbol{P}^{-1}$：

$$\boldsymbol{P}^{-1} = \begin{bmatrix} 1 & 0 & 0 \\ -1 & 1 & 0 \\ 1 & -1 & 1 \end{bmatrix} = [\ (\boldsymbol{f}^1)^{\mathrm{t}} \quad (\boldsymbol{f}^2)^{\mathrm{t}} \quad (\boldsymbol{f}^3)^{\mathrm{t}}\ ]$$

(3) $\boldsymbol{a} = [a]_S = \begin{bmatrix} -1 \\ 1 \\ 1 \end{bmatrix},\ \boldsymbol{a}_F = [a]_F = \begin{bmatrix} -1 \\ 2 \\ 1 \end{bmatrix}(\boldsymbol{a} = \boldsymbol{P}\boldsymbol{a}_F)$

(4) A の S-行列：

$$\boldsymbol{A} = [\ [A[e_1]]_S \quad [A[e_2]]_S \quad [A[e_3]]_S\ ]$$
$$= \begin{bmatrix} 1 & 1 & 1 \\ 0 & 1 & 0 \\ 1 & 0 & 2 \end{bmatrix}$$

A の F-行列：

$$\boldsymbol{A}_F = [\ [A[f_1]]_F \quad [A[f_2]]_F \quad [A[f_3]]_F\ ]$$
$$= \begin{bmatrix} 2 & 2 & 1 \\ -1 & -1 & -1 \\ 2 & 3 & 3 \end{bmatrix}$$

$\boldsymbol{A}^{-1}$, $\boldsymbol{A}^2$：

$$\boldsymbol{A}^{-1} = \begin{bmatrix} 2 & -2 & -1 \\ 0 & 1 & 0 \\ -1 & 1 & 1 \end{bmatrix}$$

$$\boldsymbol{A}^2 = \begin{bmatrix} 2 & 2 & 3 \\ 0 & 1 & 0 \\ 3 & 1 & 5 \end{bmatrix}$$

(5)

$$\boldsymbol{A}^{\mathrm{t}} = \begin{bmatrix} 2 & -2 & -1 \\ 0 & 1 & 0 \\ -1 & 1 & 1 \end{bmatrix}$$

$$\boldsymbol{A}\boldsymbol{A}^{\mathrm{t}} = \begin{bmatrix} 3 & 1 & 3 \\ 1 & 1 & 0 \\ 3 & 0 & 5 \end{bmatrix}$$

$$\boldsymbol{A}^{\mathrm{t}}\boldsymbol{A} = \begin{bmatrix} 2 & 1 & 3 \\ 1 & 2 & 1 \\ 3 & 0 & 5 \end{bmatrix}$$

(6) トレースは対角和であるから，(4)，(5) の行列表現から，$\mathrm{Tr}(\boldsymbol{A}) = 4$, $\mathrm{Tr}(\boldsymbol{A}^{\mathrm{t}}) = 4$, $\mathrm{Tr}(\mathbf{AA}^{\mathrm{t}}) = 9$, $\mathrm{Tr}(\boldsymbol{A}^{\mathrm{t}}\boldsymbol{A}) = 9$, $\mathrm{Tr}(\boldsymbol{A}^2) = 8$ となる．

(7) $(\boldsymbol{A} \cdot \boldsymbol{A}_F) = \mathrm{Tr}(\boldsymbol{A}^{\mathrm{t}}\boldsymbol{A}_F) = \mathrm{Tr}\begin{bmatrix} 4 & 5 & 4 \\ 1 & 1 & 0 \\ 6 & 8 & 7 \end{bmatrix} = 12$

(8) 与えられた線形変換を用いて計算する．

I_A：

$$((e_1 + e_3) \times e_2) \cdot e_3 + (e_1 \times (e_1 + e_2)) \cdot e_3 + (e_1 \times e_2) \cdot (e_1 + 2e_3)$$
$$= (e_1 \times e_2) \cdot e_3 + (e_1 \times e_2) \cdot e_3 + (e_1 \times e_2) \cdot 2e_3$$
$$= 4(e_1 \times e_2) \cdot e_3$$
$$= \mathrm{Tr}(\boldsymbol{A})$$

II_A：

$$((e_1 + e_3) \times (e_1 + e_2)) \cdot e_3 + (e_1 \times (e_1 + e_2)) \cdot (e_1 + 2e_3) + ((e_1 + e_3) \times e_2) \cdot (e_1 + 2e_3)$$
$$= (e_1 \times e_2) \cdot e_3 + (e_1 \times e_2) \cdot 2e_3 + (e_1 \times e_2) \cdot 2e_3 + (e_3 \times e_2) \cdot 2e_1$$
$$= 4(e_1 \times e_2) \cdot e_3$$
$$= \frac{1}{2}\{(\mathrm{Tr}(\boldsymbol{A}))^2 - (\mathrm{Tr}(\boldsymbol{A}^2))\}$$

$III_{\boldsymbol{A}}$：

$$
\begin{aligned}
&((e_1+e_3)\times(e_1+e_2))\cdot(e_1+2e_3)\\
&=(e_1\times e_2)\cdot 2e_3+(e_3\times e_2)\cdot e_1\\
&=2(e_1\times e_2)\cdot e_3-(e_3\times e_1)\cdot e_2\\
&=1\\
&=\det \boldsymbol{A}
\end{aligned}
$$

5. ベクトルの線形変換積とその表現

5.1 線形関数のスカラー積表現

すでに第4章で，線形空間の任意のベクトルをあるベクトルに写像する働きが線形である場合，その写像を線形変換とよんだ（定義 3.5.2）．本章では，線形空間のベクトルの間にスカラー積が導入されている場合，すなわちユークリッド線形空間上の線形変換の特別な場合について考える．その線形変換は2つのベクトルによる演算を用いて表されることを示す．その前に，ユークリッド線形空間上の線形変換の特別な場合として定義した“線形関数”の表現に関する次の定理を述べておく．

定理 5.1.1（線形関数のスカラー積表現）． V_E 上の任意の線形関数 $\phi : V_E \to \boldsymbol{R}$ に対し，

$$\phi[u] = (v \cdot u) \quad (\forall u \in V_E) \tag{5.1.1}$$

となるベクトル v がユニークに存在する．

この定理は「線形関数の働きは線形関数に依存するベクトルによるスカラー積として具体化される」ことを意味している．

5.2 線形変換積

前定理を用いて V_E 上の線形変換に対する1つの表現を考える．一般的な線形変換の前に次のような特別な変換を考える．線形変換は1つのベクトルをあるベクトルに変換する働きである．そこで，ベクトル u の線形変換 A による像 $A[u]$ をあるベクトル v によって張られる V_E の1次元部分空間上への線形写像とする．すなわち，

$$A: \ u \in V_E \ \mapsto \ A[u] \in \langle v \rangle \subset V_E$$

すると，像 $A[u]$ はベクトル v の線形結合としてベクトル u に依存した実数 c が存在し，

$$A[u] = cv = \phi[u]v \tag{5.2.1}$$

と表される．ただし，ϕ はベクトル u に関する線形関数とする．そこで，前定理を適用すると，あるベクトル w がユニークに存在して，

$$A[u] = (w \cdot u)v = v(w \cdot u) \tag{5.2.2}$$

と表される．線形変換 A のこの表現の右辺を任意のベクトル u に対する写像と捉えて次の定義を与える．

定義 5.2.1（ベクトルの線形変換積）． 2つのベクトル $a, b \in V_E$ に対して，任意のベクトル $u \in V_E$ を以下のようにベクトル a の実数倍として変換する線形変換を，ベクトル a と b の**線形変換積 (linear transformation product)** とよび，$(a \odot b)$ と表す．

$$(a \odot b)[u] := a(b \cdot u) \tag{5.2.3}$$

問 5.2.1. 式 (5.2.3) で定義される写像が確かに線形変換であることを確認せよ．

このような線形変換は，任意に選んだベクトル u を2つのベクトル a と b に対し前者のベクトル a の b に依存して定まる実数倍に変換する働きである．したがって，この線形変換は任意のベクトルをユークリッド線形空間 V_E の1次元部分空間上のベクトルに変換する特別な働きである．すなわち，

$$(a \odot b): \ V_E \ \to \ \langle a \rangle \subset V_E$$

5.3 線形変換積の行列表現

ここで定義したベクトルの線形変換積の基底による行列表現を考える．そこで，2つのベクトルを基底 S および F を用いて，

$$a = A^i e_i = A_i e^i = a^i f_i = a_i f^i \ ,$$
$$b = B^i e_i = B_i e^i = b^i f_i = b_i f^i$$

とすると，標準基底 S に関して，

$$(a\odot b)[e_i]=a(b\cdot e_i)=aB_i$$
$$=B_iA^je_j\quad(i,\ j=1,\ 2,\ 3)\qquad(5.3.1)$$

を得る．この各標準基底ベクトルに対して線形変換 $(a\odot b)$ に対してすでに与えた S-行列に対応して次のような行列を定義する．

$$[(a\odot b)]_S$$
$$:=\begin{bmatrix}[(a\odot b)[e_1]]_S & [(a\odot b)[e_2]]_S & [(a\odot b)[e_3]]_S\end{bmatrix}$$
$$=\begin{bmatrix}A^1B_1 & A^1B_2 & A^1B_3\\ A^2B_1 & A^2B_2 & A^2B_3\\ A^3B_1 & A^3B_2 & A^3B_3\end{bmatrix}=\begin{bmatrix}A^1\\ A^2\\ A^3\end{bmatrix}\begin{bmatrix}B_1 & B_2 & B_3\end{bmatrix}$$
$$=[a]_S([b]_{S^\cdot})^{\mathrm{t}}=\boldsymbol{ab}^{\mathrm{t}}\qquad(5.3.2)$$

一般の基底 F については，

$$(a\odot b)[f_i]=a(b\cdot f_i)=ab_i=a^jb_if_j\qquad(5.3.3)$$

となるので，線形変換積 $(a\odot b)$ の F-行列を次のように定義する．

$$[(a\odot b)]_F$$
$$:=\begin{bmatrix}[(a\odot b)[f_1]]_F & [(a\odot b)[f_2]]_F & [(a\odot b)[f_3]]_F\end{bmatrix}$$
$$=[(a\odot b)]_{FF}$$
$$=\begin{bmatrix}a^1b_1 & a^1b_2 & a^1b_3\\ a^2b_1 & a^2b_2 & a^2b_3\\ a^3b_1 & a^3b2 & a^3b_3\end{bmatrix}=\begin{bmatrix}a^1\\ a^2\\ a^3\end{bmatrix}\begin{bmatrix}b_1 & b_2 & b_3\end{bmatrix}$$
$$=[a]_F([b]_{F^\cdot})^{\mathrm{t}}\qquad(5.3.4)$$

問 5.2.1 で確認したように線形変換積も線形変換であるから，

$$(a\odot b)[f_i]=a_jf^jb_i=a_jb_if^j$$
$$(a\odot b)[f^i]=a^jb^if_j=a_jb^if^j$$

に対して，次のような行列表現も得られる．

$$[(a\odot b)]_{FF^\cdot}=\begin{bmatrix}a_1\\ a_2\\ a_3\end{bmatrix}\begin{bmatrix}b_1 & b_2 & b_3\end{bmatrix}\qquad(5.3.5)$$

$$[(a\odot b)]_{F^\cdot F}=\begin{bmatrix}a^1\\ a^2\\ a^3\end{bmatrix}\begin{bmatrix}b^1 & b^2 & b^3\end{bmatrix}\qquad(5.3.6)$$

$$[(a\odot b)]_{F^\cdot F^\cdot}=\begin{bmatrix}a_1\\ a_2\\ a_3\end{bmatrix}\begin{bmatrix}b^1 & b^2 & b^3\end{bmatrix}\qquad(5.3.7)$$

次に線形変換積の随伴変換の表現を考える．随伴変換の定義より，

$$((a\odot b)[u]\cdot v)=(a(b\cdot u)\cdot v)=(b\cdot u)(a\cdot v)$$
$$=(u\cdot b(a\cdot v))=(u\cdot(b\odot a)[v])$$
$$(5.3.8)$$

から，線形変換積 $(a\odot b)$ の随伴変換 $(a\odot b)^{\mathrm{a}}$ は次のようになる．

$$(a\odot b)^{\mathrm{a}}=(b\odot a)\qquad(5.3.9)$$

そこで，この変換積の行列表現は次のように与えられる．

$$[(b\odot a)]_S=\begin{bmatrix}B^1\\ B^2\\ B^3\end{bmatrix}\begin{bmatrix}A_1 & A_2 & A_3\end{bmatrix}$$
$$=[b]_S([a]_{S^\cdot})^{\mathrm{t}}=\boldsymbol{ba}^{\mathrm{t}}=([(a\odot b)]_S)^{\mathrm{t}}$$
$$(5.3.10)$$

$$[(b\odot a)]_F=\begin{bmatrix}b^1\\ b^2\\ b^3\end{bmatrix}\begin{bmatrix}a_1 & a_2 & a_3\end{bmatrix}$$
$$=[b]_F([a]_{F^\cdot})^{\mathrm{t}}=([(a\odot b)]_F)^{\mathrm{t}}\qquad(5.3.11)$$

5.4 線形変換積空間

ベクトル空間 V_E の2つのベクトルに対して，線形変換となる"線形変換積"を定義した．この定義では2つのベクトルの選び方は任意であるからたくさんの線形変換積が構成できる．そこで，線形変換積の集合を考える．

定義 5.4.1（線形変換積空間）． 2つのベクトルから構成される線形変換積の集合を考える．その集合の元の間に次の加法（和）と倍計算法（実数倍）を定義する．

1. 加法　$((a\odot b)+(c\odot d))[u]$
$$:=(a\odot b)[u]+(c\odot d)[u]\qquad(5.4.1)$$
2. 実数倍法　$(p(a\odot b))[u]:=p((a\odot b)[u])$
$$(5.4.2)$$

この集合は上記の加法と実数倍法に関して線形空間となる．そこで，この線形空間を**線形変換積空間**とよび，$V_E\odot V_E$ と表す．

なお，この線形空間の零元は，任意のベクトル u に対して，$(a\odot b)[u]=\mathbf{0}$ を満たす線形変換積となるので，ベクトル a または b のうち少なくとも1つが零ベク

トルとなる場合であるから，線形変換積 $(\mathbf{0}\odot b)$, $(a\odot \mathbf{0})$, $(\mathbf{0}\odot\mathbf{0})$ が零元となることに注意する．

この加法と倍計算法の定義から以下に示す分配則や結合則が成立することがわかる．

$$((a+b)\odot c)=(a\odot c)+(b\odot c) \tag{5.4.3}$$

$$(a\odot(b+c))=(a\odot b)+(a\odot c) \tag{5.4.4}$$

$$((pa)\odot b)=(a\odot(pb))=p(a\odot b) \tag{5.4.5}$$

5.5 線形変換積の積（合成）

2つの線形変換積に対して次の演算から定められる線形変換積の積（合成）を定義する．

定義 5.5.1（線形変換積の積（合成））． 2つの線形線形変換積を $(a\odot b)$, $(c\odot d)$ とする．線形変換の積に対応する次のように定まる線形変換積を $(a\odot b)$ と $(c\odot d)$ の積とよぶ．

$$\begin{aligned}((a\odot b)(c\odot d))[u] &:= (a\odot b)[(c\odot d)[u]]\\ &= (a\odot b)[c(d\cdot u)]\\ &= a(b\cdot c)(d\cdot u)\end{aligned} \tag{5.5.1}$$

なお，この定義から一般には，$(a\odot b)(c\odot d)\neq(c\odot d)(a\odot b)$ となる．

この線形変換積（乗法）に関してすでに5.2節で示した線形変換の積に関する性質を有することがわかる．以下に線形変換積の乗法に関する公式を示しておく．なお，その表現は，行列表現に対するものとする．

1. $\boldsymbol{T}(\boldsymbol{a}\odot\boldsymbol{b})=(\boldsymbol{Ta}\odot\boldsymbol{b})$ (5.5.2)
2. $(\boldsymbol{a}\odot\boldsymbol{b})\boldsymbol{T}^{\mathrm{t}}=(\boldsymbol{a}\odot\boldsymbol{Tb})$ (5.5.3)
3. $(\boldsymbol{a}\odot\boldsymbol{b})(\boldsymbol{c}\odot\boldsymbol{d})=(\boldsymbol{a}\odot\boldsymbol{d})(\boldsymbol{b}\cdot\boldsymbol{c})$ (5.5.4)

5.6 線形変換と線形変換積

線形変換積同士の間に和と実数倍が定義されたので，ユークリッド線形空間上の線形変換と線形変換積との間に成り立つ関係について考える．線形変換を T とする．ベクトル u に対する像 $T[u]$ は，

$$T[u]=T[u^i f_i]=u^i T[f_i]=t^j{}_i f_j u^i$$

となる．ところでベクトル u の成分 u^i は双対基底 F^* の基底ベクトル f^j と u とのスカラー積として表されるので，

$$T[u]=t^j{}_i f_j (f^j\cdot u)$$

となり，線形変換積の定義から

$$T[u]=t^j{}_i((f_j\odot f^i)[u])=(t^j{}_i(f_j\odot f^i))[u]$$

となるので，線形変換 T は基底ベクトル f_j と双対基底ベクトル f^j の線形変換積の線形結合として次のように表される．

$$T=t^j{}_i(f_j\odot f^i) \tag{5.6.1}$$

すなわち，任意の線形変換は基底を選ぶことによって基底ベクトルと双対基底ベクトルの線形変換積の線形結合によって表現されることになる．そこで，次の定義を与える．

定義 5.6.1（線形変換の線形変換積表現）． ユークリッド線形空間 V_E の線形変換を T とする．V_E の任意の基底を $F=\{f_i\}$，その双対基底を $F^*=\{f^i\}$ とすると，

$$T=t^j{}_i(f_j\odot f^i)\quad (T[f_i]:=t^j{}_i f_j) \tag{5.6.2}$$

となる．線形変換 T のこの表現を**基底 F による線形変換積表現**とよぶ．

線形変換のこのような表現において現れる基底ベクトル同士の線形変換積の組 $\{(f_i\odot f^j)\}$ は線形空間 $L(V_E)$ において線形独立であることがわかり，次の定理が成り立つことになる．

定理 5.6.2（線形変換空間の基底）． ユークリッド線形空間 V_E の任意の基底を F とする．その基底ベクトル f_i とその双対基底ベクトル f^j の線形変換積の組 $\{(f_i\odot f^j)\}$ は線形空間 $L(V_E)$ の基底となる．

ここで，次のような線形変換積の和は恒等変換である．すなわち，

$$(f_i\odot f^i)=(f^i\odot f_i)=I \tag{5.6.3}$$

なお，表現 (5.6.2) の係数 $t^j{}_i$ が，

$$t^j{}_i=a^j b_i$$

と実数 a^j と b_i の積として表されるならば，

$$\begin{aligned}T&=t^j{}_i(f_j\odot f^i)=(a^j b_i)(f_j\odot f^i)\\ &=(a^j f_j\odot b_i f^i)=(a\odot b)\end{aligned} \tag{5.6.4}$$

となり，T は2つのベクトル a と b の線形変換積で表される．したがって，表現 (5.6.2) の特別な場合が2つのベクトルによる線形変換積となる．

5.7 線形変換積のトレース

線形変換積のトレースについて考える．トレースの定義に従うと，各基底に関して，

$$\begin{aligned}\mathrm{Tr}\,((a\odot b)) &:= ((a\odot b)[e_i]\cdot e^i) = (b\cdot e_i)(b\cdot e^i)\\ &= A^iB_i\\ &= ((a\odot b)[f_i]\cdot f^i) = (a\cdot f^i)(b\cdot f_i)\\ &= a^ib_i\end{aligned}$$

となる．したがって，線形変換積のトレースは次の表現となる．

$$\begin{aligned}\mathrm{Tr}\,((a\odot b)) &= (a\cdot b) = \boldsymbol{a}^{\mathrm{t}}\boldsymbol{b} = \boldsymbol{b}^{\mathrm{t}}\boldsymbol{a} \quad (5.7.1)\\ &= \boldsymbol{a}_F{}^{\mathrm{t}}\boldsymbol{b}_{F^*} = \boldsymbol{b}_F{}^{\mathrm{t}}\boldsymbol{a}_{F^*} \quad (5.7.2)\end{aligned}$$

以上のことから，2つのベクトルの線形変換積のトレースは，そのベクトルのスカラー積として表される．なお，ここで示した線形変換積のトレースを用いると，線形変換の線形変換積表現から

$$\begin{aligned}\mathrm{Tr}\,A &= \mathrm{Tr}(A^i{}_j(e_i\odot e^j)) = A^i{}_j(e_i\cdot e^j) = A^i{}_i\\ &= A^1{}_1 + \cdots + A^n{}_n\\ &= \mathrm{Tr}(a^i{}_j(f_i\odot f^j)) = a^i{}_j(f_i\cdot f^j) = a^i{}_i\\ &= a^1{}_1 + \cdots + a^n{}_n \quad (5.7.3)\end{aligned}$$

となるので，この表現はすでに式(4.5.3), (4.5.4)で示した表現行列の対角項の総和を与えている．

線形変換積のトレースに関して次の性質を有する．

1. $\mathrm{Tr}\,((\boldsymbol{a}\odot\boldsymbol{b})^{\mathrm{t}}) = \mathrm{Tr}\,((\boldsymbol{a}\odot\boldsymbol{b}))$ 　(5.7.4)
2. $\mathrm{Tr}\,((\boldsymbol{a}\odot\boldsymbol{b})(\boldsymbol{c}\odot\boldsymbol{d})) = (\boldsymbol{b}\cdot\boldsymbol{c})(\boldsymbol{a}\cdot\boldsymbol{d})$ 　(5.7.5)

5.8 線形変換積のスカラー積

線形変換積のトレースを定義したので，次のような線形変換積のスカラー積を定義する．

> **定義 5.8.1（線形変換積のスカラー積）．** 2つの線形変換積を $(a\odot b)$, $(c\odot d)$ とする．この2つの線形変換積に対してトレースをもとに次のような実数値を定める演算を線形変換積 $(a\odot b)$ と $(c\odot d)$ のスカラー積とよび，$((a\odot b)\cdot(c\odot d))$ と表す．
>
> $$\begin{aligned}((a\odot b)\cdot(c\odot d)) &:= \mathrm{Tr}\,((a\odot b)^{\mathrm{a}}(c\odot d))\\ &\equiv (a\cdot c)(b\cdot d) \quad (5.8.1)\end{aligned}$$

この定義からスカラー演算はベクトルのスカラー積の性質である線形性，対称性，正定値性を満たすことがわかる．例えば，正定値性は次のようにして確かめられる．

$$((a\odot b)\cdot(a\odot b)) = (a\cdot a)(b\cdot b) = \|\,a\,\|^2\|\,b\,\|^2 \geq 0$$

なお，任意の線形変換 T と線形変換積 $(a\odot b)$ とのスカラー積は次のようになる．

$$\begin{aligned}(T\cdot(a\odot b)) &= \mathrm{Tr}\,(T^{\mathrm{a}}(a\odot b)) = \mathrm{Tr}\,(T^{\mathrm{a}}[a]\odot b)\\ &= (T^{\mathrm{a}}[a]\cdot b) = (a\cdot T[b]) \quad (5.8.2)\end{aligned}$$

5.9 演習問題

[1] V_E^3 の標準基底 S の S-行列表現を $\boldsymbol{e}_1$，$\boldsymbol{e}_2$，$\boldsymbol{e}_3$ とする．以下の線形変換積を求めよ．

(1) $(\boldsymbol{e}_1\odot\boldsymbol{e}_1)$，$(\boldsymbol{e}_2\odot\boldsymbol{e}_2)$，$(\boldsymbol{e}_3\odot\boldsymbol{e}_3)$

(2) $(\boldsymbol{e}_1\odot\boldsymbol{e}_1)+(\boldsymbol{e}_2\odot\boldsymbol{e}_2)+(\boldsymbol{e}_3\odot\boldsymbol{e}_3)$

[2] V_E^3 のベクトル a, b と線形変換 T の S-行列表現をそれぞれ $\boldsymbol{a}$，$\boldsymbol{b}$，$\boldsymbol{T}$ とする．次の線形変換積に関する等式を証明せよ．

(1) $\boldsymbol{T}(\boldsymbol{a}\odot\boldsymbol{b}) = (\boldsymbol{T}\boldsymbol{a}\odot\boldsymbol{b})$

(2) $(\boldsymbol{a}\odot\boldsymbol{b})\boldsymbol{T}^{\mathrm{t}} = (\boldsymbol{a}\odot\boldsymbol{T}\boldsymbol{b})$

(3) $(\boldsymbol{a}\odot\boldsymbol{b})(\boldsymbol{c}\odot\boldsymbol{d}) = (\boldsymbol{b}\cdot\boldsymbol{c})(\boldsymbol{a}\odot\boldsymbol{d})$

解答

[1] 定義に従い計算すればよい．

(1)

$$(\boldsymbol{e}_1\odot\boldsymbol{e}_1) = \boldsymbol{e}_1(\boldsymbol{e}_1)^{\mathrm{t}} = \begin{bmatrix}1&0&0\\0&0&0\\0&0&0\end{bmatrix}$$

$$(\boldsymbol{e}_2\odot\boldsymbol{e}_2) = \boldsymbol{e}_2(\boldsymbol{e}_2)^{\mathrm{t}} = \begin{bmatrix}0&0&0\\0&1&0\\0&0&0\end{bmatrix}$$

$$(\boldsymbol{e}_3\odot\boldsymbol{e}_3) = \boldsymbol{e}_3(\boldsymbol{e}_3)^{\mathrm{t}} = \begin{bmatrix}0&0&0\\0&0&0\\0&0&1\end{bmatrix}$$

(2) $(\boldsymbol{e}_1\odot\boldsymbol{e}_1)+(\boldsymbol{e}_2\odot\boldsymbol{e}_2)+(\boldsymbol{e}_3\odot\boldsymbol{e}_3)$

$$= \begin{bmatrix}1&0&0\\0&1&0\\0&0&1\end{bmatrix} = \boldsymbol{I}$$

[2] 任意のベクトル $u\in V_E^3$ の S-表現 $\boldsymbol{u}$ に対して確かめる．

(1) $(\boldsymbol{T}(\boldsymbol{a}\odot\boldsymbol{b}))\boldsymbol{u} = \boldsymbol{T}((\boldsymbol{a}\odot\boldsymbol{b})\boldsymbol{u}) = \boldsymbol{T}(\boldsymbol{a}(\boldsymbol{b}\cdot\boldsymbol{u})) = (\boldsymbol{T}\boldsymbol{a})(\boldsymbol{b}\cdot$

$\boldsymbol{u}) = (T\boldsymbol{a}\cdot\boldsymbol{b})\boldsymbol{u}$

(2) $((\boldsymbol{a}\odot\boldsymbol{b})T^{\mathrm{t}})\boldsymbol{u} = (\boldsymbol{a}\odot\boldsymbol{b})(T^{\mathrm{t}}\boldsymbol{u}) = \boldsymbol{a}(\boldsymbol{b}\cdot T^{\mathrm{t}}\boldsymbol{u}) = \boldsymbol{a}(T\boldsymbol{b}\cdot\boldsymbol{u}) = (\boldsymbol{a}\cdot T\boldsymbol{b})\boldsymbol{u}$

(3) $((\boldsymbol{a}\odot\boldsymbol{b})(\boldsymbol{c}\odot\boldsymbol{d}))\boldsymbol{u} = (\boldsymbol{a}\odot\boldsymbol{b})((\boldsymbol{c}\odot\boldsymbol{d})\boldsymbol{u}) = (\boldsymbol{a}\odot\boldsymbol{b})(\boldsymbol{c}(\boldsymbol{d}\cdot\boldsymbol{u})) = (\boldsymbol{d}\cdot\boldsymbol{u})(\boldsymbol{a}\odot\boldsymbol{b})\boldsymbol{c} = (\boldsymbol{d}\cdot\boldsymbol{u})(\boldsymbol{b}\cdot\boldsymbol{c})\boldsymbol{a} = (\boldsymbol{b}\cdot\boldsymbol{c})((\boldsymbol{d}\cdot\boldsymbol{u})\boldsymbol{a}) = (\boldsymbol{b}\cdot\boldsymbol{c})((\boldsymbol{a}\odot\boldsymbol{d})\boldsymbol{u}) = ((\boldsymbol{b}\cdot\boldsymbol{c})(\boldsymbol{a}\odot\boldsymbol{d}))\boldsymbol{u}$

6. 交代線形変換とその表現

6.1 ベクトル3重積と交代線形変換

第3章でベクトル3重積を導入した．ここでは，そのベクトルの演算と関連深い交代線形変換について考える．ベクトル3重積は，線形変換積を用いて次のように表される．

$$
\begin{aligned}
(a\times b)\times c &= b(a\cdot c)-a(b\cdot c)\\
&=(b\odot a)[c]-(a\odot b)[c]\\
&=((b\odot a)-(a\odot b))[c]\\
&=((b\odot a)-(b\odot a)^{a})[c] \qquad (6.1.1)
\end{aligned}
$$

この結果，ベクトル b と a の線形変換積による線形変換

$$W:=((b\odot a)-(b\odot a)^{\mathrm{a}}) \qquad (6.1.2)$$

を定義すると，明らかに，$W^{\mathrm{a}}=-W$ となる．すなわち，線形変換 W はすでに述べたように**交代線形変換**である．そこで，上記のベクトル3重積はこの W を用いると次のように表される．

$$W[c]=(a\times b)\times c \qquad (6.1.3)$$

すなわち，交代線形変換 W によるベクトル c の像は，ベクトル $(a\times b)$ とベクトル c とのベクトル積として定められた．この逆が成り立つのか．

6.2 交代線形変換のベクトル積表現

前節の結果に対して次の表現定理が成り立つ．

定理 6.2.1（交代線形変換の表現定理）. 有向（右手系）3次元ユークリッド空間 E^3 上の交代線形変換を W とする．すなわち，$W^{\mathrm{a}}=-W$．このような線形変換に対して次式を満たすベクトル v がユニークに存在する．

$$W[u]=(v\times u)\quad(\forall u\in E^3) \qquad (6.2.1)$$

そこで，W に対してユニークに存在するベクトル v を交代線形変換 W の**軸ベクトル (axial vector)** とよぶ．

6.3 交代線形変換の行列表現

W が E^3 上の交代線形変換の場合，それがどのように表現されるかを考える．標準基底 S の場合から始める．線形変換 W と W^{a} は基底ベクトルの線形変換積の線形結合として，

$$
\begin{aligned}
W &= W^{i}{}_{j}(e_i\odot e^j)\\
W^{\mathrm{a}} &= (W^{i}{}_{j}(e_i\odot e^j))^{a}=W^{i}{}_{j}(e^j\odot e_i)
\end{aligned}
$$

とする．したがって，

$$W^{i}{}_{j}(e^j\odot e_j)=-W^{i}{}_{j}(e_i\odot e^j)$$

とならなければならない．標準基底の場合，$S=S^{*}$ であるから，結局各成分は次式を満たさなければならない．

$$W^{i}{}_{j}+W^{j}{}_{i}=0\quad(W^{ij}+W^{ji}=0)\quad(i,j=1,2,3)$$

すなわち，各成分に関して次のようになる．

$$
\begin{aligned}
&W^{1}{}_{1}=W^{2}{}_{2}=W^{3}{}_{3}=0\\
&W^{1}{}_{2}=-W^{2}{}_{1},\quad W^{2}{}_{3}=-W^{3}{}_{2},\quad W^{3}{}_{1}=-W^{1}{}_{3} \qquad (6.3.1)
\end{aligned}
$$

ここで，交代線形変換の S-行列表現を求める．S の各基底ベクトル e_k に対して，

$$W[e_k]=W^{i}{}_{j}(e_i\odot e^j)[e_k]=W^{i}{}_{k}e_i \qquad (6.3.2)$$

となるので，式 (6.3.1) を考慮すると対角項がすべて0となる次の行列表現を得る．

$$[W]_S := \Big[[W[e_1]]_S \quad [W[e_2]]_S \quad [W[e_3]]_S\Big]$$
$$= \begin{bmatrix} W^1{}_1 & W^1{}_2 & W^1{}_3 \\ W^2{}_1 & W^2{}_2 & W^2{}_3 \\ W^3{}_1 & W^3{}_2 & W^3{}_3 \end{bmatrix} = \begin{bmatrix} 0 & -W^2{}_1 & W^1{}_3 \\ W^2{}_1 & 0 & -W^3{}_2 \\ -W^1{}_3 & W^3{}_2 & 0 \end{bmatrix}$$
$$\equiv \boldsymbol{W} \tag{6.3.3}$$

この結果，

$$[W]_S{}^{\mathrm{t}} = \boldsymbol{W}^{\mathrm{t}} = -\boldsymbol{W} \tag{6.3.4}$$

この W の S-行列表現から，行列が 3 つの非零成分のみで表されることがわかる．この 3 つの成分からなるベクトルの S-行列を，

$$\boldsymbol{w} := \begin{bmatrix} W^3{}_2 \\ W^1{}_3 \\ W^2{}_1 \end{bmatrix} \tag{6.3.5}$$

とすると，このベクトル $\boldsymbol{w}$ が交代線形変換 W の“軸ベクトル”となる．

一般的な基底 F の場合は，

$$W = w^i{}_j (f_i \odot f^j), \qquad W^{\mathrm{a}} = w^i{}_j (f^j \odot f_i)$$

とすると，交代線形変換の定義 $W^{\mathrm{a}} = -W$ から次のような関係が成り立たなければならない．

$$f_{ik} w^k{}_j + f_{jk} w^k{}_i = 0 \quad \rightarrow \quad w^i{}_j = -f^{il} f_{jm} w^m_l \tag{6.3.6}$$

さらに，各基底ベクトル f_k に対して，

$$W[f_k] = w^i{}_j (f_i \odot f^j)[f_k] = w^i{}_k f_i \tag{6.3.7}$$

となり，さらに式 (6.3.6) を考慮することによって交代線形変換 W の F-行列は次のように表される．

$$\boldsymbol{W}_F := \Big[[W[f_1]]_F \quad [W[f_2]]_F \quad [W[f_3]]_F\Big]$$
$$= \begin{bmatrix} w^1{}_1 & w^1{}_2 & w^1{}_3 \\ w^2{}_1 & w^2{}_2 & w^2{}_3 \\ w^3{}_1 & w^3{}_2 & w^3{}_3 \end{bmatrix}$$
$$= -\begin{bmatrix} f^{1l} f_{1m} w^m_l & f^{1l} f_{2m} w^m_l & f^{1l} f_{3m} w^m_l \\ f^{2l} f_{1m} w^m_l & f^{2l} f_{2m} w^m_l & f^{2l} f_{3m} w^m_l \\ f^{3l} f_{1m} w^m_l & f^{3l} f_{2m} w^m_l & f^{3l} f_{3m} w^m_l \end{bmatrix}$$
$$= -\boldsymbol{F}^{*} \boldsymbol{W}_F{}^{\mathrm{t}} \boldsymbol{F} \tag{6.3.8}$$

したがって，この行列表現の転置は次のようになる．

$$\boldsymbol{W}_F{}^{\mathrm{t}} = -(\boldsymbol{F}^{*} \boldsymbol{W}_F{}^{\mathrm{t}} \boldsymbol{F})^{\mathrm{t}} = \boldsymbol{F}(-\boldsymbol{W}_F)\boldsymbol{F}^{*} \tag{6.3.9}$$

以上，交代線形変換の基底による行列表現を与えてきた．交代線形変換の表現定理 6.2.1 を用いると，軸ベクトルが存在することになるので，そのようなベクトルを用いた表現も可能となる．それを以下に示しておく．各基底による基底ベクトルの W による像は交代線形変換 W の表現定理より，

$$W[e_i] = (v \times e_i) = (V^j e_j \times e_j) = V^i e_{jik} e^k \tag{6.3.10}$$
$$W[f_i] = (v \times f_i) = (v^j f_j \times f_i) = v^j \varepsilon_{jik} f^k$$
$$= f^{kl} \varepsilon_{jik} v^j f_l \tag{6.3.11}$$

となるので，軸ベクトル v を用いた行列表現として次のようになる．

$$\boldsymbol{W} = [W]_S = \begin{bmatrix} e_{i11}V^i & e_{i21}V^i & e_{i31}V^i \\ e_{i21}V^i & e_{i22}V^i & e_{i32}V^i \\ e_{i13}V^i & e_{i23}V^i & e_{i33}V^i \end{bmatrix}$$
$$= \begin{bmatrix} 0 & -V^3 & V^2 \\ V^3 & 0 & -V^1 \\ -V^2 & V^1 & 0 \end{bmatrix} \tag{6.3.12}$$

$$\boldsymbol{W}_F = [W]_F$$
$$= \begin{bmatrix} \varepsilon_{j1k} f^{kl} v^j & \varepsilon_{j2k} f^{k1} v^j & \varepsilon_{j3k} f^{k1} v^j \\ \varepsilon_{j1k} f^{k2} v^j & \varepsilon_{j2k} f^{k2} v^j & \varepsilon_{j3k} f^{k2} v^j \\ \varepsilon_{j1k} f^{k3} v^j & \varepsilon_{j2k} f^{k3} v^j & \varepsilon_{j3k} f^{k3} v^j \end{bmatrix}$$
$$= \sqrt{f} \begin{bmatrix} f^{11} & f^{12} & f^{13} \\ f^{21} & f^{22} & f^{23} \\ f^{31} & f^{32} & f^{33} \end{bmatrix} \begin{bmatrix} 0 & -v^3 & v^2 \\ v^3 & 0 & -v^1 \\ -v^2 & v^1 & 0 \end{bmatrix}$$
$$= \sqrt{f} \boldsymbol{F}^{*} \begin{bmatrix} 0 & -v^3 & v^2 \\ v^3 & 0 & -v^1 \\ -v^2 & v^1 & 0 \end{bmatrix} \tag{6.3.13}$$

なお，式 (6.3.11) から次のような行列表現も得られる．

$$\boldsymbol{W}_{FF^{*}} = \Big[[W[f_1]]_{F^{*}} \quad [W[f_2]]_{F^{*}} \quad [W[f_3]]_{F^{*}}\Big]$$
$$= \sqrt{f} \begin{bmatrix} 0 & -v^3 & v^2 \\ v^3 & 0 & -v^1 \\ -v^2 & v^1 & 0 \end{bmatrix} \tag{6.3.14}$$

6.4　交代線形変換と線形変換積

ここで，式 (6.3.7) と式 (6.3.11) から交代線形変換 W は，

$$W = w^i{}_k(f_i \odot f^k) = f^{ik}\varepsilon_{klj}v^l(f_i \odot f^j)$$
$$= v^l(f^k \odot \varepsilon_{klj}f^j)$$
$$= v^l(f^k \odot (f_k \times f_l))$$
$$= (f^k \odot (f_k \times v)) \qquad (6.4.1)$$

となるので，ベクトル f^k とベクトル積 $(f_k \times v)$ の線形変換積として表された．このような表現から，

$$W^{\mathrm{a}}[u] = (f^k \odot (f_k \times v))^{\mathrm{a}}[u] = ((f_k \times v) \odot f^k)[u]$$
$$= (f_k \times v)(f^k \cdot u)$$
$$= (f_k(f^k \cdot u) \times v) = (f_k \odot f^k)[u] \times v)$$
$$= (I[u] \times v)$$
$$= (u \times v) = -W[u] \qquad (6.4.2)$$

となり，式 (6.4.1) で表された線形変換 W は交代線形変換であることがわかる．以上の議論は一般の基底に対して行ったが，標準基底に対しても同様に次の結果が得られる．

$$W = (e^k \odot (e_k \times v)) = ((v \times e_k) \odot e_k) \qquad (6.4.3)$$

この結果をまとめて次の定理を得る．

定理 6.4.1（交代線形変換のベクトルの線形変換積による表現）． E^3 上の線形変換を W とする．任意のベクトル $v \in E^3$ と任意の基底 F の基底ベクトルによる線形変換積によって次のように表されるならば，W は交代線形変換となる．

$$W = (f^i \odot (f_k \times v)) \quad \Longleftrightarrow \quad W^{\mathrm{a}} = -W \qquad (6.4.4)$$

さらに，軸ベクトル v は次のように表される．

$$v = \frac{1}{2}(W^{\mathrm{a}}[f_k] \times f^k) = \frac{1}{2}(f_k \times W[f^k]) \qquad (6.4.5)$$

6.5　ロドリーグの回転公式と回転変換

交代線形変換に関連してロドリーグ (Rodrigues) の回転公式の誘導とそれに伴う回転写像の表現を与えておく．問題は，3 次元ユークリッド空間のあるベクトル v に対して，単位ベクトル k を回転軸（E^3 の 1 次元部分空間）として選び，ベクトル v をこの回転軸のまわりにある角度 θ だけ回転（右手系としての回転）させることによって得られるベクトル w を定めることである．

ベクトル v を回転軸に平行な成分 $v_{/\!/}$ とそれに垂直な成分 $v_\perp$ の和として次のように分解する．

$$v = v_{/\!/} + v_\perp$$

すると，この各々のベクトル成分は，次のように線形変換積を用いて表される．

$$v_{/\!/} = (v \cdot k)k = (k \odot k)[v] \qquad (6.5.1)$$
$$v_\perp = v - v_{/\!/} = (I - (k \odot k))[v] \qquad (6.5.2)$$

角度 θ だけ回転して得られるベクトル w に関しても，

$$w = w_{/\!/} + w_\perp = v_{/\!/} + w_\perp \qquad (6.5.3)$$

とする．なお，$v_{/\!/} = w_{/\!/}$．

ここで，ベクトル k とベクトル v および w のベクトル積をとると，

$$(k \times v) = (k \times (v_{/\!/} + v_\perp)) = (k \times v_\perp)$$
$$(k \times w) = (k \times (w_{/\!/} + w_\perp)) = (k \times w_\perp)$$

となり，$v_\perp$ および $w_\perp$ は k と直交することがわかる．すると，$v_\perp$ および $w_\perp$ は θ だけ回転しているので，

$$w_\perp = (\cos\theta)v_\perp + (\sin\theta)(k \times v_\perp) \qquad (6.5.4)$$

となることがわかる．したがって，

$$w = v_{/\!/} + v_\perp \cos\theta + (k \times v_\perp)\sin\theta$$
$$= v\cos\theta + (v \cdot k)k(1 - \cos\theta) + (k \times v)\sin\theta \qquad (6.5.5)$$

と表される．この表現が，ロドリーグの回転公式とよばれている．この式を線形変換積を用いて表現しなおすと，

$$w = (k \odot k)[v] + \cos\theta(I - (k \odot k))[v] + \sin\theta(k \times v)$$

となる．ここで，この式の右辺の第 3 項のベクトル積に注目し，この 2 つのベクトルのベクトル積を表現定理 6.2.1 を用いて，

$$(k \times v) = K[v] \qquad (6.5.6)$$

と線形変換表現すると，

$$w = ((k \odot k) + (\cos\theta)(I - (k \odot k)) + (\sin\theta)K)[v]$$
$$= ((\cos\theta)I + (1 - \cos\theta)(k \odot k) + (\sin\theta)K)[v] \qquad (6.5.7)$$

となる．ここで

$$\Omega := (\cos\theta)I + (1-\cos\theta)(k\odot k) + (\sin\theta)K \tag{6.5.8}$$

とおくと

$$\Omega[v] = w$$

を得る．

交代線形変換 K の積をベクトル 3 重積演算 (3.4.27) を考慮して計算すると，

$$\begin{aligned} K^2[v] = K[K[v]] = K[(k\times v)] &= (k\times(k\times v)) \\ &= -((k\times v)\times k) \\ &= k(v\cdot k) - v(k\cdot k) \\ &= (k\odot k)[v] - v \\ &= ((k\odot k) - I)[v] \end{aligned}$$

から

$$K^2 = (k\odot k) - I \tag{6.5.9}$$

となり，この K^2 の表現を式 (6.5.8) に代入すると線形変換 Ω が次のように交代線形変換 K を用いて表現される．

$$\Omega = I + (\sin\theta)K + (1-\cos\theta)K^2 \tag{6.5.10}$$

さらに，その 3 乗を計算すると，

$$\begin{aligned} K^3[v] = K[K^2[v]] &= K[k(v\cdot k) - v] \\ &= (v\cdot k)K[k] - K[v] \\ &= (v\cdot k)(k\times k) - K[v] = -K[v] \end{aligned} \tag{6.5.11}$$

となり，$K^3 = -K$ となる．したがって，

$$K^4 = -K^2,\quad K^5 = -K^3 = K,\quad K^6 = K^2, \cdots$$

となるので，線形変換 K の指数関数を計算すると，

$$\begin{aligned} e^{\theta K} &:= \sum_{n=0}^{\infty}\frac{(\theta K)^n}{n!} = I + \theta K + \frac{(\theta K)^2}{2!} + \cdots \\ &= I + \theta K + \frac{\theta^2}{2!}K^2 + \frac{\theta^3}{3!}K^3 + \cdots \\ &= I + \left(\theta - \frac{\theta^3}{3!} + \frac{\theta^5}{5!} - \frac{\theta^7}{7!} + \cdots\right)K \\ &\quad + \left(\frac{\theta^2}{2!} - \frac{\theta^4}{4!} + \frac{\theta^6}{6!} - \cdots\right)K^2 \\ &= I + (\sin\theta)K + (1-\cos\theta)K^2 \end{aligned} \tag{6.5.12}$$

となる．したがって，式 (6.5.10) の回転変換 Ω は交代線形変換 K の指数関数によって次のように表される．

$$\Omega = e^{\theta K} \quad (K[v] = (k\times v)) \tag{6.5.13}$$

なお，上記の線形変換 Ω は次のようにして直交変換であることがわかる．

$$\begin{aligned} \Omega^{\mathrm{a}}\Omega &= \{I + (\sin\theta)K^{\mathrm{a}} + (1-\cos\theta)(K^2)^{\mathrm{a}}\}\{I \\ &\quad + (\sin\theta)K + (1-\cos\theta)k^2\} \\ &= I + \{2(1-\cos\theta) - \sin^2\theta - (1-\cos\theta)^2\}K^2 \\ &= I \end{aligned} \tag{6.5.14}$$

6.6 演習問題

3 次元右手系ユークリッド空間上の交代線形変換の S-行列表現を $\boldsymbol{W}$ とし次のように定義する．以下の問いに答えよ．

$$\boldsymbol{W}\boldsymbol{e}_1 := \boldsymbol{0},\quad \boldsymbol{W}\boldsymbol{e}_2 := \alpha\boldsymbol{e}_3,$$
$$\boldsymbol{W}\boldsymbol{e}_3 := -\alpha\boldsymbol{e}_2 \quad (\alpha \neq 0)$$

(1) $\boldsymbol{W}$ の S-行列を求めよ

(2) $\boldsymbol{W}^{\mathrm{t}} = -\boldsymbol{W}$ を確かめよ

(3) $\boldsymbol{W}$ の軸ベクトル $\boldsymbol{w}$ を求めよ

解答

(1) $\boldsymbol{W} = \begin{bmatrix} 0 & 0 & 0 \\ 0 & 0 & -\alpha \\ 0 & \alpha & 0 \end{bmatrix}$

(2) $\boldsymbol{W}^{\mathrm{t}} = \begin{bmatrix} 0 & 0 & 0 \\ 0 & 0 & \alpha \\ 0 & -\alpha & 0 \end{bmatrix} = \boldsymbol{W}$

(3) 軸ベクトルを $\boldsymbol{w} = w^1\boldsymbol{e}_1 + w^2\boldsymbol{e}_2 + w^3\boldsymbol{e}_3$ とする．交代線形変換のベクトル積表現を用いる．

$$\boldsymbol{W}[e_1] = \boldsymbol{w}\times\boldsymbol{e}_1 = -w^3\boldsymbol{e}_3 + w^3\boldsymbol{e}_2 = \boldsymbol{0}$$
$$\boldsymbol{W}[e_2] = \boldsymbol{w}\times\boldsymbol{e}_2 = w^1\boldsymbol{e}_3 + w^3\boldsymbol{e}_1 = \alpha\boldsymbol{e}_3$$
$$\boldsymbol{W}[e_3] = \boldsymbol{w}\times\boldsymbol{e}_3 = -w^1\boldsymbol{e}_2 + w^2\boldsymbol{e}_1 = -\alpha\boldsymbol{e}_2$$

以上より，$w^1 = \alpha$，$w^2 = w^3 = 0$ である．つまり，

$$\boldsymbol{w} = \begin{bmatrix} \alpha \\ 0 \\ 0 \end{bmatrix}$$

7. 線形変換の表現

これまで線形空間上の線形変換とその基底行列表現について述べてきた．線形変換の概念は自然科学や工学等の数理モデルの基礎として極めて重要となっている．その数理モデルにおける線形変換は問題の本質を表現するような形式で与えられる必要がある．本章ではそのような表現として，3つの表現「スペクトル分解」，「特異値分解」，「極分解」を展開する．

これまで線形変換は任意に選ばれた基底のもとで行列表現されることを示した．したがって，線形変換に関する各種の演算（加法，実数倍法，乗法，スカラー積）を“行列の演算”として具体化できることも示した．そこで，本章では対象とする線形変換を3次元ユークリッド空間 E^3 上に限定し，その基底行列表現で与えることにする．もちろん，本章で展開する議論は一般的な次元に対しても適用可能であることを付記しておく．

7.1 線形変換の固有値問題

線形変換の固有値問題は，これから展開する線形変換の3つの表現に関する基礎となる．線形変換（行列）の固有値問題の成果としての“行列の対角化”が知られている．この対角化は線形変換の基底行列を，線形独立な固有ベクトルの組を新たな基底として選ぶことによって対角行列に変換する方法である．しかし，すべての線形変換が対角化可能となるわけではない．そこで，本章では3行3列の行列を対象として対角化を含めてその固有値問題の成果をまとめておく．

7.1.1 固有値問題の定義

定義 7.1.1（線形変換（行列）の固有値問題）**.** E^3 上の線形変換を A とし，その標準基底 S に関する行列を $\boldsymbol{A}$ とする．行列 $\boldsymbol{A}$ に対して，

$$\boldsymbol{Au} = \lambda \boldsymbol{u} \quad \rightarrow \quad (\boldsymbol{A} - \lambda \boldsymbol{I})\boldsymbol{u} = \boldsymbol{0} \quad (\forall \boldsymbol{u} \neq \boldsymbol{0}) \tag{7.1.1}$$

を満たす数 λ とベクトル $\boldsymbol{u}$ に関して，次を定義する．

λ： $\boldsymbol{A}$ の固有値 (eigenvallue)，

$\boldsymbol{u}$： λ の固有ベクトル (eigenvector)

$E_\lambda(\boldsymbol{A}) := \{\boldsymbol{u} | \boldsymbol{Au} = \lambda \boldsymbol{u}\}$;

　$\boldsymbol{A}$ の λ に関する固有空間 (eigenspace)，

$\nu(\boldsymbol{A}) := \dim(\ker(\boldsymbol{A} - \lambda \boldsymbol{I}))$;

　λ の重複度 (multiplicity)，

$S_p(\boldsymbol{A}) := \{\lambda \,|\, \det(\boldsymbol{A} - \lambda \boldsymbol{I}) = 0\}$;

　$\boldsymbol{A}$ の点スペクトル (point spectrum)，

$P_{\boldsymbol{A}}(\lambda) := \det(\boldsymbol{A} - \lambda \boldsymbol{I}) = 0$;

　$\boldsymbol{A}$ の固有方程式 (eigen equation).

この定義から固有値とそれに対応する固有ベクトルを λ_i，$\boldsymbol{u}_i$ $(i = 1, 2, 3)$ とすると，次のような性質が成り立つことがわかる．ただし，固有値は，3次の固有方程式の根として与えられるので，重根や複素根の場合があることに注意が必要である．

$$\det \boldsymbol{A} = \lambda_1 \lambda_2 \lambda_3 \tag{7.1.2}$$

$$\mathrm{Tr}(\boldsymbol{A}) = \lambda_1 + \lambda_2 + \lambda_3 \tag{7.1.3}$$

$$P_{\boldsymbol{A}}(\lambda) = P_{\boldsymbol{A}_F}(\lambda) \quad (\boldsymbol{A}_F = \boldsymbol{P}^{-1}\boldsymbol{AP}) \tag{7.1.4}$$

$$\lambda_i \neq \lambda_j \ \Rightarrow \ \boldsymbol{u}_i, \boldsymbol{u}_j \text{ ：線形独立} \tag{7.1.5}$$

$$\boldsymbol{A}^{\mathrm{t}} = \boldsymbol{A} \quad \Rightarrow \quad \lambda_i \in \boldsymbol{R}, \quad (\boldsymbol{u}_i \cdot \boldsymbol{u}_j) = 0 \quad (i \neq j) \tag{7.1.6}$$

7.1.2 固有値問題の解

3行3列の行列を対象として上記の固有値問題(7.1.1)を解いてみよう．行列 $\boldsymbol{A}$ の固有方程式 $P_{\boldsymbol{A}}(\lambda) = 0$ の根，すなわち固有値は，以下に示すように3ケースが考えられる．その各ケースについて具体的に示す．

a. 相異なる3実根

この場合の固有値と固有ベクトルを λ_i，$\boldsymbol{u}_i(i = 1, 2, 3)$ とすると，

$$\boldsymbol{A}\boldsymbol{u}_1=\lambda_1\boldsymbol{u}_1,\quad \boldsymbol{A}\boldsymbol{u}_2=\lambda_2\boldsymbol{u}_2,\quad \boldsymbol{A}\boldsymbol{u}_3=\lambda_3\boldsymbol{u}_3 \qquad (7.1.7)$$

となり，各固有空間を定めると次のようになる．

$$E_{\lambda_1}(\boldsymbol{A})=\langle\boldsymbol{u}_1\rangle \quad (\dim E_{\lambda_1}(\boldsymbol{A})=1) \qquad (7.1.8)$$

$$E_{\lambda_2}(\boldsymbol{A})=\langle\boldsymbol{u}_2\rangle \quad (\dim E_{\lambda_2}(\boldsymbol{A})=1) \qquad (7.1.9)$$

$$E_{\lambda_3}(\boldsymbol{A})=\langle\boldsymbol{u}_3\rangle \quad (\dim E_{\lambda_3}(\boldsymbol{A})=1) \qquad (7.1.10)$$

この結果，相異なる実固有値に対する固有ベクトルは上記の性質 (7.1.5) より線形独立であるからそれぞれの固有空間は各固有ベクトルによって張られた 1 次元線形空間となる．すると，E^3 はこの 3 つの固有空間を用いて，

$$E^3=E_{\lambda_1}(\boldsymbol{A})\oplus E_{\lambda_2}(\boldsymbol{A})\oplus E_{\lambda_3}(\boldsymbol{A}) \qquad (7.1.11)$$

と分解される．このような線形空間の分解は線形空間の部分空間による**直和分解 (direct sum)** とよばれ，上記のような記号で表される．すなわち，相異なる 3 つの固有値に対して E^3 は，各固有空間の直和として構成できる．

b. 1 つの実根と重根　$(\lambda_1=\lambda_2\equiv\lambda,\ \lambda_3\equiv\mu\neq\lambda)$

この場合の固有値と固有ベクトルの関係は次のように表される．

$$\boldsymbol{A}\boldsymbol{u}_1=\lambda\boldsymbol{u}_1,\quad \boldsymbol{A}\boldsymbol{u}_2=\lambda\boldsymbol{u}_2,\quad \boldsymbol{A}\boldsymbol{u}_3=\mu\boldsymbol{u}_3 \qquad (7.1.12)$$

ここで，固有ベクトル $\boldsymbol{u}_1$ と $\boldsymbol{u}_2$ は同じ固有値 λ に対する固有ベクトルであるから必ずしもその線形独立性が保証されていないので以下の 2 ケースを考えなければならない．

（ケース 1：$\boldsymbol{u}_1$ と $\boldsymbol{u}_2$ が線形独立）

この場合には，各固有値に関する固有空間は次のようになる．

$$E_\lambda(\boldsymbol{A})=\langle\boldsymbol{u}_1,\boldsymbol{u}_2\rangle \quad (\dim E_\lambda(\boldsymbol{A})=2)$$

$$E_\mu(\boldsymbol{A})=\langle\boldsymbol{u}_3\rangle \quad (\dim E_\mu(\boldsymbol{A})=1)$$

したがって，この場合は次のような直和分解となる．

$$E^3=E_\lambda(\boldsymbol{A})\oplus E_\mu(\boldsymbol{A}) \qquad (7.1.13)$$

（ケース 2：$\boldsymbol{u}_1$ と $\boldsymbol{u}_2$ が線形従属）

重根の固有値に対して得られる固有ベクトル $\boldsymbol{u}_1$ に対して，それと線形独立なベクトル $\boldsymbol{u}_2$ を定めるには，次のように考える．

$$\boldsymbol{A}\boldsymbol{u}_1=\lambda\boldsymbol{u}_1 \qquad ((\boldsymbol{A}-\lambda\boldsymbol{I})\boldsymbol{u}_1=\boldsymbol{0})$$

$$\boldsymbol{A}\boldsymbol{u}_2:=\lambda\boldsymbol{u}_2+\boldsymbol{u}_1 \qquad ((\boldsymbol{A}-\lambda\boldsymbol{I})\boldsymbol{u}_2=\boldsymbol{u}_1) \qquad (7.1.14)$$

すると，この 2 つの式からベクトル $\boldsymbol{u}_2$ は，次式を満たすベクトルとして定められる．

$$(\boldsymbol{A}-\lambda\boldsymbol{I})^2\boldsymbol{u}_2=(\boldsymbol{A}-\lambda\boldsymbol{I})\boldsymbol{u}_1=\boldsymbol{0} \qquad (7.1.15)$$

すなわち，ベクトル $\boldsymbol{u}_2$ は $(\boldsymbol{A}-\lambda\boldsymbol{I})$ ではなくて，$(\boldsymbol{A}-\lambda\boldsymbol{I})^2$ に対して定義された固有ベクトルと考えられる．このようなベクトルは，式 (7.1.1) を拡張した場合に相当するので，**一般固有ベクトル**とよばれている．この一般固有ベクトルを含む固有空間を**一般固有空間**とよび，$F_\lambda(\boldsymbol{A})$ と表す．すると，このケースでは，次のような直和分解が得られる．

$$E^3=F_\lambda(\boldsymbol{A})\oplus E_\mu(\boldsymbol{A}) \qquad (7.1.16)$$

c. 実根と共役複素根　$(\lambda_1=\lambda,\ \lambda_2=\alpha+i\beta,\ \lambda_3=\overline{\lambda_2}=\alpha-i\beta)$

この場合の固有ベクトルは，

$$\boldsymbol{A}\boldsymbol{u}_1=\lambda\boldsymbol{u}_1 \qquad (7.1.17)$$

$$\boldsymbol{A}\boldsymbol{u}_2=(\alpha+i\beta)\boldsymbol{u}_2 \qquad (7.1.18)$$

$$\boldsymbol{A}\boldsymbol{u}_3=(\alpha-i\beta)\boldsymbol{u}_3 \qquad (7.1.19)$$

となり，複素固有値の固有ベクトルは複素数を成分とする列ベクトルとなっている．そこで，このような固有ベクトルを実部と虚部に分けて

$$\boldsymbol{u}_2=\boldsymbol{c}+i\boldsymbol{d} \qquad (7.1.20)$$

とおくと，この実ベクトル $\boldsymbol{c}$ と $\boldsymbol{d}$ は，上式からそれぞれ次式を満たすように定められる．

$$\boldsymbol{A}\boldsymbol{c}=\alpha\boldsymbol{c}-\beta\boldsymbol{d} \qquad (7.1.21)$$

$$\boldsymbol{A}\boldsymbol{d}=\alpha\boldsymbol{d}+\beta\boldsymbol{c} \qquad (7.1.22)$$

したがって，実数のみを対象として行列 $\boldsymbol{A}$ を変形する場合は，上記の式 (7.1.17), (7.1.21), (7.1.22) を用いればよいことになる．なお，このケースの直和分解は，複素数をベースとした線形空間 $\boldsymbol{C}^3$ に対する次の分解となる．

$$\boldsymbol{C}^3=E_{\lambda_1}(\boldsymbol{A})\oplus E_{\lambda_2}(\boldsymbol{A})\oplus E_{\lambda_3}(\boldsymbol{A}) \qquad (7.1.23)$$

d. 3 重根　$(\lambda_1=\lambda_2=\lambda_3\equiv\lambda)$

この場合，すべての固有値は 1 つの実数 λ として与えられる．この一つの固有値に対して定まる固有ベクトルは，その線形独立性に関して次の 3 ケースが考えられる．

（ケース 1：3 つの線形独立な固有ベクトルが構成できる）

固有値と固有ベクトルは次のように定められる．

$$\boldsymbol{A}\boldsymbol{u}_1=\lambda\boldsymbol{u}_1,\ \boldsymbol{A}\boldsymbol{u}_2=\lambda\boldsymbol{u}_2,\ \boldsymbol{A}\boldsymbol{u}_3=\lambda\boldsymbol{u}_3 \qquad (7.1.24)$$

これらの固有ベクトルは線形独立であるからその固有空間に関する次の直和分解が成り立つ.

$$E^3 = \langle \boldsymbol{u}_1 \rangle \oplus \langle \boldsymbol{u}_2 \rangle \oplus \langle \boldsymbol{u}_3 \rangle \qquad (7.1.25)$$

（ケース 2：2 つの線形独立なベクトルが構成できる）

固有値 λ に関して線形独立なベクトルが 2 つ定まるとすると,

$$\boldsymbol{A}\boldsymbol{u}_1 = \lambda \boldsymbol{u}_1\ ,\ \ \boldsymbol{A}\boldsymbol{u}_2 = \lambda \boldsymbol{u}_2 \qquad (7.1.26)$$

となり, 3 つ目のベクトルを, 次式を満たすように定める.

$$\boldsymbol{A}\boldsymbol{u}_3 := \lambda \boldsymbol{u}_3 + \boldsymbol{u}_2 \quad \rightarrow \quad (\boldsymbol{A} - \lambda \boldsymbol{I})\boldsymbol{u}_3 = \boldsymbol{u}_2 \qquad (7.1.27)$$

すると, ベクトル $\boldsymbol{u}_2$ は固有ベクトルであるから,

$$(\boldsymbol{A} - \lambda \boldsymbol{I})^2 \boldsymbol{u}_3 = (\boldsymbol{A} - \lambda \boldsymbol{I})\boldsymbol{u}_2 = \boldsymbol{0} \qquad (7.1.28)$$

となり, ベクトル $\boldsymbol{u}_3$ は固有値 λ の一般固有ベクトルとなる. このケースの直和分解は次のようになる.

$$E^3 = \langle \boldsymbol{u}_1 \rangle \oplus F_\lambda(\boldsymbol{A}) \qquad (7.1.29)$$

（ケース 3：1 つの固有ベクトルのみが構成できる）

このケースでは, 1 つの固有ベクトルは, 固有値 λ に対して,

$$\boldsymbol{A}\boldsymbol{u}_1 = \lambda \boldsymbol{u}_1 \qquad (7.1.30)$$

から定められる. そこで, そのベクトルと線形独立な 2 つのベクトルを次式を満たすように定めるものとする.

$$\boldsymbol{A}\boldsymbol{u}_2 := \lambda \boldsymbol{u}_2 + \boldsymbol{u}_1 \quad \rightarrow \quad (\boldsymbol{A} - \lambda \boldsymbol{I})\boldsymbol{u}_2 = \boldsymbol{u}_1 \qquad (7.1.31)$$

$$\boldsymbol{A}\boldsymbol{u}_3 := \lambda \boldsymbol{u}_3 + \boldsymbol{u}_2 \quad \rightarrow \quad (\boldsymbol{A} - \lambda \boldsymbol{I})\boldsymbol{u}_3 = \boldsymbol{u}_2 \qquad (7.1.32)$$

すると, ベクトル $\boldsymbol{u}_2, \boldsymbol{u}_3$ は次の示すように固有値 λ の一般固有ベクトルとなり, 一般固有空間 $F_\lambda(\boldsymbol{A})$ のベクトルとなる.

$$(\boldsymbol{A} - \lambda \boldsymbol{I})^2 \boldsymbol{u}_2 = (\boldsymbol{A} - \lambda \boldsymbol{I})\boldsymbol{u}_1 = \boldsymbol{0} \qquad (7.1.33)$$

$$(\boldsymbol{A} - \lambda \boldsymbol{I})^3 \boldsymbol{u}_3 = (\boldsymbol{A} - \lambda \boldsymbol{I})^2 \boldsymbol{u}_2 = \boldsymbol{0} \qquad (7.1.34)$$

以上より, 直和分解は次のようになる.

$$E^3 = F_\lambda(\boldsymbol{A}) \qquad (7.1.35)$$

7.2 線形変換のスペクトル分解

7.2.1 線形変換

前節で線形変換の表現行列（3 行 3 列）を対象としてその固有値問題の解を示した. 本節では, その結果をもとにその行列, すなわち線形変換が固有値と固有ベクトルを用いて表現できることを示す. このような線形変換（表現行列）の表現を**スペクトル分解 (spectral decomposition)** とよぶ.

a. 相異なる 3 実固有値

相異なる 3 実固有値に対する 3 つの固有ベクトルを $\boldsymbol{l}_1, \boldsymbol{l}_2, \boldsymbol{l}_3$ とすると, これらは線形独立であるので, E^3 の基底となる. その基底を $L = \{\boldsymbol{l}_1, \boldsymbol{l}_2, \boldsymbol{l}_3\}$ とする. さらに, この基底の双対基底を $L^* = \{\boldsymbol{l}^1, \boldsymbol{l}^2, \boldsymbol{l}^3\}$ とする.

行列 $\boldsymbol{A}$ の固有値問題 (7.1.7) から,

$$\boldsymbol{A}\boldsymbol{l}_1 = \lambda_1 \boldsymbol{l}_1, \quad \boldsymbol{A}\boldsymbol{l}_2 = \lambda_2 \boldsymbol{l}_2, \quad \boldsymbol{A}\boldsymbol{l}_3 = \lambda_3 \boldsymbol{l}_3 \qquad (7.2.1)$$

となる. そこで, 上記の各式の両辺の双対基底ベクトルとの線形変換積をとると, 線形変換積の性質 (5.5.2) を考慮して,

$$(\boldsymbol{A}\boldsymbol{l}_1 \odot \boldsymbol{l}^1) = \boldsymbol{A}(\boldsymbol{l}_1 \odot \boldsymbol{l}^1) = \lambda_1(\boldsymbol{l}_1 \odot \boldsymbol{l}^1) \qquad (7.2.2)$$

$$(\boldsymbol{A}\boldsymbol{l}_2 \odot \boldsymbol{l}^2) = \boldsymbol{A}(\boldsymbol{l}_2 \odot \boldsymbol{l}^2) = \lambda_2(\boldsymbol{l}_2 \odot \boldsymbol{l}^2) \qquad (7.2.3)$$

$$(\boldsymbol{A}\boldsymbol{l}_3 \odot \boldsymbol{l}^3) = \boldsymbol{A}(\boldsymbol{l}_3 \odot \boldsymbol{l}^3) = \lambda_3(\boldsymbol{l}_3 \odot \boldsymbol{l}^3) \qquad (7.2.4)$$

となる. したがって, 線形変換の表現行列 $\boldsymbol{A}$ は固有値と固有ベクトルを用いて次のように表される.

$$\boldsymbol{A} = \lambda_1(\boldsymbol{l}_1 \odot \boldsymbol{l}^1) + \lambda_2(\boldsymbol{l}_2 \odot \boldsymbol{l}^2) + \lambda_3(\boldsymbol{l}_3 \odot \boldsymbol{l}^2) \qquad (7.2.5)$$

b. 1 実固有値と重実固有値

この場合はすでに示したように 2 ケースが存在するので以下のように分けて考える.

（ケース 1：3 固有ベクトルが線形独立）

重根に対する固有値を $\lambda_1 = \lambda_2 \equiv \lambda$ とし, 他の実固有値を μ とすると, 固有値問題は次のように表される.

$$\boldsymbol{A}\boldsymbol{l}_1 = \lambda \boldsymbol{l}_1, \quad \boldsymbol{A}\boldsymbol{l}_2 = \lambda \boldsymbol{l}_2, \quad \boldsymbol{A}\boldsymbol{l}_3 = \mu \boldsymbol{l}_3 \qquad (7.2.6)$$

上記の 3 固有ベクトルは線形独立であるから, 双対基底ベクトルを用いて次のような関係式を得る.

$$(\boldsymbol{A}\boldsymbol{l}_1 \odot \boldsymbol{l}^1) = \boldsymbol{A}(\boldsymbol{l}_1 \odot \boldsymbol{l}^1) = \lambda(\boldsymbol{l}_1 \odot \boldsymbol{l}^1) \qquad (7.2.7)$$

$$(\boldsymbol{A}\boldsymbol{l}_2 \odot \boldsymbol{l}^2) = \boldsymbol{A}(\boldsymbol{l}_2 \odot \boldsymbol{l}^2) = \lambda(\boldsymbol{l}_2 \odot \boldsymbol{l}^2) \qquad (7.2.8)$$

$$(\boldsymbol{A}\boldsymbol{l}_3 \odot \boldsymbol{l}^3) = \boldsymbol{A}(\boldsymbol{l}_3 \odot \boldsymbol{l}^3) = \mu(\boldsymbol{l}_3 \odot \boldsymbol{l}^3) \qquad (7.2.9)$$

したがって, 行列 $\boldsymbol{A}$ に対する次のようなスペクトル

分解を得る．

$$A = \lambda\{(\boldsymbol{l}_1 \odot \boldsymbol{l}^1) + (\boldsymbol{l}_2 \odot \boldsymbol{l}^2)\} + \mu(\boldsymbol{l}_3 \odot \boldsymbol{l}^3) \quad (7.2.10)$$

$$= \lambda\{(\boldsymbol{I} - (\boldsymbol{l}_3 \odot \boldsymbol{l}^3)\} + \mu(\boldsymbol{l}_3 \odot \boldsymbol{l}^3)$$

$$= \lambda \boldsymbol{I} - (\lambda - \mu)(\boldsymbol{l}_3 \odot \boldsymbol{l}^3) \quad (\lambda > \mu) \quad (7.2.11)$$

（ケース2：3固有ベクトルが線形従属）

固有値 λ の固有ベクトル $\boldsymbol{l}_1$，$\boldsymbol{l}_2$ が線形従属となっているとすると，すでに前節で示したように次のような関係式として固有値問題を解く必要がある．

$$\boldsymbol{Al}_1 = \lambda \boldsymbol{l}_1, \quad \boldsymbol{Al}_2 = \lambda \boldsymbol{l}_2 + \boldsymbol{l}_1, \quad \boldsymbol{Al}_3 = \mu \boldsymbol{l}_3 \quad (7.2.12)$$

このようにして定められた固有ベクトルからなる基底とその双対基底を用いることによって次の関係式を得る．

$$(\boldsymbol{Al}_1 \odot \boldsymbol{l}^1) = \boldsymbol{A}(\boldsymbol{l}_1 \odot \boldsymbol{l}^1) = \lambda(\boldsymbol{l}_1 \odot \boldsymbol{l}^1) \quad (7.2.13)$$

$$(\boldsymbol{Al}_2 \odot \boldsymbol{l}^2) = \boldsymbol{A}(\boldsymbol{l}_2 \odot \boldsymbol{l}^2) = \lambda(\boldsymbol{l}_2 \odot \boldsymbol{l}^2) + (\boldsymbol{l}_1 \odot \boldsymbol{l}_2) \quad (7.2.14)$$

$$(\boldsymbol{Al}_3 \odot \boldsymbol{l}^3) = \boldsymbol{A}(\boldsymbol{l}_3 \odot \boldsymbol{l}^3) = \mu(\boldsymbol{l}_3 \odot \boldsymbol{l}^3) \quad (7.2.15)$$

したがって，次のようなスペクトル分解となる．

$$\boldsymbol{A} = \lambda\{(\boldsymbol{l}_1 \odot \boldsymbol{l}^1) + (\boldsymbol{l}_2 \odot \boldsymbol{l}^2)\} + (\boldsymbol{l}_1 \odot \boldsymbol{l}^2) + \mu(\boldsymbol{l}_3 \odot \boldsymbol{l}^3) \quad (7.2.16)$$

$$= \lambda \boldsymbol{I} - (\lambda - \mu)(\boldsymbol{l}_3 \odot \boldsymbol{l}^3) + (\boldsymbol{l}_1 \odot \boldsymbol{l}^2) \quad (\lambda > \mu) \quad (7.2.17)$$

c. 実固有値と共役複素固有値

固有ベクトルとしてすでに示した実ベクトルのみの表現 (7.1.17), (7.1.21), (7.1.22) を用いると，固有値と固有ベクトルの関係は次のようになる．

$$\boldsymbol{Al}_1 = \lambda \boldsymbol{l}_1, \quad \boldsymbol{Ac} = \alpha \boldsymbol{c} - \beta \boldsymbol{d}, \quad \boldsymbol{Ad} = \alpha \boldsymbol{d} + \beta \boldsymbol{c} \quad (7.2.18)$$

そこで，この3ベクトル $\boldsymbol{l}_1$，$\boldsymbol{c}$，$\boldsymbol{d}$ の組を E^3 の基底とし，その双対基底ベクトルを $\boldsymbol{l}^1$，$\boldsymbol{c}^*$，$\boldsymbol{d}^*$ とすると，次の関係式を得る．

$$(\boldsymbol{Al}_1 \odot \boldsymbol{l}^1) = \boldsymbol{A}(\boldsymbol{l}_1 \odot \boldsymbol{l}^1) = \lambda(\boldsymbol{l}_1 \odot \boldsymbol{l}^1) \quad (7.2.19)$$

$$(\boldsymbol{Ac} \odot \boldsymbol{c}^*) = \boldsymbol{A}(\boldsymbol{c} \odot \boldsymbol{c}^*) = \alpha(\boldsymbol{c} \odot \boldsymbol{c}^*) - \beta(\boldsymbol{d} \odot \boldsymbol{c}^*) \quad (7.2.20)$$

$$(\boldsymbol{Ad} \odot \boldsymbol{d}^*) = \boldsymbol{A}(\boldsymbol{d} \odot \boldsymbol{d}^*) = \alpha(\boldsymbol{d} \odot \boldsymbol{d}^*) + \beta(\boldsymbol{c} \odot \boldsymbol{d}^*) \quad (7.2.21)$$

したがって，この場合のスペクトル分解は次のようになる．

$$\boldsymbol{A} = \lambda(\boldsymbol{l}_1 \odot \boldsymbol{l}^1) + \alpha\{(\boldsymbol{c} \odot \boldsymbol{c}^*) + (\boldsymbol{d} \odot \boldsymbol{d}^*)\} - \beta\{(\boldsymbol{d} \odot \boldsymbol{c}^*) - (\boldsymbol{c} \odot \boldsymbol{d}^*)\} \quad (7.2.22)$$

d. 3重実固有値

（ケース1：3固有ベクトルが線形独立）

固有値 λ と3固有ベクトルの関係は次のようになる．

$$\boldsymbol{Al}_1 = \lambda \boldsymbol{l}_1, \quad \boldsymbol{Al}_2 = \lambda \boldsymbol{l}_2, \quad \boldsymbol{Al}_3 = \lambda \boldsymbol{l}_3 \quad (7.2.23)$$

したがって，この3つの独立な固有ベクトルを基底とし，その双対基底ベクトルを用いて次のスペクトル分解を得る．

$$\boldsymbol{A} = \lambda\{(\boldsymbol{l}_1 \odot \boldsymbol{l}_1) + (\boldsymbol{l}_2 \odot \boldsymbol{l}_2) + (\boldsymbol{l}_3 \odot \boldsymbol{l}_3)\} = \lambda \boldsymbol{I} \quad (7.2.24)$$

（ケース2：固有ベクトルが線形従属）

3つの固有ベクトルが線形従属であり，線形独立な固有ベクトルが2つとれる場合として次のような関係を考える．

$$\boldsymbol{Al}_1 = \lambda \boldsymbol{l}_1, \quad \boldsymbol{Al}_2 = \lambda \boldsymbol{l}_2, \quad \boldsymbol{Al}_3 = \lambda \boldsymbol{l}_3 + \boldsymbol{l}_2 \quad (7.2.25)$$

この関係から定められる3つの線形独立なベクトルの組を基底に選び，その双対基底を構成することによって，次のスペクトル分解を得ることになる．

$$\boldsymbol{A} = \lambda\{(\boldsymbol{l}_1 \odot \boldsymbol{l}^1) + (\boldsymbol{l}_2 \odot \boldsymbol{l}^2) + (\boldsymbol{l}_3 \odot \boldsymbol{l}^3)\} + (\boldsymbol{l}_2 \odot \boldsymbol{l}^3)$$

$$= \lambda \boldsymbol{I} + (\boldsymbol{l}_2 \odot \boldsymbol{l}^3) \quad (7.2.26)$$

（ケース3：固有ベクトルが線形従属）

3つの固有ベクトルが線形従属で，線形独立なベクトルが1つの場合には，次のような関係から線形独立な固有ベクトルの組を選ばなければならない．

$$\boldsymbol{Al}_1 = \lambda \boldsymbol{l}_1, \quad \boldsymbol{Al}_2 = \lambda \boldsymbol{l}_2 + \boldsymbol{l}_1, \quad \boldsymbol{Al}_3 = \lambda \boldsymbol{l}_3 + \boldsymbol{l}_2 \quad (7.2.27)$$

この関係から定められる3つの線形独立なベクトルの組を基底に選び，その双対基底を構成して次のようなスペクトル分解を得る．

$$\boldsymbol{A} = \lambda\{(\boldsymbol{l}_1 \odot \boldsymbol{l}^1) + (\boldsymbol{l}_2 \odot \boldsymbol{l}^2) + (\boldsymbol{l}_3 \odot \boldsymbol{l}^3)\} + (\boldsymbol{l}_1 \odot \boldsymbol{l}^2) + (\boldsymbol{l}_2 \odot \boldsymbol{l}^3)$$

$$= \lambda \boldsymbol{I} + (\boldsymbol{l}_1 \odot \boldsymbol{l}^2) + (\boldsymbol{l}_2 \odot \boldsymbol{l}^3) \quad (7.2.28)$$

以上で示した一般的な表現を具体的な3行3列の行列を対象として，その固有値，固有ベクトル，固有空間，スペクトル分解等を示す．

例 7.2.1. 相異なる3実固有値

次の行列について，スペクトル分解およびその対角化をみよう．

$$\boldsymbol{A} = \begin{bmatrix} 1 & 3 & -3 \\ 1 & 3 & -1 \\ -2 & 2 & 0 \end{bmatrix} \quad (\det \boldsymbol{A} = -16)$$

まず，固有多項式 $P_A(\lambda)$ は，

$$P_A(\lambda) = -(\lambda-4)(\lambda-2)(\lambda+2)$$

であるから，固有値は $\lambda = 4, 2, -2$ である（異なる 3 実数であることに注目せよ）．

$$\lambda_1 = 4,\ \lambda_2 = 2,\ \lambda_3 = -2$$

とおく．$\lambda_1, \lambda_2, \lambda_3$ の固有ベクトルを $\boldsymbol{v}_1, \boldsymbol{v}_2, \boldsymbol{v}_3$ とすると，

$$\boldsymbol{A}\boldsymbol{v}_1 = 4\boldsymbol{v}_1,\ \boldsymbol{A}\boldsymbol{v}_2 = 2\boldsymbol{v}_2,\ \boldsymbol{A}\boldsymbol{v}_3 = -2\boldsymbol{v}_3$$

が成り立ち，$\boldsymbol{v}_1, \boldsymbol{v}_2, \boldsymbol{v}_3$ としては例えば次がとれる．

$$\boldsymbol{v}_1 = \begin{bmatrix}1\\1\\0\end{bmatrix},\ \boldsymbol{v}_2 = \begin{bmatrix}0\\1\\1\end{bmatrix},\ \boldsymbol{v}_3 = \begin{bmatrix}1\\0\\1\end{bmatrix}.$$

したがって，固有値 4, 2, −2 の固有空間 $E_4(\boldsymbol{A}), E_2(\boldsymbol{A}), E_{-2}(\boldsymbol{A})$ は次のようになる．

$$E_4(\boldsymbol{A}) = \langle \boldsymbol{v}_1 \rangle = \left\langle \begin{bmatrix}1\\1\\0\end{bmatrix} \right\rangle\ (\dim E_4(\boldsymbol{A}) = 1),$$

$$E_2(\boldsymbol{A}) = \langle \boldsymbol{v}_2 \rangle = \left\langle \begin{bmatrix}0\\1\\1\end{bmatrix} \right\rangle\ (\dim E_2(\boldsymbol{A}) = 1),$$

$$E_{-2}(\boldsymbol{A}) = \langle \boldsymbol{v}_3 \rangle = \left\langle \begin{bmatrix}1\\0\\1\end{bmatrix} \right\rangle\ (\dim E_{-2}(\boldsymbol{A}) = 1).$$

また，ベクトル $\boldsymbol{v}_1, \boldsymbol{v}_2, \boldsymbol{v}_3$ の双対ベクトル $\boldsymbol{v}^1, \boldsymbol{v}^2, \boldsymbol{v}^3$ を定義式 (3.3.25) に基づき計算すると，

$$\boldsymbol{v}^1 = \frac{1}{2}\begin{bmatrix}1\\1\\-1\end{bmatrix},\ \boldsymbol{v}^2 = \frac{1}{2}\begin{bmatrix}-1\\1\\1\end{bmatrix},\ \boldsymbol{v}^3 = \frac{1}{2}\begin{bmatrix}1\\-1\\1\end{bmatrix}$$

である．

以上より 7.2.1.a の議論から，行列 $\boldsymbol{A}$ のスペクトル分解およびその対角化は次のようになる．

［スペクトル分解と対角化］

$$\begin{aligned}\boldsymbol{A} &= 4(\boldsymbol{v}_1 \odot \boldsymbol{v}^1) + 2(\boldsymbol{v}_2 \odot \boldsymbol{v}^2) + (-2)(\boldsymbol{v}_3 \odot \boldsymbol{v}^3)\\ &= 4(\boldsymbol{v}_1(\boldsymbol{v}^1)^{\mathrm{t}}) + 2(\boldsymbol{v}_2(\boldsymbol{v}^2)^{\mathrm{t}}) + (-2)(\boldsymbol{v}_3(\boldsymbol{v}^3)^{\mathrm{t}})\end{aligned}$$

$$\boldsymbol{D} = \begin{bmatrix}4&0&0\\0&2&0\\0&0&-2\end{bmatrix} \tag{7.2.29}$$

例 7.2.2. 重実固有値と実固有値

(1) 対角化可能（半単純）

次の行列について，スペクトル分解およびその対角化をみよう．

$$\boldsymbol{A} = \begin{bmatrix}1&2&1\\-1&4&1\\2&-4&0\end{bmatrix}\ (\det \boldsymbol{A} = 4)$$

まず，固有多項式 $P_A(\lambda)$ は，

$$P_A(\lambda) = (\lambda-2)^2(1-\lambda)$$

であるから，固有値は $\lambda = 2$(重解), 1 である．

$$\lambda_1 = \lambda_2 = 2,\ \lambda_3 = 1$$

とおく．$\lambda_1(=\lambda_2)$ の線形独立な固有ベクトルとして，例えば次がとれる．

$$\boldsymbol{v}_1 = \begin{bmatrix}1\\0\\1\end{bmatrix},\ \boldsymbol{v}_2 = \begin{bmatrix}0\\1\\-2\end{bmatrix}.$$

λ_3 の固有ベクトルとしては

$$\boldsymbol{v}_3 = \begin{bmatrix}-1\\-1\\2\end{bmatrix}$$

がとれる．

$$\boldsymbol{A}\boldsymbol{v}_1 = 2\boldsymbol{v}_1,\ \boldsymbol{A}\boldsymbol{v}_2 = 2\boldsymbol{v}_2,\ \boldsymbol{A}\boldsymbol{v}_3 = 1\boldsymbol{v}_3$$

ここで固有値 $\lambda_1(=\lambda_2)$ は重解であるが，その固有ベクトルは 2 個とることができることに注目せよ．したがって，固有値 2, 1 の固有空間 $E_2(\boldsymbol{A}), E_{-1}(\boldsymbol{A})$ は次のようになる．

$$E_2(\boldsymbol{A}) = \langle \boldsymbol{v}_1, \boldsymbol{v}_2 \rangle = \left\langle \begin{bmatrix}1\\0\\1\end{bmatrix}, \begin{bmatrix}0\\1\\-2\end{bmatrix} \right\rangle\ (\dim E_2(\boldsymbol{A}) = 2),$$

$$E_1(\boldsymbol{A}) = \langle \boldsymbol{v}_3 \rangle = \left\langle \begin{bmatrix}0\\1\\1\end{bmatrix} \right\rangle\ (\dim E_1(\boldsymbol{A}) = 1).$$

また，ベクトル $\boldsymbol{v}_1, \boldsymbol{v}_2, \boldsymbol{v}_3$ の双対ベクトル $\boldsymbol{v}^1, \boldsymbol{v}^2, \boldsymbol{v}^3$ を定義式 (3.3.25) に基づき計算すると，

$$\boldsymbol{v}^1 = \begin{bmatrix}0\\2\\1\end{bmatrix},\ \boldsymbol{v}^2 = \begin{bmatrix}-1\\3\\1\end{bmatrix},\ \boldsymbol{v}^3 = \begin{bmatrix}-1\\2\\1\end{bmatrix}$$

である．

以上より 7.2.1.b の議論から，行列 $\boldsymbol{A}$ のスペクトル分解およびその対角化は次のようになる．

［スペクトル分解と対角化］

$$\boldsymbol{A} = 2((\boldsymbol{v}_2 \odot \boldsymbol{v}^1) + (\boldsymbol{v}_2 \odot \boldsymbol{v}^2)) + 1(\boldsymbol{v}_3\ \boldsymbol{v}^3)$$
$$= 2((\boldsymbol{v}_1(\boldsymbol{v}^1)^{\mathrm{t}} + \boldsymbol{v}_2(\boldsymbol{v}^2)^{\mathrm{t}}) + 1(\boldsymbol{v}_3(\boldsymbol{v}^3)^{\mathrm{t}})$$

$$\boldsymbol{D} = \begin{bmatrix} 2 & 0 & 0 \\ 0 & 2 & 0 \\ 0 & 0 & 1 \end{bmatrix}$$

(2) 対角化不可能

次の行列について，スペクトル分解および対角化ができるか否かをみよう．

$$\boldsymbol{A} = \begin{bmatrix} 6 & -3 & -2 \\ 4 & -1 & -2 \\ 3 & -2 & 0 \end{bmatrix} \quad (\det \boldsymbol{A} = 4)$$

まず，固有多項式 $P_{\boldsymbol{A}}(\lambda)$ は，

$$P_{\boldsymbol{A}}(\lambda) = -(\lambda-2)^2(1-\lambda)$$

であるから，固有値は $\lambda = 2$(重解), 1 である．

$$\lambda_1 = \lambda_2 = 2,\ \lambda_3 = 1$$

とおく．$\lambda_1(=\lambda_2)$ の線形独立な固有ベクトルとして，例えば次がとれる．

$$\boldsymbol{v}_1 = \begin{bmatrix} 2 \\ 2 \\ 1 \end{bmatrix}.$$

ここでこれと線形独立な固有ベクトルはもうないことに注目せよ．ここで 7.1.2.b の式 (7.1.15) から固有値 λ_1 の一般固有ベクトルを調べれば次がとれる．

$$\boldsymbol{v}_2 = \begin{bmatrix} -1 \\ -2 \\ 1 \end{bmatrix}.$$

λ_3 の固有ベクトル $\boldsymbol{v}_3$ は明らかに

$$\boldsymbol{v}_3 = \begin{bmatrix} 1 \\ 1 \\ 1 \end{bmatrix}$$

である．以上より

$$\boldsymbol{A}\boldsymbol{v}_1 = 2\boldsymbol{v}_1,\ \boldsymbol{A}\boldsymbol{v}_2 = 2\boldsymbol{v}_2 + \boldsymbol{v}_1,\ \boldsymbol{A}\boldsymbol{v}_3 = 1\boldsymbol{v}_3$$

したがって，固有値 2, 1 の固有空間 $E_2(\boldsymbol{A})$, $E_1(\boldsymbol{A})$ および固有値 2 の一般固有空間 $F_2(\boldsymbol{A})$ は次のようになる．

$$E_2(\boldsymbol{A}) = \langle \boldsymbol{v}_1 \rangle = \begin{bmatrix} 2 \\ 2 \\ 1 \end{bmatrix} \quad (\dim E_2(\boldsymbol{A}) = 1),$$

$$F_2(\boldsymbol{A}) = \langle \boldsymbol{v}_2, \boldsymbol{v}_1 \rangle = \langle \begin{bmatrix} -1 \\ -2 \\ 1 \end{bmatrix}, \begin{bmatrix} 2 \\ 2 \\ 1 \end{bmatrix} \rangle \quad (\dim F_2(\boldsymbol{A}) = 1),$$

$$E_1(\boldsymbol{A}) = \langle \boldsymbol{v}_3 \rangle = \langle \begin{bmatrix} 1 \\ 1 \\ 1 \end{bmatrix} \rangle \quad (\dim E_2(\boldsymbol{A}) = 1).$$

また，ベクトル $\boldsymbol{v}_1, \boldsymbol{v}_2, \boldsymbol{v}_3$ の双対ベクトル $\boldsymbol{v}^1, \boldsymbol{v}^2, \boldsymbol{v}^3$ を定義式 (3.3.25) に基づき計算すると，

$$\boldsymbol{v}^1 = \begin{bmatrix} 2 \\ -1 \\ -1 \end{bmatrix},\ \boldsymbol{v}^2 = \begin{bmatrix} 1 \\ -1 \\ 0 \end{bmatrix},\ \boldsymbol{v}^3 = \begin{bmatrix} -2 \\ 1 \\ 2 \end{bmatrix}$$

である．

以上より 7.2.1.c の議論から，行列 $\boldsymbol{A}$ の一般スペクトル分解およびジョルダン標準形は次のようになる．

［一般スペクトル分解とジョルダン標準形］

$$\boldsymbol{A} = 2((\boldsymbol{v}_1 \odot \boldsymbol{v}^1) + (\boldsymbol{v}_2 \odot \boldsymbol{v}^2)) + 1(\boldsymbol{v}_3 \odot \boldsymbol{v}^3) + (\boldsymbol{v}_1 \odot \boldsymbol{v}^2)$$
$$= 2(\boldsymbol{v}_1(\boldsymbol{v}^1)^{\mathrm{t}} + \boldsymbol{v}_2(\boldsymbol{v}^2)^{\mathrm{t}}) + 1(\boldsymbol{v}_3(\boldsymbol{v}^3)^{\mathrm{t}}) + \boldsymbol{v}_1(\boldsymbol{v}^2)^{\mathrm{t}}$$
$$= \boldsymbol{S} + \boldsymbol{N}\ (\boldsymbol{N} = (\boldsymbol{v}_1 \odot \boldsymbol{v}^2),\ \boldsymbol{N}^2 = \boldsymbol{0})$$

$$\boldsymbol{J} = \begin{bmatrix} 2 & 1 & 0 \\ 0 & 2 & 0 \\ 0 & 0 & 1 \end{bmatrix}$$

例 7.2.3. 実固有値と共役複素固有値

次の行列について，スペクトル分解およびその対角化をみよう．

$$\boldsymbol{A} = \begin{bmatrix} 0 & 0 & 15 \\ 1 & 0 & -17 \\ 0 & 1 & 7 \end{bmatrix} \quad (\det \boldsymbol{A} = 15)$$

まず，固有多項式 $P_{\boldsymbol{A}}(\lambda)$ は，

$$P_{\boldsymbol{A}}(\lambda) = -(\lambda-3)(\lambda-(2+i))(\lambda-(2-i))$$

であるから，複素数の範囲において異なる 3 つの根 $\lambda = 3, 2+i, 2-i$ をもつ．

$$\lambda_1 = 3,\ \lambda_2 = 2+i,\ \lambda_3 = 2-i$$

とおく．7.2.1.a の議論から，$\lambda_1, \lambda_2, \lambda_3$ の固有ベクト

ル（複素数ベクトル）を $\boldsymbol{v}_1, \boldsymbol{v}_2, \boldsymbol{v}_3$ とすると，例えば次がとれる．

$$\boldsymbol{v}_1 = \begin{bmatrix} 5 \\ -4 \\ 1 \end{bmatrix},\ \boldsymbol{v}_2 = \begin{bmatrix} 6-3i \\ -5+i \\ 1 \end{bmatrix},\ \boldsymbol{v}_3 = \begin{bmatrix} 6+3i \\ -5-5i \\ 1 \end{bmatrix}.$$

このとき

$$\boldsymbol{A}\boldsymbol{v}_1 = 3\boldsymbol{v}_1,\ \boldsymbol{A}\boldsymbol{v}_2 = (2+i)\boldsymbol{v}_2,\ \boldsymbol{A}\boldsymbol{v}_3 = (2-i)\boldsymbol{v}_3$$

である．したがって，固有値 $3, 2+i, 2-i$ の固有空間 $E_3(\boldsymbol{A})$, $E_{2+i}(\boldsymbol{A})$, $E_{2-i}(\boldsymbol{A})$ は次のようになる．

$$E_3(\boldsymbol{A}) = \langle \boldsymbol{v}_1 \rangle = \langle \begin{bmatrix} 5 \\ -4 \\ 1 \end{bmatrix} \rangle\ (\dim E_2(\boldsymbol{A}) = 1),$$

$$E_{2+i}(\boldsymbol{A}) = \langle \boldsymbol{v}_2 \rangle = \langle \begin{bmatrix} 6-3i \\ -5+i \\ 1 \end{bmatrix} \rangle\ (\dim E_{2+i}(\boldsymbol{A}) = 1),$$

$$E_{2-i}(\boldsymbol{A}) = \langle \boldsymbol{v}_3 \rangle = \langle \begin{bmatrix} 6+3i \\ -5-i \\ 1 \end{bmatrix} \rangle\ (\dim E_{2-i}(\boldsymbol{A}) = 1).$$

ここに次元は複素ベクトル空間としての次元である．また，ベクトル $\boldsymbol{v}_1, \boldsymbol{v}_2, \boldsymbol{v}_3$ の双対ベクトル $\boldsymbol{v}^1, \boldsymbol{v}^2, \boldsymbol{v}^3$ を定義式 (3.3.25) に基づき計算すると，

$$\boldsymbol{v}^1 = \frac{1}{2}\begin{bmatrix} 1 \\ 3 \\ 9 \end{bmatrix},\ \boldsymbol{v}^2 = \frac{1}{4}\begin{bmatrix} -1+i \\ -3+i \\ -(7+i) \end{bmatrix},$$

$$\boldsymbol{v}^3 = \frac{1}{4}\begin{bmatrix} -(1+i) \\ -(3+i) \\ -7+i \end{bmatrix}$$

である．

以上より 7.2.1.a の議論から，行列 $\boldsymbol{A}$ のスペクトル分解およびその対角化は次のようになる．

[スペクトル分解と対角化]

$$\boldsymbol{A} = 3(\boldsymbol{v}_1 \odot \boldsymbol{v}^1) + (2+i)(\boldsymbol{v}_2 \odot \boldsymbol{v}^2) + (2-i)(\boldsymbol{v}_3 \odot \boldsymbol{v}^3)$$
$$= 3(\boldsymbol{v}_1(\boldsymbol{v}^1)^{\mathrm{t}}) + (2+i)(\boldsymbol{v}_2(\boldsymbol{v}^2)^{\mathrm{t}}) + (2-i)(\boldsymbol{v}_3(\boldsymbol{v}^3)^{\mathrm{t}})$$

$$\boldsymbol{D} = \begin{bmatrix} 3 & 0 & 0 \\ 0 & 2+i & 0 \\ 0 & 0 & 2-i \end{bmatrix}$$

[実数化]

先の複素数の固有ベクトル $\boldsymbol{v}_1, \boldsymbol{v}_2, \boldsymbol{v}_3$ のうち，虚数成分をもつ $\boldsymbol{v}_2, \boldsymbol{v}_3$ を次のように実ベクトルに分解する．

$$\boldsymbol{v}_2 = \begin{bmatrix} 6-3i \\ -5+i \\ 1 \end{bmatrix} = \begin{bmatrix} 6 \\ -5 \\ 1 \end{bmatrix} + i\begin{bmatrix} -3 \\ 1 \\ 0 \end{bmatrix} \equiv \boldsymbol{a} + \boldsymbol{b}i,$$

$$\boldsymbol{v}_3 = \begin{bmatrix} 6+3i \\ -5-i \\ 1 \end{bmatrix} = \begin{bmatrix} 6 \\ -5 \\ 1 \end{bmatrix} + i\begin{bmatrix} 3 \\ -1 \\ 0 \end{bmatrix} \equiv \boldsymbol{a} - \boldsymbol{b}i.$$

このとき，

$$\boldsymbol{A}\boldsymbol{a} = \boldsymbol{A}((\boldsymbol{v}_2 + \boldsymbol{v}_3)/2) = \frac{1}{2}((2+i)\boldsymbol{v}_2 + (2-i)\boldsymbol{v}_3)$$
$$= 2\boldsymbol{a} - \boldsymbol{b},$$

$$\boldsymbol{A}\boldsymbol{b} = \boldsymbol{A}((\boldsymbol{v}_2 - \boldsymbol{v}_3)/2i) = \frac{1}{2i}((2+i)\boldsymbol{v}_2 - (2-i)\boldsymbol{v}_3)$$
$$= \boldsymbol{a} + 2\boldsymbol{b}.$$

となる．また，$\boldsymbol{a}, \boldsymbol{b}$ の双対ベクトル $\boldsymbol{a}^*, \boldsymbol{b}^*$ を定義に基づき計算すれば，

$$\boldsymbol{a}^* = \frac{1}{2}\begin{bmatrix} -1 \\ -3 \\ -7 \end{bmatrix},\ \boldsymbol{b}^* = \frac{1}{2}\begin{bmatrix} -1 \\ -1 \\ 1 \end{bmatrix}$$

となる．以上より，実数によるスペクトル分解および標準形は次のようになる．

$$\boldsymbol{A} = 3(\boldsymbol{v}_1 \odot \boldsymbol{v}^1) + 2((\boldsymbol{a} \odot \boldsymbol{a}^*) + (\boldsymbol{b} \odot \boldsymbol{b}^*) - (\boldsymbol{b} \odot \boldsymbol{a}^*)$$
$$+ (\boldsymbol{a} \odot \boldsymbol{b}^*)$$

$$\boldsymbol{D}_r = \begin{bmatrix} 3 & 0 & 0 \\ 0 & 2 & 1 \\ 0 & -1 & 2 \end{bmatrix}$$

例 7.2.4. 3 重実固有値

(1) 対角化可能（半単純）

次の行列について，スペクトル分解およびその対角化をみよう．

$$\boldsymbol{A} = \begin{bmatrix} 2 & 0 & 0 \\ 0 & 2 & 0 \\ 0 & 0 & 2 \end{bmatrix}\ (\det \boldsymbol{A} = 8)$$

固有多項式 $P_{\boldsymbol{A}}(\lambda)$ は，

$$P_{\boldsymbol{A}}(\lambda) = (2-\lambda)^3$$

であるから，固有値は $\lambda = 3$ (3 重解) であるが，線形独立な固有ベクトルとして，例えば $\boldsymbol{R}^3$ の標準基底がとれる．

$$\boldsymbol{e}_1 = \begin{bmatrix} 1 \\ 0 \\ 0 \end{bmatrix},\ \boldsymbol{e}_2 = \begin{bmatrix} 0 \\ 1 \\ 0 \end{bmatrix},\ \boldsymbol{e}_3 = \begin{bmatrix} 0 \\ 0 \\ 1 \end{bmatrix}.$$

したがって，固有値 2 の固有空間 $E_2(\boldsymbol{A})$ は

$$E_2(\boldsymbol{A}) = \langle \boldsymbol{e}_1, \boldsymbol{e}_2, \boldsymbol{e}_3 \rangle = \langle \begin{bmatrix} 1 \\ 0 \\ 0 \end{bmatrix}, \begin{bmatrix} 0 \\ 1 \\ 0 \end{bmatrix}, \begin{bmatrix} 0 \\ 0 \\ 1 \end{bmatrix} \rangle \ (\dim E_2(\boldsymbol{A}) = 3).$$

$$E_1(\boldsymbol{A}) = \langle \boldsymbol{v}_3 \rangle = \langle \begin{bmatrix} 0 \\ 0 \\ 1 \end{bmatrix} \rangle \ (\dim E_2(\boldsymbol{A}) = 1).$$

また，標準基底のベクトルの双対ベクトルは自分自身であるから行列 $\boldsymbol{A}$ のスペクトル分解およびその対角化は次のようになる．

［スペクトル分解と対角化］

$$\boldsymbol{A} = 2((\boldsymbol{e}_1 \odot \boldsymbol{e}_1) + (\boldsymbol{e}_2 \odot \boldsymbol{e}_2) + (\boldsymbol{e}_3 \odot \boldsymbol{e}_3)) = 2\boldsymbol{I}$$

$$\boldsymbol{D} = \begin{bmatrix} 2 & 0 & 0 \\ 0 & 2 & 0 \\ 0 & 0 & 2 \end{bmatrix}$$

(2) 対角化不可能

次の行列について，スペクトル分解およびその対角化をみよう．

$$\boldsymbol{A} = \begin{bmatrix} 2 & 0 & 0 \\ 1 & 2 & 0 \\ 0 & 0 & 2 \end{bmatrix} \quad (\det \boldsymbol{A} = 8)$$

固有多項式 $P_{\boldsymbol{A}}(\lambda)$ は，

$$P_{\boldsymbol{A}}(\lambda) = (2 - \lambda)^3$$

であるから，固有値は $\lambda = 3$(3 重解) であり，線形独立な固有ベクトルとして，例えば次がとれる．

$$\boldsymbol{e}_1 = \begin{bmatrix} 1 \\ 0 \\ 0 \end{bmatrix}, \ \boldsymbol{e}_2 = \begin{bmatrix} 0 \\ 1 \\ 0 \end{bmatrix}.$$

ここで 2 個しかとれないので，7.1.2.b（ケース 2）のように，固有値 $\lambda = 2$ の一般固有ベクトルとして，

$$\boldsymbol{e}_3 = \begin{bmatrix} 0 \\ 0 \\ 1 \end{bmatrix}$$

がとれ，次を満たす．

$$\boldsymbol{A}\boldsymbol{e}_3 = 2\boldsymbol{e}_3 + \boldsymbol{e}_2.$$

以上より，固有空間 $E_2(\boldsymbol{A})$ および一般固有空間 $F_2(\boldsymbol{A})$ は次のようになる．

$$\begin{aligned} E_2(\boldsymbol{A}) &= \langle \boldsymbol{e}_1, \boldsymbol{e}_2 \rangle \ (\dim E_2(\boldsymbol{A}) = 2), \\ F_2(\boldsymbol{A}) &= \langle \boldsymbol{e}_3, \boldsymbol{e}_2, \boldsymbol{e}_1 \rangle \ (\dim F_2(\boldsymbol{A}) = 2). \end{aligned} \quad (7.2.30)$$

［一般スペクトル分解とジョルダン標準形］

$$\begin{aligned} \boldsymbol{A} &= 2((\boldsymbol{e}_3 \odot \boldsymbol{e}_3) + (\boldsymbol{e}_2 \odot \boldsymbol{e}_2) + (\boldsymbol{e}_1 \odot \boldsymbol{e}_1)) + (\boldsymbol{e}_2 \odot \boldsymbol{e}_3) \\ &= 2\boldsymbol{I} + \boldsymbol{N} = \boldsymbol{S} + \boldsymbol{N} \quad (\boldsymbol{N} = (\boldsymbol{e}_2 \odot \boldsymbol{e}_3), \quad \boldsymbol{N}^2 = \boldsymbol{0}) \end{aligned}$$

$$\boldsymbol{J} = \begin{bmatrix} 2 & 0 & 0 \\ 0 & 2 & 1 \\ 0 & 0 & 2 \end{bmatrix}$$

(3) 対角化不可能

次の行列について，スペクトル分解およびその対角化をみよう．

$$\boldsymbol{A} = \begin{bmatrix} 2 & 0 & 0 \\ 1 & 2 & 0 \\ 0 & 1 & 2 \end{bmatrix} \quad (\det \boldsymbol{A} = 8)$$

固有多項式 $P_{\boldsymbol{A}}(\lambda)$ は，

$$P_{\boldsymbol{A}}(\lambda) = (2 - \lambda)^3$$

であるから，固有値は $\lambda = 2$(3 重解) であり，線形独立な固有ベクトルとして，例えば次がとれる．

$$\boldsymbol{e}_1 = \begin{bmatrix} 1 \\ 0 \\ 0 \end{bmatrix}.$$

ここで 1 個しかとれないので，7.1.2.b（ケース 2）のように，固有値 $\lambda = 2$ の一般固有ベクトルとして，

$$\boldsymbol{e}_2 = \begin{bmatrix} 0 \\ 1 \\ 0 \end{bmatrix}, \ \boldsymbol{e}_3 = \begin{bmatrix} 0 \\ 0 \\ 1 \end{bmatrix}$$

がとれ，次を満たす．

$$\boldsymbol{A}\boldsymbol{e}_2 = 2\boldsymbol{e}_2 + \boldsymbol{e}_1,$$

$$\boldsymbol{A}\boldsymbol{e}_3 = 2\boldsymbol{e}_3 + \boldsymbol{e}_2.$$

以上より，固有空間 $E_2(\boldsymbol{A})$ および一般固有空間 $F_2(\boldsymbol{A})$ は次のようになる．

$$E_2(\boldsymbol{A}) = \langle \boldsymbol{e}_1 \rangle \ (\dim E_2(\boldsymbol{A}) = 1),$$

$$F_2(\boldsymbol{A}) = \langle \boldsymbol{e}_3, \boldsymbol{e}_2, \boldsymbol{e}_1 \rangle \ (\dim F_2(\boldsymbol{A}) = 3).$$

[一般スペクトル分解とジョルダンの標準形]

$$\begin{aligned}\boldsymbol{A} &= 2((\boldsymbol{e}_3 \odot \boldsymbol{e}_3) + (\boldsymbol{e}_2 \odot \boldsymbol{e}_2) + (\boldsymbol{e}_1 \odot \boldsymbol{e}_1)) \\ &\quad + (\boldsymbol{e}_3 \odot \boldsymbol{e}_2) + \boldsymbol{e}_2 \odot \boldsymbol{e}_1) \\ &= 2\boldsymbol{I} + \boldsymbol{N} = \boldsymbol{S} + \boldsymbol{N} \quad (\boldsymbol{N} = (\boldsymbol{e}_3 \odot \boldsymbol{e}_2) \\ &\quad + (\boldsymbol{e}_2 \odot \boldsymbol{e}_1),\ \boldsymbol{N}^3 = \boldsymbol{0}\ )\end{aligned}$$

$$\boldsymbol{J} = \begin{bmatrix} 2 & 1 & 0 \\ 0 & 2 & 1 \\ 0 & 0 & 2 \end{bmatrix}$$

7.2.2　対称線形変換

線形変換 A が対称の場合，$A^a = A$ となり，その表現行列を $\boldsymbol{A}$ とすると，$\boldsymbol{A} = \boldsymbol{A}^t$ となる．このような性質の行列の固有値問題は，(7.1.6) で述べたように，固有値はすべて実数となり，相異なる固有値に対する固有ベクトルは直交する．重実固有値を含む場合でも，その固有値に対する固有空間の次元は固有値の重複度に等しい．したがって，異なる固有値に対する固有空間を用いて E^3 が直交直和分解されることになる．そこで，各固有空間から線形独立なベクトルを選び，正規直交系の基底を構成する．すると，この基底を用いて次のような対称行列 $\boldsymbol{A}$ のスペクトル分解が与えられる．なお，対称行列の場合は，すでに示した一般的な行列の場合とは異なり，すべての場合，以下に示すスペクトル分解から行列が対角化可能となる．このような場合の線形変換を半単純という．任意の対称線形変換は半単純であることが証明されている．

a. 相異なる 3 実固有値

相異なる固有値 $\lambda_1, \lambda_2, \lambda_3$ に対する固有ベクトルを正規化し，$\boldsymbol{v}_1, \boldsymbol{v}_2, \boldsymbol{v}_3$ とすると，

$$\boldsymbol{A}\boldsymbol{v}_1 = \lambda_1\boldsymbol{v}_1,\quad \boldsymbol{A}\boldsymbol{v}_2 = \lambda_2\boldsymbol{v}_2,\quad \boldsymbol{A}\boldsymbol{v}_3 = \lambda_3\boldsymbol{v}_3 \qquad (7.2.31)$$

となる．そこで，式 (7.2.5) に対応した次のスペクトル分解を得る．

$$\boldsymbol{A} = \lambda_1(\boldsymbol{v}_1 \odot \boldsymbol{v}_1) + \lambda_2(\boldsymbol{v}_2 \odot \boldsymbol{v}_2) + \lambda_3(\boldsymbol{v}_3 \odot \boldsymbol{v}_3) \quad (7.2.32)$$

b. 実固有値と重実固有値

固有値を $\lambda, \lambda_2 = \lambda_3 \equiv \mu$ とすると，

$$\boldsymbol{A}\boldsymbol{v}_1 = \lambda\boldsymbol{v}_1,\quad \boldsymbol{A}\boldsymbol{v}_2 = \mu\boldsymbol{v}_2,\quad \boldsymbol{A}\boldsymbol{v}_3 = \mu\boldsymbol{v}_3 \qquad (7.2.33)$$

となるので，次のような固有ベクトル $\boldsymbol{v}_1$ のみを用いたスペクトル分解が得られる．

$$\begin{aligned}\boldsymbol{A} &= \lambda(\boldsymbol{v}_1 \odot \boldsymbol{v}_1) + \mu\{(\boldsymbol{v}_2 \odot \boldsymbol{v}_2) + (\boldsymbol{v}_3 \odot \boldsymbol{v}_3)\} \\ &= \lambda(\boldsymbol{v}_1 \odot \boldsymbol{v}_1) + \mu\{\boldsymbol{I} - (\boldsymbol{v}_1 \odot \boldsymbol{v}_1)\} \qquad (7.2.34) \\ &= (\lambda - \mu)(\boldsymbol{v}_1 \odot \boldsymbol{v}_1) + \mu\boldsymbol{I} \qquad (7.2.35)\end{aligned}$$

c. 3 実重根

3 重実固有値を $\lambda_1 = \lambda_2 = \lambda_3 \equiv \lambda$ とすると，$\dim E_\lambda(\boldsymbol{A}) = 3$ となるので，次のスペクトル分解を得る．

$$\boldsymbol{A} = \lambda\boldsymbol{I} \qquad (7.2.36)$$

以下で具体的な対称線形変換の行列に関する例を示す．

例 7.2.5.

次の行列について，スペクトル分解およびその対角化の概略を記す．

$$\boldsymbol{A} = \begin{bmatrix} 0 & 1 & 1 \\ 1 & 0 & 1 \\ 1 & 0 & 0 \end{bmatrix} = \boldsymbol{A}^t \ (\det \boldsymbol{A} = 8)$$

固有多項式と固有値:

$$P_{\boldsymbol{A}}(\lambda) = -(\lambda - 2)(\lambda + 1)^2,\ \lambda_1 = 2,\ \lambda_2 = \lambda_3 = -1.$$

固有ベクトルとの関係式:

$$\boldsymbol{A}\boldsymbol{u}_1 = 2\boldsymbol{u}_1,\ \boldsymbol{A}\boldsymbol{u}_2 = (-1)\boldsymbol{u}_2,\ \boldsymbol{A}\boldsymbol{u}_3 = (-1)\boldsymbol{u}_3.$$

固有空間:

$$E_2(\boldsymbol{A}) = \langle \boldsymbol{v}_1 \rangle = \left\langle \begin{bmatrix} 1 \\ 1 \\ 1 \end{bmatrix} \right\rangle \ (\dim E_2(\boldsymbol{A}) = 1),$$

$$E_{-1}(\boldsymbol{A}) = \langle \boldsymbol{v}_2, \boldsymbol{v}_3 \rangle = \left\langle \begin{bmatrix} 1 \\ -2 \\ 1 \end{bmatrix}, \begin{bmatrix} 1 \\ 0 \\ -1 \end{bmatrix} \right\rangle \ (\dim E_{-1}(\boldsymbol{A}) = 2).$$

固有ベクトルの正規化:

$$\boldsymbol{v}_1 = \frac{1}{\sqrt{3}}\begin{bmatrix} 1 \\ 1 \\ 1 \end{bmatrix},\ \boldsymbol{v}_1 = \frac{1}{\sqrt{6}}\begin{bmatrix} 1 \\ -2 \\ 1 \end{bmatrix},\ \boldsymbol{v}_1 = \frac{1}{\sqrt{2}}\begin{bmatrix} 1 \\ 0 \\ -1 \end{bmatrix}.$$

［スペクトル分解と対角化］

$$\begin{aligned}\boldsymbol{A} &= 2(\boldsymbol{v}_1\odot\boldsymbol{v}_1)+(-1)((\boldsymbol{v}_2\odot\boldsymbol{v}_2)+(\boldsymbol{v}_3\odot\boldsymbol{v}_3))\\ &= 2(\boldsymbol{v}_1\odot\boldsymbol{v}_1)+(-1)(\boldsymbol{I}-(\boldsymbol{v}_1\odot\boldsymbol{v}_1))\\ &= 3(\boldsymbol{v}_1\odot\boldsymbol{v}_1)+(-1)\boldsymbol{I}\end{aligned}$$

$$\boldsymbol{D}=\begin{bmatrix}2&0&0\\0&-1&0\\0&0&-1\end{bmatrix}$$

例 7.2.6. 単位ベクトルの線形変換積

次の行列について，スペクトル分解およびその対角化の概略を記す．

$$\boldsymbol{A}:=[\boldsymbol{e}_1\odot\boldsymbol{e}_1]=\begin{bmatrix}1&0&0\\0&0&0\\0&0&0\end{bmatrix}=\boldsymbol{A}^{\mathrm{t}}\quad(\det\boldsymbol{A}=0)$$

固有多項式と固有値:

$$P_{\boldsymbol{A}}(\lambda)=(1-\lambda)\lambda^2,\ \lambda_1=1,\ \lambda_2=\lambda_3=0.$$

固有ベクトルとの関係式:

$$\boldsymbol{A}\boldsymbol{v}_1=1\boldsymbol{v}_1,\ \boldsymbol{A}\boldsymbol{v}_2=0\boldsymbol{v}_2,\ \boldsymbol{A}\boldsymbol{v}_3=0\boldsymbol{v}_3.$$

固有空間:

$E_1(\boldsymbol{A})=\langle\boldsymbol{v}_1\rangle=\langle\boldsymbol{e}_1\rangle\ (\dim E_2(\boldsymbol{A})=1)$,

$E_0(\boldsymbol{A})=\langle\boldsymbol{v}_2,\boldsymbol{v}_3\rangle=\langle\boldsymbol{e}_2,\boldsymbol{e}_3\rangle\ (\dim E_0(\boldsymbol{A})=2)$.

$E_0(\boldsymbol{A})=(E_1(\boldsymbol{A}))^{\perp}$となっている．

［スペクトル分解と対角化］

$$\begin{aligned}\boldsymbol{A} &= 1(\boldsymbol{e}_1\odot\boldsymbol{e}_1)+0((\boldsymbol{e}_2\odot\boldsymbol{e}_2)+(\boldsymbol{e}_3\odot\boldsymbol{e}_3))\\ &= 1(\boldsymbol{e}_1\odot\boldsymbol{e}_1)+0(\boldsymbol{I}-(\boldsymbol{e}_1\odot\boldsymbol{e}_1))\\ &= (1-0)(\boldsymbol{e}_1\odot\boldsymbol{e}_1)+0\boldsymbol{I}=(\boldsymbol{e}_1\odot\boldsymbol{e}_1)\end{aligned}$$

$$\boldsymbol{D}=\begin{bmatrix}1&0&0\\0&0&0\\0&0&0\end{bmatrix}=\boldsymbol{A}$$

d. ケイリー–ハミルトンの定理

E^3 上の任意の線形変換の固有方程式に関する次の定理が成立する．

定理 7.2.1（ケイリー–ハミルトンの定理）． E^3 上の任意の線形変換 T の行列表現を $\boldsymbol{T}$ とすると，$\boldsymbol{T}$ は自身の固有方程式を満たす．

$$P_{\boldsymbol{T}}(\boldsymbol{T})=\boldsymbol{T}^3-I_{\boldsymbol{T}}\boldsymbol{T}^2+II_{\boldsymbol{T}}\boldsymbol{T}-III_{\boldsymbol{T}}\boldsymbol{I}=\boldsymbol{O}\tag{7.2.37}$$

ただし，行列 $\boldsymbol{T}$ の不変量を $I_{\boldsymbol{T}}$，$II_{\boldsymbol{T}}$，$III_{\boldsymbol{T}}$ とする．

証明　ここでは，これまでに得られた対称行列のスペクトル分解を用いた場合の証明を述べる．相異なる固有値 λ，μ，ν とその正規直交固有ベクトルを $\boldsymbol{f}_1$，$\boldsymbol{f}_2$，$\boldsymbol{f}_3$ とすると，単位行列 $\boldsymbol{I}$ と $\boldsymbol{T}$ のスペクトル分解

$$\begin{aligned}\boldsymbol{I}&=(\boldsymbol{f}_1\odot\boldsymbol{f}_1)+(\boldsymbol{f}_2\odot\boldsymbol{f}_2)+(\boldsymbol{f}_3\odot\boldsymbol{f}_3)\\ \boldsymbol{T}&=\lambda(\boldsymbol{f}_1\odot\boldsymbol{f}_1)+\mu(\boldsymbol{f}_2\odot\boldsymbol{f}_2)+\nu(\boldsymbol{f}_3\odot\boldsymbol{f}_3)\end{aligned}$$

から，さらに

$$\begin{aligned}\boldsymbol{T}^2&=\lambda^2(\boldsymbol{f}_1\odot\boldsymbol{f}_1)+\mu^2(\boldsymbol{f}_2\odot\boldsymbol{f}_2)+\nu^2(\boldsymbol{f}_3\odot\boldsymbol{f}_3)\\ \boldsymbol{T}^3&=\lambda^3(\boldsymbol{f}_1\odot\boldsymbol{f}_1)+\mu^3(\boldsymbol{f}_2\odot\boldsymbol{f}_2)+\nu^3(\boldsymbol{f}_3\odot\boldsymbol{f}_3)\end{aligned}$$

となるので，これらを固有方程式に代入すると，λ,μ,ν が固有方程式の根であることから

$$\begin{aligned}P_{\boldsymbol{T}}(\boldsymbol{T})&=(\lambda^3-I_{\boldsymbol{T}}\lambda^2+II_{\boldsymbol{T}}\lambda-III_{\boldsymbol{T}})(\boldsymbol{f}_1\odot\boldsymbol{f}_1)\\ &\quad+(\mu^3-I_{\boldsymbol{T}}\mu^2+II_{\boldsymbol{T}}\mu-III_{\boldsymbol{T}})(\boldsymbol{f}_2\odot\boldsymbol{f}_2)\\ &\quad+(\nu^3-I_{\boldsymbol{T}}\nu^2+II_{\boldsymbol{T}}\nu-III_{\boldsymbol{T}})(\boldsymbol{f}_3\odot\boldsymbol{f}_3)=\boldsymbol{O}\end{aligned}$$

となる．□

7.2.3 交代線形変換

交代線形変換についてすでに第 6 章で述べた．本項では固有値問題に関連した表現を与える．交代線形変換 W の標準基底に関する行列を $\boldsymbol{W}$ とすると，$\boldsymbol{W}^{\mathrm{t}}=-\boldsymbol{W}$ となる．したがって，その行列式の値は 0 となる．すなわち，$\det\boldsymbol{W}=0$，これを行列 $\boldsymbol{W}$ の固有方程式 $P_{\boldsymbol{W}}(\lambda)=\det(\boldsymbol{W}-\lambda\boldsymbol{I})$ と比べると，$\lambda=0$ となることがわかる．すなわち，交代線形変換の 1 つの固有値が 0 である．ここで，交代線形変換のベクトル積による表現定理 6.2.1 を思い出すと，交代線形変換 $\boldsymbol{W}$ はある軸ベクトル $\boldsymbol{v}$ を用いて，

$$\boldsymbol{W}\boldsymbol{u}=\boldsymbol{v}\times\boldsymbol{u}\tag{7.2.38}$$

と表される．この軸ベクトルの表現を $\boldsymbol{v}=V^i\boldsymbol{e}_i=\alpha\boldsymbol{e}_1+\beta\boldsymbol{e}_2+\gamma\boldsymbol{e}_3$ とすると，$\boldsymbol{W}$ による各基底ベクトルの像は，

$$\begin{aligned}\boldsymbol{W}\boldsymbol{e}_1&=\boldsymbol{v}\times\boldsymbol{e}_1=\gamma\boldsymbol{e}_2-\beta\boldsymbol{e}_3\\ \boldsymbol{W}\boldsymbol{e}_2&=\boldsymbol{v}\times\boldsymbol{e}_2=\alpha\boldsymbol{e}_3-\gamma\boldsymbol{e}_1\\ \boldsymbol{W}\boldsymbol{e}_3&=\boldsymbol{v}\times\boldsymbol{e}_3=\beta\boldsymbol{e}_1-\alpha\boldsymbol{e}_2\end{aligned}$$

となるので，交代線形変換の標準基底に関する行列は次のように軸ベクトルの各成分 α,β,γ を用いた式となる．

$$W = \begin{bmatrix} 0 & -\gamma & \beta \\ \gamma & 0 & -\alpha \\ -\beta & \alpha & 0 \end{bmatrix} \quad (7.2.39)$$

ただし，$V^1 = V_1 = \alpha$，$V^2 = V_2 = \beta$，$V^3 = V_3 = \gamma$ とした．なお，式 (7.2.38) より，

$$\boldsymbol{W}\boldsymbol{v} = \boldsymbol{v} \times \boldsymbol{v} = \boldsymbol{0} = 0\,\boldsymbol{v} \quad (7.2.40)$$

となるので，この軸ベクトル $\boldsymbol{v}$ は交代行列 $\boldsymbol{W}$ の固有値 0 の固有ベクトルとなることがわかる．以上の結果，交代行列 $\boldsymbol{W}$ はその軸ベクトルの成分を用いて表現すると，

$$\begin{aligned} \boldsymbol{W} &= \alpha(\boldsymbol{e}_3 \odot \boldsymbol{e}_2 - \boldsymbol{e}_2 \odot \boldsymbol{e}_3) + \beta(\boldsymbol{e}_1 \odot \boldsymbol{e}_3 - \boldsymbol{e}_3 \odot \boldsymbol{e}_1) \\ &\quad + \gamma(\boldsymbol{e}_2 \odot \boldsymbol{e}_1 - \boldsymbol{e}_1 \odot \boldsymbol{e}_2) \quad (7.2.41) \\ &= e_{ijk} V_i (\boldsymbol{e}_k \odot \boldsymbol{e}_j) = V_i (e_{ijk} \boldsymbol{e}_k \odot \boldsymbol{e}_j) \\ &= V_i ((\boldsymbol{e}_i \times \boldsymbol{e}_j) \odot \boldsymbol{e}_j) \\ &= (V_i \boldsymbol{e}_i \times \boldsymbol{e}_j) \odot \boldsymbol{e}_j = (\boldsymbol{v} \times \boldsymbol{e}_j) \odot \boldsymbol{e}_j \quad (7.2.42) \end{aligned}$$

となる．この式 (7.2.42) はすでに 6.4 節で導いた式 (6.4.3) と一致する．

7.2.4 直交線形変換

直交変換を Q とすると，その定義より $Q^{\mathrm{a}}Q = I$ を満たす線形変換となる．その表現行列を $\boldsymbol{Q}$ とすると，$\boldsymbol{Q}^{\mathrm{t}}\boldsymbol{Q} = \boldsymbol{I}$　($\boldsymbol{Q}^{\mathrm{t}} = \boldsymbol{Q}^{-1}$) を満たす．この両辺の行列式をとると $\det \boldsymbol{Q} = \pm 1$ となる．この行列の固有多項式 $P_{\boldsymbol{Q}}(\lambda) = \det(\boldsymbol{Q} - \lambda \boldsymbol{I})$ を考える．すると，行列式の値に対して，次のような結果が得られる．

$$P_{\boldsymbol{Q}}(1) = \det(\boldsymbol{Q} - \boldsymbol{I}) = 0 \quad (\det \boldsymbol{Q} = 1)$$
$$P_{\boldsymbol{Q}}(-1) = \det(\boldsymbol{Q} + \boldsymbol{I}) = 0 \quad (\det \boldsymbol{Q} = -1)$$

すなわち，直交行列は固有値として，1 または −1 を有することになる．

直交変換はベクトルの変換前後でその長さを不変にするような線形変換である．そこで，直交変換の具体的な例として標準基底 $S = \{\boldsymbol{e}_1, \boldsymbol{e}_2, \boldsymbol{e}_3\}$ に対して，ベクトル $\boldsymbol{e}_1$ を回転軸とし，反時計回りに $\pi/2$ 回転させる場合を考える．この回転変換の S-行列表現を $\boldsymbol{R}$ とすると，各基底ベクトルに対して，

$$\boldsymbol{R}\boldsymbol{e}_1 = \boldsymbol{e}_1, \quad \boldsymbol{R}\boldsymbol{e}_2 = \boldsymbol{e}_3, \quad \boldsymbol{R}\boldsymbol{e}_3 = -\boldsymbol{e}_2 \quad (7.2.43)$$

となる．この変換は，任意のベクトル $\boldsymbol{u}$ に対して，

$$\boldsymbol{R}\boldsymbol{u} = \boldsymbol{R}(U^i \boldsymbol{e}_i) = U^1 \boldsymbol{e}_1 + U^2 \boldsymbol{e}_3 + U^3(-\boldsymbol{e}_2) \quad (7.2.44)$$

となるので，

$$(\boldsymbol{R}\boldsymbol{u} \cdot \boldsymbol{R}\boldsymbol{u}) = (U^1)^2 + (-U^3)^2 + (U^2)^2 = (\boldsymbol{u} \cdot \boldsymbol{u}) \quad (7.2.45)$$

から，$\boldsymbol{R}^{\mathrm{t}}\boldsymbol{R} = \boldsymbol{I}$ となり $\boldsymbol{R}$ は直交変換となることがわかる．上記の式 (7.2.43) から $\boldsymbol{R}$ の固有値が 1 でその固有ベクトルが $\boldsymbol{e}_1$ であることもわかる．そこで，この変換の表現 (7.2.43) を行列 $\boldsymbol{R}$ の固有値問題として捉えると，

$$\boldsymbol{R}\boldsymbol{e}_1 = 1\boldsymbol{e}_1 \quad (7.2.46)$$
$$\boldsymbol{R}(\boldsymbol{e}_2 - i\boldsymbol{e}_3) = i(\boldsymbol{e}_2 - i\boldsymbol{e}_3) \quad (7.2.47)$$
$$\boldsymbol{R}(\boldsymbol{e}_2 + i\boldsymbol{e}_3) = -i(\boldsymbol{e}_2 + i\boldsymbol{e}_3) \quad (7.2.48)$$

と表されることになる．したがって，ベクトル $(\boldsymbol{e}_2 - i\boldsymbol{e}_3)$ は固有値 i，$(\boldsymbol{e}_2 + i\boldsymbol{e}_3)$ は固有値 $(-i)$ の固有ベクトルとなっている．この複素固有値問題を実数化し，すでに 7.2.1 項で示したようにして次のような $\boldsymbol{R}$ に対するスペクトル分解を得る．

$$\boldsymbol{R} = (\boldsymbol{e}_1 \odot \boldsymbol{e}_1) + (\boldsymbol{e}_3 \odot \boldsymbol{e}_2) - (\boldsymbol{e}_2 \odot \boldsymbol{e}_3) \quad (7.2.49)$$

この表現はもちろん式 (7.2.43) から直接導くこともできる．

なお，式 (7.2.43) から $\boldsymbol{R}$ は次のような行列として具体化される．

$$\boldsymbol{R} = \begin{bmatrix} 1 & 0 & 0 \\ 0 & 0 & -1 \\ 0 & 1 & 0 \end{bmatrix} \quad (\det \boldsymbol{R} = 1) \quad (7.2.50)$$

ここで，この結果を任意の角 θ だけ回転させる場合に拡張し，その変換を $\boldsymbol{R}(\theta)$ と表し，基底ベクトルに対する像を求めると，式 (7.2.43) は次のようになる．

$$\boldsymbol{R}(\theta)\boldsymbol{e}_1 = \boldsymbol{e}_1 \quad (7.2.51)$$
$$\boldsymbol{R}(\theta)\boldsymbol{e}_2 = \cos\theta\, \boldsymbol{e}_2 + \sin\theta\, \boldsymbol{e}_3 \quad (7.2.52)$$
$$\boldsymbol{R}(\theta)\boldsymbol{e}_3 = -\sin\theta\, \boldsymbol{e}_2 + \cos\theta\, \boldsymbol{e}_3 \quad (7.2.53)$$

この表現から，行列 $\boldsymbol{R}(\theta)$ は基底ベクトルとの線形変換積をとることによって，

$$\begin{aligned} \boldsymbol{R}(\theta) &= (\boldsymbol{e}_1 \odot \boldsymbol{e}_1) + (\cos\theta\, \boldsymbol{e}_2 \odot \sin\theta\, \boldsymbol{e}_3) \odot \boldsymbol{e}_2 \\ &\quad + (-\sin\theta\, \boldsymbol{e}_2 + \cos\theta\, \boldsymbol{e}_3) \odot \boldsymbol{e}_3 \\ &= (\boldsymbol{e}_1 \odot \boldsymbol{e}_1) + \cos\theta\{(\boldsymbol{e}_2 \odot \boldsymbol{e}_2) + (\boldsymbol{e}_3 \odot \boldsymbol{e}_3)\} \\ &\quad + \sin\theta\{(\boldsymbol{e}_3 \odot \boldsymbol{e}_2) - (\boldsymbol{e}_2 \odot \boldsymbol{e}_3)\} \quad (7.2.54) \end{aligned}$$

となる．この場合の行列表現は具体的に次のようになる．

$$R(\theta)=\begin{bmatrix}1&0&0\\0&\cos\theta&-\sin\theta\\0&\sin\theta&\cos\theta\end{bmatrix}\quad(\det R(\theta)=1)\tag{7.2.55}$$

ここで得られた表現を書き換えることにする．基底ベクトル $\boldsymbol{e}_1$ を回転変換の回転軸として設定したので，式 (7.2.38) から次のような交代変換 $\boldsymbol{K}$ を導入する．

$$\boldsymbol{K}\boldsymbol{u}=(\boldsymbol{e}_1\times\boldsymbol{u})\quad(\forall\boldsymbol{u}\in E^3)\tag{7.2.56}$$

すると，

$$\begin{aligned}\boldsymbol{K}^2\boldsymbol{u}=\boldsymbol{K}(\boldsymbol{K}\boldsymbol{u})&=(\boldsymbol{e}_1\times(\boldsymbol{e}_1\times\boldsymbol{u}))\\&=(\boldsymbol{e}_1\cdot\boldsymbol{u})\boldsymbol{e}_1-(\boldsymbol{e}_1\cdot\boldsymbol{e}_1)\boldsymbol{u}\\&=((\boldsymbol{e}_1\odot\boldsymbol{e}_1)-\boldsymbol{I})\boldsymbol{u}\end{aligned}\tag{7.2.57}$$

から，

$$\boldsymbol{K}^2=(\boldsymbol{e}_1\odot\boldsymbol{e}_1)-\boldsymbol{I}=-((\boldsymbol{e}_2\odot\boldsymbol{e}_2)+(\boldsymbol{e}_3\odot\boldsymbol{e}_3))\tag{7.2.58}$$

となることがわかり，さらにこのような表現を与える $\boldsymbol{K}$ は，

$$\boldsymbol{K}=(\boldsymbol{e}_3\odot\boldsymbol{e}_2)-(\boldsymbol{e}_2\odot\boldsymbol{e}_3)\tag{7.2.59}$$

となる．これらの表現を上記の表現 (7.2.54) に代入することによって回転行列 $\boldsymbol{R}(\theta)$ が軸ベクトル $\boldsymbol{e}_1$ に対する交代行列 $\boldsymbol{K}$ を用いて次のように表される．

$$\boldsymbol{R}(\theta)=\boldsymbol{I}+\sin\theta\,\boldsymbol{K}+(1-\cos\theta)\boldsymbol{K}^2\tag{7.2.60}$$

この表現は 6.5 節で導いたロドリーグの回転公式に対応する．

7.3 線形変換の特異値分解

前節では線形変換の固有値問題を解くことによって得られる固有値とそれに対応する固有ベクトルを用いた行列のスペクトル分解を示した．一般的な行列では，複素固有値が存在したり，直交しない固有ベクトルとなったりしてそのスペクトル分解を難しくしていた．一方，対称線形変換の場合には，固有値がすべて実数となり，固有ベクトルも直交し，正規直交基底を構成することができ，そのスペクトル分解も容易になった．そこで，本節では，一般的な行列に対してもこのような対称行列の持つ有効性を考慮することができるような取り扱いについて述べる．

E^3 上の線形変換を T とすると，この T に対して対称性を有する次の 2 つの線形変換を導入する．

$$C:=T^{\mathrm{a}}T\quad(C^{\mathrm{a}}=(T^{\mathrm{a}}T)^{\mathrm{a}}=T^{\mathrm{a}}(T^{\mathrm{a}})^{\mathrm{a}}=T^{\mathrm{a}}T=C)\tag{7.3.1}$$

$$B:=TT^{\mathrm{a}}\quad(B^{\mathrm{a}}=(TT^{\mathrm{a}})^{\mathrm{a}}=(T^{\mathrm{a}})^{\mathrm{a}}T^{\mathrm{a}}=TT^{\mathrm{a}}=B)\tag{7.3.2}$$

この 2 つの対称線形変換の固有値はすべて実数となり，相異なる固有値の固有ベクトルは直交する．そこで，上記のように T と関係する 2 つの線形変換 C, B を用いて対象とする T の表現を定めることを考える．このような表現法を**線形変換の特異値分解**とよぶ．なお，ここでは，線形変換 T の表現行列を $\boldsymbol{T}$ とした場合について考える．したがって，次のような対称行列を導入することになる．

$$\boldsymbol{C}:=\boldsymbol{T}^{\mathrm{t}}\boldsymbol{T},\qquad\boldsymbol{B}:=\boldsymbol{T}\boldsymbol{T}^{\mathrm{t}}\tag{7.3.3}$$

この 2 つの行列は，次に示すように対称かつ正定値行列であり，固有方程式が一致する ($P_{\boldsymbol{C}}(\mu)=P_{\boldsymbol{B}}(\mu)$) ので，固有値 μ_i も一致する．例えば，行列 $\boldsymbol{C}$ について示すと次のようになる．

$$\begin{aligned}&\boldsymbol{C}^{\mathrm{t}}=(\boldsymbol{T}^{\mathrm{t}}\boldsymbol{T})^{\mathrm{t}}=\boldsymbol{T}^{\mathrm{t}}(\boldsymbol{T}^{\mathrm{t}})^{\mathrm{t}}=\boldsymbol{T}^{\mathrm{t}}\boldsymbol{T}=\boldsymbol{C}\quad(\text{対称性})\\&(\boldsymbol{C}\boldsymbol{u}\cdot\boldsymbol{u})=(\boldsymbol{T}\boldsymbol{u}\cdot\boldsymbol{T}\boldsymbol{u})=\|\boldsymbol{T}\boldsymbol{u}\|\geq 0\quad(\text{正定値性})\end{aligned}\tag{7.3.4}$$

$$\begin{aligned}(\boldsymbol{C}\boldsymbol{u}\cdot\boldsymbol{u})&=(\mu\boldsymbol{u}\cdot\boldsymbol{u})=\mu(\boldsymbol{u}\cdot\boldsymbol{u})\\&=\mu\|\boldsymbol{u}\|\geq 0\quad\Rightarrow\mu\geq 0\quad(\text{固有値の非負性})\end{aligned}\tag{7.3.5}$$

正定値対称行列 $\boldsymbol{C}$，$\boldsymbol{B}$ の共通な非負の固有値を μ_i とし，その固有ベクトルを正規化したベクトルを各々 $\boldsymbol{l}_i$，$\boldsymbol{m}_i$ とする．すなわち，各 $i=1, 2, 3$ について，

$$\begin{aligned}\boldsymbol{C}\boldsymbol{l}_i&=(\boldsymbol{T}^{\mathrm{t}}\boldsymbol{T})\boldsymbol{l}_i=\boldsymbol{T}^{\mathrm{t}}(\boldsymbol{T}\boldsymbol{l}_i)=\mu_i\boldsymbol{l}_i\\\boldsymbol{B}\boldsymbol{m}_i&=(\boldsymbol{T}\boldsymbol{T}^{\mathrm{t}})\boldsymbol{m}_i=\boldsymbol{T}(\boldsymbol{T}^{\mathrm{t}}\boldsymbol{m}_i)=\mu_i\boldsymbol{m}_i\end{aligned}\tag{7.3.6}$$

となる．ただし，上式は i についての和はとらないものとする．ここで，この表現から行列 $\boldsymbol{T}$ および $\boldsymbol{T}^{\mathrm{t}}$ に対して定まる次のベクトルを導入する．

$$\boldsymbol{x}_i:=\frac{1}{\sqrt{\mu_i}}\boldsymbol{T}\boldsymbol{l}_i,\qquad\boldsymbol{y}_i:=\frac{1}{\sqrt{\mu_i}}\boldsymbol{T}^{\mathrm{t}}\boldsymbol{m}_i\quad(\mu_i\neq 0)\tag{7.3.7}$$

すると，

$$\begin{aligned}\boldsymbol{T}^{\mathrm{t}}\boldsymbol{x}_i&=\frac{1}{\sqrt{\mu_i}}\boldsymbol{T}^{\mathrm{t}}(\boldsymbol{T}\boldsymbol{l}_i)=\sqrt{\mu_i}\boldsymbol{l}_i\\\boldsymbol{T}\boldsymbol{y}_i&=\frac{1}{\sqrt{\mu_i}}\boldsymbol{T}(\boldsymbol{T}^{\mathrm{t}}\boldsymbol{m}_i)=\sqrt{\mu_i}\boldsymbol{m}_i\end{aligned}$$

からベクトル $\boldsymbol{x}_i$，$\boldsymbol{y}_i$ は各々行列 $\boldsymbol{B}$，$\boldsymbol{C}$ の固有値 μ_i に対する固有ベクトルとなることがわかる．したがって，各 i について，固有ベクトル $\boldsymbol{l}_i$，$\boldsymbol{m}_i$ は（右手系）

正規直交ベクトルであるから，$\boldsymbol{x}_i$，$\boldsymbol{y}_i$ も（右手系）正規直交ベクトルとすると，

$$\boldsymbol{x}_i = \boldsymbol{m}_i, \quad \boldsymbol{y}_i = \boldsymbol{l}_i \tag{7.3.8}$$

となる．この結果，行列 $\boldsymbol{T}$ および $\boldsymbol{T}^{\mathrm{t}}$ は次のように線形変換積を用いて次のように表される．

$$\boldsymbol{T} = \sqrt{\mu_i}(\boldsymbol{x}_i \odot \boldsymbol{l}_i) = \sqrt{\mu_i}(\boldsymbol{m}_i \odot \boldsymbol{l}_i) \tag{7.3.9}$$

$$\boldsymbol{T}^{\mathrm{t}} = \sqrt{\mu_i}(\boldsymbol{y}_i \odot \boldsymbol{m}_i) = \sqrt{\mu_i}(\boldsymbol{l}_i \odot \boldsymbol{m}_i) \tag{7.3.10}$$

以上の結果を次の定理としてまとめておく．

定理 7.3.1（正方行列の特異値分解）． E^3 上の線形変換を T とし，その表現行列を $\boldsymbol{T}$ とすると，2つの対称行列 $\boldsymbol{C}$，$\boldsymbol{B}$ の実固有値 μ_i $(i = 1, 2, 3)$ に対する固有ベクトルからなる正規直交基底 $U = \{\boldsymbol{u}_1, \boldsymbol{u}_2, \boldsymbol{u}_3\}$ および $V = \{\boldsymbol{v}_1, \boldsymbol{v}_2, \boldsymbol{v}_3\}$ を用いることによって次のように表される．

$$\boldsymbol{T} = \sqrt{\mu_1}(\boldsymbol{v}_1 \odot \boldsymbol{u}_1) + \sqrt{\mu_2}(\boldsymbol{v}_2 \odot \boldsymbol{u}_2) + \sqrt{\mu_3}(\boldsymbol{v}_3 \odot \boldsymbol{u}_3) \tag{7.3.11}$$

ただし，対称行列の固有値と固有ベクトルを次のように定める．

$$\boldsymbol{C}\boldsymbol{u}_i = \mu_i \boldsymbol{u}_i, \qquad \boldsymbol{B}\boldsymbol{v}_i = \mu_i \boldsymbol{v}_i \tag{7.3.12}$$

なお，上記の表現 (7.3.12) を行列 $\boldsymbol{T}$ の**特異値分解 (singular value decomposition)** とよび，共通の固有値 μ_i を行列 $\boldsymbol{T}$ の**特異値 (singular value)** という．

例 7.3.1.

次の行列の特異値分解の概略を記す．

$$\boldsymbol{T} = \begin{bmatrix} \dfrac{1-\sqrt{3}}{2} & \dfrac{1+\sqrt{3}}{2} \\ -\dfrac{1+\sqrt{3}}{2} & -\dfrac{1-\sqrt{3}}{2} \end{bmatrix}$$

行列 $\boldsymbol{C}$ と $\boldsymbol{B}$ を求めること: $\boldsymbol{T}$ の転値行列は

$$\boldsymbol{T}^{\mathrm{t}} = \begin{bmatrix} \dfrac{1-\sqrt{3}}{2} & -\dfrac{1+\sqrt{3}}{2} \\ \dfrac{1+\sqrt{3}}{2} & -\dfrac{1-\sqrt{3}}{2} \end{bmatrix}$$

であるから，$\boldsymbol{C} = \boldsymbol{T}^{\mathrm{t}}\boldsymbol{T}, \boldsymbol{B} = \boldsymbol{T}\boldsymbol{T}^{\mathrm{t}}$ はそれぞれ

$$\boldsymbol{C} = \begin{bmatrix} 2 & -1 \\ -1 & 2 \end{bmatrix}, \quad \boldsymbol{B} = \begin{bmatrix} 2 & 1 \\ 1 & 2 \end{bmatrix}$$

となる．

特異値:

すでに述べたように行列 $\boldsymbol{C}$ と $\boldsymbol{B}$ の固有方程式は等しく，

$$P_{\boldsymbol{C}}(\mu) = P_{\boldsymbol{B}}(\mu) = (1-\mu)(3-\mu)$$

である．求める特異値は，この固有値で 3, 1 である．

$$\mu_1 = 3, \ \mu_2 = 1$$

とおく．

固有ベクトルとの関係式:

$$\boldsymbol{C}\boldsymbol{l}_1 = 3\boldsymbol{l}_1, \ \boldsymbol{C}\boldsymbol{l}_2 = 1\boldsymbol{l}_2, \ \boldsymbol{B}\boldsymbol{m}_1 = 3\boldsymbol{m}_1, \ \boldsymbol{B}\boldsymbol{m}_2 = 1\boldsymbol{m}_2.$$

固有ベクトル:

$$\boldsymbol{l}_1 = \frac{1}{\sqrt{2}}\begin{bmatrix} 1 \\ -1 \end{bmatrix}, \ \boldsymbol{l}_2 = \frac{1}{\sqrt{2}}\begin{bmatrix} 1 \\ 1 \end{bmatrix}, \ \boldsymbol{m}_1 = \frac{1}{\sqrt{2}}\begin{bmatrix} -1 \\ -1 \end{bmatrix},$$

$$\boldsymbol{m}_2 = \frac{1}{\sqrt{2}}\begin{bmatrix} 1 \\ -1 \end{bmatrix}.$$

特異値分解: 式 (7.3.11) より，

$$\boldsymbol{T} = \sqrt{3}(\boldsymbol{m}_1 \odot \boldsymbol{l}_1) + 1(\boldsymbol{m}_2 \odot \boldsymbol{l}_2).$$

7.4 線形変換の極分解

線形変換の特異値分解を行う過程で正定値行列の「平方根」を導入すると，特異値分解が別の形式として表現できることを示す．

線形変換の表現行列 $\boldsymbol{T}$ が式 (7.3.11) のように特異値分解されているものとする．対称行列 $\boldsymbol{C}$，$\boldsymbol{B}$ を特異値とそれに対応するベクトルを用いて，次のようにスペクトル分解する．

$$\boldsymbol{C} = \sum_{i=1}^{3} \mu_i(\boldsymbol{u}_i \odot \boldsymbol{u}_i) \equiv \mu_1(\boldsymbol{u}_1 \odot \boldsymbol{u}_1) + \mu_2(\boldsymbol{u}_2 \odot \boldsymbol{u}_2) + \mu_3(\boldsymbol{u}_3 \odot \boldsymbol{u}_3) \tag{7.4.1}$$

$$\boldsymbol{B} = \sum_{i=1}^{3} \mu_i(\boldsymbol{v}_i \odot \boldsymbol{v}_i) \equiv \mu_1(\boldsymbol{v}_1 \odot \boldsymbol{u}_1) + \mu_2(\boldsymbol{u}_2 \odot \boldsymbol{u}_2) + \mu_3(\boldsymbol{u}_3 \odot \boldsymbol{u}_3) \tag{7.4.2}$$

これらの行列はすでに正定値行列であることを示したので，次のような**行列の平方根 (square root of matrix)** を定義できる．

$$\boldsymbol{U} \equiv \sqrt{\boldsymbol{C}} := \sum_{i=1}^{3} \sqrt{\mu_i}(\boldsymbol{u}_i \odot \boldsymbol{u}_i) \equiv \sqrt{\mu_1}(\boldsymbol{u}_1 \odot \boldsymbol{u}_1) + \sqrt{\mu_2}(\boldsymbol{u}_2 \odot \boldsymbol{u}_2) + \sqrt{\mu_3}(\boldsymbol{u}_3 \odot \boldsymbol{u}_3) \tag{7.4.3}$$

$$\boldsymbol{V} \equiv \sqrt{\boldsymbol{B}} := \sum_{i=1}^{3} \sqrt{\mu_i}(\boldsymbol{v}_i \odot \boldsymbol{v}_i) \equiv \sqrt{\mu_1}(\boldsymbol{v}_1 \odot \boldsymbol{v}_1) + \sqrt{\mu_2}(\boldsymbol{v}_2 \odot \boldsymbol{v}_2) + \sqrt{\mu_3}(\boldsymbol{v}_3 \odot \boldsymbol{v}_3) \tag{7.4.4}$$

この定義から行列 $\boldsymbol{U}$, $\boldsymbol{V}$ はともに対称かつ正定値行列であり，各々行列 $\boldsymbol{C}$, $\boldsymbol{B}$ からユニークに定められる．さらに，ベクトル $\boldsymbol{u}_i$, $\boldsymbol{v}_i$ から，次の行列 $\boldsymbol{R}$ を導入する．

$$\boldsymbol{R} := \sum_{i=1}^{3}(\boldsymbol{u}_i \odot \boldsymbol{v}_i) \equiv (\boldsymbol{u}_1 \odot \boldsymbol{v}_1) + (\boldsymbol{u}_2 \odot \boldsymbol{v}_2) + (\boldsymbol{u}_3 \odot \boldsymbol{v}_3) \tag{7.4.5}$$

すると，行列 $\boldsymbol{T}$ は，対称行列 $\boldsymbol{C}$, $\boldsymbol{B}$ から定められる行列 $\boldsymbol{U}$, $\boldsymbol{V}$, $\boldsymbol{R}$ を用いて次のように表されることがわかる．

$$\boldsymbol{T} = \boldsymbol{R}\boldsymbol{U} = \boldsymbol{V}\boldsymbol{R} \tag{7.4.6}$$

行列 $\boldsymbol{T}$ のこの表現を**極分解 (polar decomposition)** とよぶ．なお，上記 (7.4.5) で定義された行列は次のような性質を有することがわかる．

$$\begin{aligned}
\boldsymbol{R}\boldsymbol{v}_i &= \left(\sum_{j=1}^{3}(\boldsymbol{u}_j \odot \boldsymbol{v}_j)\right)\boldsymbol{v}_i = \boldsymbol{u}_i \\
\boldsymbol{R}^{\mathrm{t}}\boldsymbol{u}_i &= \left(\sum_{j=1}^{3}(\boldsymbol{v}_j \odot \boldsymbol{u}_j)\right)\boldsymbol{u}_i = \boldsymbol{v}_i \\
\boldsymbol{R}\boldsymbol{R}^{\mathrm{t}} &= \boldsymbol{R}^{\mathrm{t}}\boldsymbol{R} = \boldsymbol{I} \\
(\boldsymbol{R}\boldsymbol{a} \cdot \boldsymbol{R}\boldsymbol{a}) &= (\boldsymbol{a} \cdot \boldsymbol{a}) \geq 0 \\
\det \boldsymbol{R} &= \pm 1
\end{aligned} \tag{7.4.7}$$

以上より，行列 $\boldsymbol{R}$ は $\boldsymbol{C}$ の固有ベクトル $\boldsymbol{v}_i$ を $\boldsymbol{B}$ の固有ベクトル $\boldsymbol{u}_i$ に直交変換することがわかる．さらに，固有ベクトルからなる正規直交系の順序を右手系としているので，$\det \boldsymbol{R} = 1$ となる．このような直交変換は特に**回転 (rotation)** とよばれている．したがって，線形変換の行列は，回転と対称正定値行列の積として表される．以上の結果を次のようにまとめて示す．

定理 7.4.1（線形変換の極分解）． 正定値線形変換の表現行列を $\boldsymbol{T}$ とする．次の表現を満たす正定値対称行列 $\boldsymbol{U}$, $\boldsymbol{V}$ および回転行列 $\boldsymbol{R}$ がユニークに存在する．

$$\boldsymbol{T} = \boldsymbol{R}\boldsymbol{U} = \boldsymbol{V}\boldsymbol{R} \tag{7.4.8}$$

ただし，

$$\boldsymbol{U} := \sqrt{\boldsymbol{C}} = \sqrt{\boldsymbol{T}^{\mathrm{t}}\boldsymbol{T}}, \quad \boldsymbol{V} := \sqrt{\boldsymbol{B}} = \sqrt{\boldsymbol{T}\boldsymbol{T}^{\mathrm{t}}} \tag{7.4.9}$$

上記の行列の分解を $\boldsymbol{T}$ の**極分解 (polar decomposition)** とよび，特に $\boldsymbol{T} = \boldsymbol{R}\boldsymbol{U}$ ($\boldsymbol{T} = \boldsymbol{V}\boldsymbol{R}$) を $\boldsymbol{T}$ の「右極分解」（「左極分解」）とよぶ．

この線形変換の極分解は前節の特異値分解の幾何学的な表現となっている．すなわち，ベクトルをベクトルに線形変換する働きはベクトルの長さを変えない“回転”と長さを変える“伸縮”との積として表されることを意味する．

連続体力学では，変形勾配 (deformation gradient) を線形変換とする場合にこの極分解定理が適用できて，歪テンソル (strain tensor) の表現を得る．その例として，単位長さを有する立方体が一方向の剪断変形を受けた場合に得られる変形勾配テンソルの表現を以下に示す．

例 7.4.1.

次の行列について，固有値問題，一般スペクトル分解，極分解の概略を示す．

$$\boldsymbol{A} = \begin{bmatrix} 1 & 2/\sqrt{3} & 0 \\ 0 & 1 & 0 \\ 0 & 0 & 1 \end{bmatrix}$$

［固有値問題］

固有多項式は $P_A(\lambda) = (1-\lambda)^3$ より，その零点である固有値は $\lambda = 1$（3 重解）．この固有ベクトル $\boldsymbol{w}$ としては $\boldsymbol{w}_1 = \boldsymbol{e}_1$, $\boldsymbol{w}_2 = \boldsymbol{e}_3$ の 2 つをとることができる．このとき 7.1.2.b（ケース 2）のように，固有値 1 の一般固有ベクトルから，$\boldsymbol{w}_1$, $\boldsymbol{w}_2$ と線形独立なものとして次がとれる．

$$\boldsymbol{w}_3 = \begin{bmatrix} 0 \\ \sqrt{3}/2 \\ 0 \end{bmatrix}.$$

すなわち，一般固有空間 $F(\boldsymbol{A})$ は，

$$F(\boldsymbol{A}) = \langle \boldsymbol{w}_2, \boldsymbol{w}_3, \boldsymbol{w}_1 \rangle$$

と書け，この双対空間は

$$F^*(\boldsymbol{A}) = \langle \boldsymbol{w}^2, \boldsymbol{w}^3, \boldsymbol{w}^1 \rangle$$

ただし，$\boldsymbol{w}^2 = \boldsymbol{e}^2$, $\boldsymbol{w}^1 = \boldsymbol{e}^1$ で，$\boldsymbol{w}^3$ は

$$\boldsymbol{w}^3 = \begin{bmatrix} 0 \\ 2/\sqrt{3} \\ 0 \end{bmatrix}.$$

［スペクトル分解］

以上より $\boldsymbol{A}$ の一般スペクトル分解は

$$\begin{aligned} \boldsymbol{A} &= 1(\boldsymbol{w}_2 \odot \boldsymbol{w}_2) + 1(\boldsymbol{w}_3 \odot \boldsymbol{w}_3) + 1(\boldsymbol{w}_1 \odot \boldsymbol{w}_1) \\ &\quad + (\boldsymbol{w}_1 \odot \boldsymbol{w}^3) \\ &= \begin{bmatrix} 0 & 0 & 0 \\ 0 & 0 & 0 \\ 0 & 0 & 1 \end{bmatrix} + \begin{bmatrix} 0 & 0 & 0 \\ 0 & 1 & 0 \\ 0 & 0 & 0 \end{bmatrix} + \begin{bmatrix} 1 & 0 & 0 \\ 0 & 0 & 0 \\ 0 & 0 & 0 \end{bmatrix} \\ &\quad + \begin{bmatrix} 0 & 2/\sqrt{3} & 0 \\ 0 & 0 & 0 \\ 0 & 0 & 0 \end{bmatrix} \\ &= \boldsymbol{I} + \boldsymbol{N} \ (\boldsymbol{N} := (\boldsymbol{w}_1 \odot \boldsymbol{w}^3)) \end{aligned}$$

$$\boldsymbol{J} = \begin{bmatrix} 1 & 0 & 0 \\ 0 & 1 & 1 \\ 0 & 0 & 1 \end{bmatrix}$$

［特異値分解］

$\boldsymbol{B} = \boldsymbol{A}\boldsymbol{A}^{\mathrm{t}}$ および $\boldsymbol{C} = \boldsymbol{A}^{\mathrm{t}}\boldsymbol{A}$ は次である．

$$\boldsymbol{B} = \begin{bmatrix} 7/3 & 2/\sqrt{3} & 0 \\ 2/\sqrt{3} & 1 & 0 \\ 0 & 0 & 1 \end{bmatrix}, \boldsymbol{C} = \begin{bmatrix} 1 & 2/\sqrt{3} & 0 \\ 2/\sqrt{3} & 7/3 & 0 \\ 0 & 0 & 1 \end{bmatrix}.$$

これらの固有値は $\mu = 3, 1, 1/3$ であり，$\boldsymbol{B}$ の固有ベクトルを順に $\boldsymbol{u}_1, \boldsymbol{u}_2, \boldsymbol{u}_3$ として次がとれる（$\boldsymbol{B}$ は対称行列であることから，その固有ベクトルとしては正規直交基底がとれることに注意）．

$$\boldsymbol{u}_1 = \begin{bmatrix} \sqrt{3}/2 \\ 1/2 \\ 0 \end{bmatrix},\ \boldsymbol{u}_2 = \begin{bmatrix} 0 \\ 0 \\ 1 \end{bmatrix},\ \boldsymbol{u}_3 = \begin{bmatrix} -1/2 \\ \sqrt{3}/2 \\ 0 \end{bmatrix}$$

ここに $\boldsymbol{B}\boldsymbol{u}_1 = 3\boldsymbol{u}_1$, $\boldsymbol{B}\boldsymbol{u}_2 = 1\boldsymbol{u}_2$, $\boldsymbol{B}\boldsymbol{u}_3 = (1/2)\boldsymbol{u}_3$．また $\boldsymbol{C}$ の固有ベクトルも容易に

$$\boldsymbol{v}_1 = \begin{bmatrix} 1/2 \\ \sqrt{3}/2 \\ 0 \end{bmatrix},\ \boldsymbol{v}_2 = \begin{bmatrix} 0 \\ 0 \\ 1 \end{bmatrix},\ \boldsymbol{v}_3 = \begin{bmatrix} \sqrt{3}/2 \\ -1/2 \\ 0 \end{bmatrix}.$$

であることがわかる．ここに $\boldsymbol{C}\boldsymbol{v}_1 = 3\boldsymbol{v}_1$, $\boldsymbol{C}\boldsymbol{v}_2 = 1\boldsymbol{v}_2$, $\boldsymbol{C}\boldsymbol{v}_3 = (1/2)\boldsymbol{v}_3$．以上より $\boldsymbol{B}, \boldsymbol{C}$ のスペクトル分解は

$$\begin{aligned} \boldsymbol{B} &= 3(\boldsymbol{u}_1 \odot \boldsymbol{u}_1) + 1(\boldsymbol{u}_2 \odot \boldsymbol{u}_2) + \frac{1}{3}(\boldsymbol{u}_3 \odot \boldsymbol{u}_3) \\ &= 3\begin{bmatrix} 3/4 & \sqrt{3}/4 & 0 \\ \sqrt{3}/4 & 1/4 & 0 \\ 0 & 0 & 0 \end{bmatrix} + 1\begin{bmatrix} 0 & 0 & 0 \\ 0 & 0 & 0 \\ 0 & 0 & 1 \end{bmatrix} \\ &\quad + \frac{1}{3}\begin{bmatrix} 1/4 & -\sqrt{3}/4 & 0 \\ -\sqrt{3}/4 & 3/4 & 0 \\ 0 & 0 & 0 \end{bmatrix} \end{aligned}$$

$$\begin{aligned} \boldsymbol{C} &= 3(\boldsymbol{v}_1 \odot \boldsymbol{v}_1) + 1(\boldsymbol{v}_2 \odot \boldsymbol{v}_2) + \frac{1}{3}(\boldsymbol{v}_3 \odot \boldsymbol{v}_3) \\ &= 3\begin{bmatrix} 1/4 & \sqrt{3}/4 & 0 \\ \sqrt{3}/4 & 3/4 & 0 \\ 0 & 0 & 0 \end{bmatrix} + 1\begin{bmatrix} 0 & 0 & 0 \\ 0 & 0 & 0 \\ 0 & 0 & 1 \end{bmatrix} \\ &\quad + \frac{1}{3}\begin{bmatrix} 3/4 & -\sqrt{3}/4 & 0 \\ -\sqrt{3}/4 & 1/4 & 0 \\ 0 & 0 & 0 \end{bmatrix} \end{aligned}$$

以上より，$\boldsymbol{A}$ の特異値分解は次となる．

$$\begin{aligned} \boldsymbol{A} &= \sqrt{\mu_1}(\boldsymbol{u}_1 \odot \boldsymbol{v}_1) + \sqrt{\mu_2}(\boldsymbol{u}_2 \odot \boldsymbol{u}_2) + \sqrt{\mu_3}(\boldsymbol{u}_3 \odot \boldsymbol{v}_3) \\ &= \sqrt{3}\begin{bmatrix} \sqrt{3}/4 & 3/4 & 0 \\ 1/4 & \sqrt{3}/4 & 0 \\ 0 & 0 & 0 \end{bmatrix} + 1\begin{bmatrix} 0 & 0 & 0 \\ 0 & 0 & 0 \\ 0 & 0 & 1 \end{bmatrix} \\ &\quad + \frac{1}{\sqrt{3}}\begin{bmatrix} \sqrt{3}/4 & -1/4 & 0 \\ -3/4 & \sqrt{3}/4 & 0 \\ 0 & 0 & 0 \end{bmatrix}. \end{aligned}$$

［極分解］

以下，計算結果のみ記す．

$$\begin{aligned} \boldsymbol{U} &:= \sqrt{\boldsymbol{C}} = \sqrt{3}(\boldsymbol{v}_1 \odot \boldsymbol{v}_1) + 1(\boldsymbol{v}_2 \odot \boldsymbol{v}_2) + \frac{1}{\sqrt{3}}(\boldsymbol{v}_3 \odot \boldsymbol{v}_3) \\ &= \begin{bmatrix} \sqrt{3}/2 & 1/2 & 0 \\ 1/2 & 5/(2\sqrt{3}) & 0 \\ 0 & 0 & 1 \end{bmatrix} \end{aligned}$$

$$\begin{aligned} \boldsymbol{V} &:= \sqrt{\boldsymbol{B}} = \sqrt{3}(\boldsymbol{u}_1 \odot \boldsymbol{u}_1) + 1(\boldsymbol{u}_2 \odot \boldsymbol{u}_2) + \frac{1}{\sqrt{3}}(\boldsymbol{u}_3 \odot \boldsymbol{u}_3) \\ &= \begin{bmatrix} 5/(2\sqrt{3}) & 1/2 & 0 \\ 1/2 & \sqrt{3}/2 & 0 \\ 0 & 0 & 1 \end{bmatrix} \end{aligned}$$

$$\begin{aligned} \boldsymbol{R} &:= (\boldsymbol{u}_1 \odot \boldsymbol{u}_1) + 1(\boldsymbol{u}_2 \odot \boldsymbol{u}_2) + (\boldsymbol{u}_3 \odot \boldsymbol{u}_3) \\ &= \begin{bmatrix} \sqrt{3}/2 & 1/2 & 0 \\ -1/2 & \sqrt{3}/2 & 0 \\ 0 & 0 & 1 \end{bmatrix} \end{aligned}$$

として，$\boldsymbol{A} = \boldsymbol{R}\boldsymbol{U} = \boldsymbol{V}\boldsymbol{R}$.

7.5 演習問題

[1] 3 次元右手系ユークリッド空間上の交代線形変換 W の S-行列を $\boldsymbol{W}$ とする．以下の問いに答えよ．

(1) $\boldsymbol{W}$ のベクトル積表現 $\boldsymbol{W}\boldsymbol{v}=(\boldsymbol{w}\times\boldsymbol{v})$ から $\boldsymbol{W}$ を $\boldsymbol{w}$ を用いて表せ．

(2) $\boldsymbol{W}$ の不変量 $\mathcal{I}_W=\{I_W, II_W, III_W\}$ を求めよ．

(3) $\boldsymbol{W}$ の固有値を求めよ．

[2] 次の行列のスペクトル分解，特異値分解，極分解を求めよ．

$$\boldsymbol{A}=\begin{bmatrix}\sqrt{3/2} & \sqrt{1/2}\\ 0 & \sqrt{2}\end{bmatrix}$$

[3] 次の行列のスペクトル分解，特異値分解，極分解を求めよ．

$$\boldsymbol{T}=\begin{bmatrix}1 & 2\\ -2 & 1\end{bmatrix}$$

解答

[1]

(1) $\boldsymbol{w}=w^i\boldsymbol{e}_j$ とおく．$\boldsymbol{e}_j$ たちは $\boldsymbol{W}$ により次に変換される．

$$\boldsymbol{W}\boldsymbol{e}_1=(w^i\boldsymbol{e}_j)\times\boldsymbol{e}_1=-w^2\boldsymbol{e}_3+w^3\boldsymbol{e}_2$$
$$\boldsymbol{W}\boldsymbol{e}_2=(w^i\boldsymbol{e}_j)\times\boldsymbol{e}_2=w^1\boldsymbol{e}_3-w^3\boldsymbol{e}_1$$
$$\boldsymbol{W}\boldsymbol{e}_3=(w^i\boldsymbol{e}_j)\times\boldsymbol{e}_3=-w^1\boldsymbol{e}_2+w^2\boldsymbol{e}_1$$

したがって，

$$\boldsymbol{W}=\begin{bmatrix}0 & -w^3 & w^2\\ w^3 & 0 & -w^1\\ -w^2 & w^1 & 0\end{bmatrix}$$

(2) $I_W=\mathrm{Tr}\,\boldsymbol{W}=0$．$II_W=((\mathrm{Tr}\,\boldsymbol{W})^2-\mathrm{Tr}\,(\boldsymbol{W}^2))/2$ より，

$$II_W=-\frac{1}{2}\mathrm{Tr}\,(\boldsymbol{W}^2)$$

(1) の行列を二乗して $\boldsymbol{W}^2$ を求めて，そのトレースを計算すれば

$$II_W=(w^1)^2+(w^2)^2+(w^3)^2.$$

III_W は $\det\boldsymbol{W}$ に等しく 0.

(3) (2) から固有方程式は

$$\begin{aligned}P_W(\lambda)&=-\lambda^3+I_W\lambda^2-II_W\lambda+III_W\\ &=-\lambda^3-((w^1)^2+(w^2)^2+(w^3)^2)\lambda\end{aligned}$$

となる．したがって，固有値は

$$\lambda=1,\ \pm i\sqrt{(w^1)^2+(w^2)^2+(w^3)^2}$$

[2] $\boldsymbol{A}$ の固有値問題：

固有多項式は $P_A(\lambda)=(\sqrt{2}-\lambda)(\sqrt{3/2}-\lambda)$ より固有値は $\lambda_1=\sqrt{2},\ \lambda_2=\sqrt{3/2}$．これらの固有ベクトル $\boldsymbol{w}_1, \boldsymbol{w}_2$ としては例えば次がとれる．

$$\boldsymbol{w}_1=\begin{bmatrix}1/(2-\sqrt{3})\\ 1\end{bmatrix},\quad \boldsymbol{w}_2=\begin{bmatrix}1\\ 0\end{bmatrix}.$$

またこれらの双対ベクトルは

$$\boldsymbol{w}^1=\begin{bmatrix}0\\ 1\end{bmatrix},\quad \boldsymbol{w}^2=\begin{bmatrix}1\\ -1/(2-\sqrt{3})\end{bmatrix}$$

である．したがって，$\boldsymbol{A}$ のスペクトル分解は

$$\begin{aligned}\boldsymbol{A}&=\sqrt{2}(\boldsymbol{w}_1\odot\boldsymbol{w}^1)+\sqrt{3/2}(\boldsymbol{w}_1\odot\boldsymbol{w}^2)\\ &=\sqrt{2}\begin{bmatrix}0 & 1/(2-\sqrt{3})\\ 0 & 1\end{bmatrix}+\sqrt{3/2}\begin{bmatrix}0 & -1/(2-\sqrt{3})\\ 0 & 0\end{bmatrix}.\end{aligned}$$

対角化は

$$\boldsymbol{D}=\begin{bmatrix}\sqrt{2} & 0\\ 0 & \sqrt{3/2}\end{bmatrix}.$$

$\boldsymbol{B}=\boldsymbol{A}\boldsymbol{A}^{\mathrm{t}}, \boldsymbol{C}=\boldsymbol{A}^{\mathrm{t}}\boldsymbol{A}$ の固有値問題：

$$\boldsymbol{B}=\begin{bmatrix}2 & 1\\ 1 & 2\end{bmatrix},\quad \boldsymbol{C}=\begin{bmatrix}3/2 & \sqrt{3}/2\\ \sqrt{3}/2 & 5/2\end{bmatrix}$$

であり，固有方程式は $P_B(\mu)=(3-\lambda)(1-\lambda)=P_C(\mu)$．したがって固有値は $\mu_1=1,\ \mu_2=3$．$\boldsymbol{B}$ についてそれぞれの固有ベクトル $\boldsymbol{v}_1, \boldsymbol{v}_2$ としては

$$\boldsymbol{v}_1=\begin{bmatrix}1\\ -1\end{bmatrix},\quad \boldsymbol{v}_2=\begin{bmatrix}1\\ 1\end{bmatrix}$$

がとれ，これらの双対ベクトルは，

$$\boldsymbol{v}^1=\begin{bmatrix}1/2\\ -1/2\end{bmatrix},\quad \boldsymbol{v}^2=\begin{bmatrix}1/2\\ 1/2\end{bmatrix}.$$

同様に $\boldsymbol{C}$ の固有値 μ_1, μ_2 に対する固有ベクトル $\boldsymbol{u}_1, \boldsymbol{u}_2$ としては

$$\boldsymbol{u}_1=\begin{bmatrix}\sqrt{3}\\ -1\end{bmatrix},\quad \boldsymbol{u}_2=\begin{bmatrix}1\\ \sqrt{3}\end{bmatrix}$$

がとれ，これらの双対ベクトルは，

$$\boldsymbol{u}^1=\begin{bmatrix}\sqrt{3}/4\\ -1/4\end{bmatrix},\quad \boldsymbol{u}^2=\begin{bmatrix}1/4\\ \sqrt{3}/4\end{bmatrix}.$$

$\boldsymbol{B}, \boldsymbol{C}$ のスペクトル分解：

$$\boldsymbol{B} = 1(\boldsymbol{v}_1 \odot \boldsymbol{v}^1) + 3(\boldsymbol{v}_1 \odot \boldsymbol{v}^2)$$
$$= \begin{bmatrix} 1/2 & -1/2 \\ -1/2 & 1/2 \end{bmatrix} + 3\begin{bmatrix} 1/2 & 1/2 \\ 1/2 & 1/2 \end{bmatrix}$$
$$\boldsymbol{C} = 1(\boldsymbol{u}_1 \odot \boldsymbol{u}^1) + 3(\boldsymbol{u}_1 \odot \boldsymbol{u}^2)$$
$$= \begin{bmatrix} 1/4 & -\sqrt{3}/4 \\ -\sqrt{3}/4 & 1/4 \end{bmatrix} + 3\begin{bmatrix} 1/4 & \sqrt{3}/4 \\ \sqrt{3}/4 & 3/4 \end{bmatrix}$$

ここで

$$\boldsymbol{b}_1 := \frac{1}{\sqrt{\mu_1}}\boldsymbol{A}^{\mathrm{t}}\boldsymbol{v}_1 = \begin{bmatrix} \sqrt{3/2} \\ -\sqrt{1/2} \end{bmatrix}$$
$$\boldsymbol{b}_2 := \frac{1}{\sqrt{\mu_2}}\boldsymbol{A}^{\mathrm{t}}\boldsymbol{v}_2 = \begin{bmatrix} \sqrt{1/2} \\ \sqrt{3/2} \end{bmatrix}$$

とおいて，次の特異値分解を得る．
$\boldsymbol{A}$ の特異値分解：

$$\boldsymbol{A} = \sqrt{1}(\boldsymbol{v}_1 \odot \boldsymbol{b}^1) + \sqrt{3}(\boldsymbol{v}_2 \odot \boldsymbol{b}^2)$$
$$= \begin{bmatrix} \sqrt{6}/4 & -\sqrt{2}/4 \\ -\sqrt{6}/4 & \sqrt{2}/4 \end{bmatrix} + \sqrt{3}\begin{bmatrix} \sqrt{2}/4 & \sqrt{6}/4 \\ \sqrt{2}/4 & \sqrt{6}/4 \end{bmatrix}$$

また定理 7.4.1 より，次の極分解を得る．
$\boldsymbol{A}$ の極分解：

$$\boldsymbol{V} = \sqrt{\boldsymbol{B}} = \sqrt{\mu_1}(\boldsymbol{v}_1 \odot \boldsymbol{v}^1) + \sqrt{\mu_2}(\boldsymbol{v}_1 \odot \boldsymbol{v}^2)$$
$$= \begin{bmatrix} 1/2 & -1/2 \\ -1/2 & 1/2 \end{bmatrix} + \sqrt{3}\begin{bmatrix} 1/2 & 1/2 \\ 1/2 & 1/2 \end{bmatrix}$$
$$\boldsymbol{C} = \sqrt{\boldsymbol{U}} = \sqrt{\mu_1}(\boldsymbol{u}_1 \odot \boldsymbol{u}^1) + \sqrt{\mu_2}(\boldsymbol{u}_1 \odot \boldsymbol{u}^2)$$
$$= \begin{bmatrix} 1/4 & -\sqrt{3}/4 \\ -\sqrt{3}/4 & 1/4 \end{bmatrix} + \sqrt{3}\begin{bmatrix} 1/4 & \sqrt{3}/4 \\ \sqrt{3}/4 & 3/4 \end{bmatrix}$$
$$\boldsymbol{R} = (\boldsymbol{v}_1 \odot \boldsymbol{b}^1) + (\boldsymbol{v}_2 \odot \boldsymbol{b}^2)$$
$$= \begin{bmatrix} (1+\sqrt{3})/2\sqrt{2} & (-1+\sqrt{3})/2\sqrt{2} \\ (1-\sqrt{3})/2\sqrt{2} & (1+\sqrt{3})/2\sqrt{2} \end{bmatrix}$$

として，$\boldsymbol{A} = \boldsymbol{RU} = \boldsymbol{VR}$ となる．

[3] まず，$\boldsymbol{T}$ は正定値行列であることは，固有多項式が虚数解をもつことからわかる．すなわち，

$$P_{\boldsymbol{T}}(\lambda) = \lambda^2 - 2\lambda + 5,\ \ \lambda = 1 \pm \sqrt{2}i.$$

$\boldsymbol{T}$ のスペクトル分解: 式 (7.2.5) より

$$\boldsymbol{T} = (1+2i)(\boldsymbol{w}_1 \odot \boldsymbol{w}^1) + (1-2i)(\boldsymbol{w}_2 \odot \boldsymbol{w}^2).$$

ここに $\boldsymbol{w}_1$, $\boldsymbol{w}_2$ としては例えば次がとれる．

$$\boldsymbol{w}_1 = \begin{bmatrix} \sqrt{2}i \\ -1 \end{bmatrix},\ \ \boldsymbol{w}_2 = \begin{bmatrix} -\sqrt{2}i \\ 1 \end{bmatrix}.$$

このとき $\boldsymbol{w}^1 = \boldsymbol{w}_2$, $\boldsymbol{w}^2 = \boldsymbol{w}_1$ となる．
$\boldsymbol{T}$ のスペクトル分解の実数化:

$$\boldsymbol{w}_1 = \begin{bmatrix} 0 \\ -1 \end{bmatrix} + i\begin{bmatrix} \sqrt{2} \\ 0 \end{bmatrix} \equiv -\boldsymbol{e}_2 + \sqrt{2}i\boldsymbol{e}_1$$

として，$\boldsymbol{Te}_1 = \boldsymbol{e}_1 - 2\boldsymbol{e}_2$, $\boldsymbol{Te}_2 = 2\boldsymbol{e}_1 + \boldsymbol{e}_2$ に注意すれば，式 (7.2.22) より

$$\boldsymbol{T} = ((\boldsymbol{e}_1 - 2\boldsymbol{e}_2) \odot \boldsymbol{e}_1) + ((\boldsymbol{e}_2 + 2\boldsymbol{e}_1) \odot \boldsymbol{e}_2).$$

$\boldsymbol{T}$ の特異値分解: $\boldsymbol{C} = \boldsymbol{T}^{\mathrm{t}}\boldsymbol{T}, \boldsymbol{B} = \boldsymbol{TT}^{\mathrm{t}} = 5\boldsymbol{I}$ であるから特異値は $\sqrt{5}$ であり，

$$\boldsymbol{T} = \sqrt{5}(\boldsymbol{v}_1 \odot \boldsymbol{u}_1) + \sqrt{5}(\boldsymbol{v}_2 \odot \boldsymbol{u}_2)$$

ここに，

$$\boldsymbol{v}_1 = \begin{bmatrix} 1 \\ 0 \end{bmatrix},\ \boldsymbol{v}_2 = \begin{bmatrix} 0 \\ 1 \end{bmatrix},\ \boldsymbol{u}_1 = \begin{bmatrix} 1 \\ 0 \end{bmatrix},\ \boldsymbol{u}_2 = \begin{bmatrix} 0 \\ 1 \end{bmatrix}.$$

ゆえに，定理 7.4.1 から

$$\boldsymbol{T} = \boldsymbol{RU} = \boldsymbol{VR},$$
$$\boldsymbol{UV} = \sqrt{5}\boldsymbol{I},$$
$$\boldsymbol{R} = \frac{1}{\sqrt{5}}\boldsymbol{I} + \frac{2}{\sqrt{5}}((\boldsymbol{e}_1 \odot \boldsymbol{e}_2) - (\boldsymbol{e}_2 \odot \boldsymbol{e}_1))$$

8.　線形変換の関数の表現

8.1　相似線形変換

第 7 章で 1 つの線形変換に対して基底変換することによってその表現行列同士が

$$\boldsymbol{B} = \boldsymbol{P}\boldsymbol{A}\boldsymbol{P}^{-1}$$

と関係づけられることを示した．この結果から 1 つの線形変換は線形空間の基底の選び方に依存してその表現行列は異なるが，上記の変換式によって互いが結び付けられる．このような行列同士を“相似な行列”(simular matrix) とよんだ．基底変換は線形変換であるから極分解定理 7.4.1 から，直交行列（回転行列）と対称行列の積として分解できる．そこで，この直交行列に注目し基底変換行列を直交変換 $\boldsymbol{Q}$ と選ぶと上記の式は直交変換行列の性質 $\boldsymbol{Q}^{\mathrm{t}} = \boldsymbol{Q}^{-1}$ から

$$\boldsymbol{B} = \boldsymbol{Q}\boldsymbol{A}\boldsymbol{Q}^{\mathrm{t}} \tag{8.1.1}$$

となる．

8.2　等 方 関 数

物理現象，特に力学現象は，その表現において現象を記述する座標系の回転変換に関して普遍性を要請している．すなわち，各法則等に現れる各種の量は，座標系の直交変換に関して不変でなければならない．直交変換を $\boldsymbol{Q}$ とすると，スカラー f，ベクトル $\boldsymbol{v}$，テンソル（線形変換）$\boldsymbol{A}$ は，その変換後それぞれ f^*, $\boldsymbol{v}^*$, $\boldsymbol{A}^*$ になるとする．すると，スカラーとベクトルは次のようになる．

$$f^* = f, \qquad \boldsymbol{v}^* = \boldsymbol{Q}\boldsymbol{v} \tag{8.2.1}$$

テンソルについては，$\boldsymbol{w} = \boldsymbol{A}\boldsymbol{v}$ とすると，変換後 $\boldsymbol{w}^* = \boldsymbol{A}^*\boldsymbol{v}^*$ は上記のベクトルの変換則を用いて，

$$\boldsymbol{Q}\boldsymbol{w} = \boldsymbol{A}^*\boldsymbol{Q}\boldsymbol{v} = (\boldsymbol{A}^*\boldsymbol{Q})\boldsymbol{v} \tag{8.2.2}$$

となるので，次のような変換則を得る．

$$\boldsymbol{A} = \boldsymbol{Q}^{\mathrm{t}}\boldsymbol{A}^*\boldsymbol{Q} \quad \Longrightarrow \quad \boldsymbol{A}^* = \boldsymbol{Q}\boldsymbol{A}\boldsymbol{Q}^{\mathrm{t}} \tag{8.2.3}$$

スカラー，ベクトル，テンソルに関する基底（座標系）の直交変換に対する変換則が得られたので，このような量を変量とした関数を考える．たとえば連続体力学では，応力テンソルや歪テンソルを変量として歪エネルギーや補エネルギーを定義する．これは，テンソルを変量として実数をとる関数となる．また応力と歪を関係付ける応力-歪関係式はテンソルを変量とし，テンソルを与える関数となる．そこで，このようなテンソルのスカラー値関数やテンソルのテンソル値関数の表現が必要となる．そこで，次のような関数を定義する．

定義 8.2.1（等方関数）. E^3 上の線形変換を A とし，その行列表現を $\boldsymbol{A}$ とする．スカラー関数 $\phi: L(E^3) \to \boldsymbol{R}$，テンソル関数 $\boldsymbol{\Phi}: L(E^3) \to L(E^3)$ に対して，直交変換を Q, その行列表現を $\boldsymbol{Q}$ とすると，

$$\phi(\boldsymbol{A}) = \phi(\boldsymbol{Q}\boldsymbol{A}\boldsymbol{Q}^{\mathrm{t}}) \tag{8.2.4}$$

$$\boldsymbol{Q}\boldsymbol{\Phi}(\boldsymbol{A})\boldsymbol{Q}^{\mathrm{t}} = \boldsymbol{\Phi}(\boldsymbol{Q}\boldsymbol{A}\boldsymbol{Q}^{\mathrm{t}}) \tag{8.2.5}$$

を満たす場合，これらの関数を直交変換のもとで**等方関数 (isotropic function)** とよぶ．なお，ϕ をテンソル $\boldsymbol{A}$ のスカラー等方関数，$\boldsymbol{\Phi}$ をテンソル $\boldsymbol{A}$ のテンソル等方関数とよぶ．

この定義に対して，これらの関数の具体例を示す．まずはじめにテンソルのスカラー関数の例を示す．

1. $\phi(\boldsymbol{A}) := \mathrm{Tr}(\boldsymbol{A})$ (8.2.6)
2. $\phi(\boldsymbol{A}) := \mathrm{Tr}(\boldsymbol{A}^2)$ (8.2.7)
3. $\phi(\boldsymbol{A}) := \det \boldsymbol{A}$ (8.2.8)

この具体例から線形変換 A，その行列表現 $\boldsymbol{A}$ の不変量 I_A, II_A, III_A はすべて“等方”である．次にテンソルのテンソル関数の例を示す．

1. $\Phi(\boldsymbol{A}) := \boldsymbol{A}$　(8.2.9)
2. $\Phi(\boldsymbol{A}) := \boldsymbol{A}^2$　(8.2.10)
3. $\Phi(\boldsymbol{A}) := \boldsymbol{A}^n$　($n \geq 1$ の整数)　(8.2.11)
4. $\Phi(\boldsymbol{A}) := a_0\boldsymbol{A}^n + a_1\boldsymbol{A}^{n-1} + \cdots + a_{n-1}\boldsymbol{A} + a_n\boldsymbol{I}$　(8.2.12)

上記の (8.2.12) は，テンソル $\boldsymbol{A}$ の n 次多項式が等方関数であることを示している．

8.3　等方スカラー関数の表現

前節で，線形変換の不変量がすべて等方であることを示した．このことから次のテンソルのスカラー関数に関する表現定理を得る．

定理 8.3.1（テンソルの等方スカラー関数の表現）． 対称線形変換を A とし，その表現行列を $\boldsymbol{A}$ とする．その不変量を $\mathcal{I}_A := \{I_A, II_A, III_A\}$ とすると，テンソル $\boldsymbol{A}$ のスカラー関数 ϕ に対して，

$$\phi(\boldsymbol{A}) := \tilde{\phi}(I_A, II_A, III_A) \equiv \tilde{\phi}(\mathcal{I}_A) \quad (8.3.1)$$

を満たす関数 $\tilde{\phi}$ が存在する．すなわち，関数 $\tilde{\phi}$ は $\boldsymbol{A}$ の不変量 $\mathcal{I}_A$ のみに依存する．

証明　$\boldsymbol{A}$ の不変量 $\mathcal{I}_A$ の各々が等方スカラー関数であることはすでに確かめたので，その不変量に依存する関数は "等方" である．そこで，任意の線形変換 A，B に対してその不変量が等しい場合にそのスカラー関数が等しい，すなわち $\phi(\boldsymbol{A}) = \phi(\boldsymbol{B})$ となることを示す．ただし線形変換 A，B の行列表現を $\boldsymbol{A}$，$\boldsymbol{B}$ とする．対称行列 $\boldsymbol{A}$，$\boldsymbol{B}$ の不変量が等しいとする．すなわち，$\mathcal{I}_A = \mathcal{I}_B$．すると対称行列の固有値問題 (7.2.2) で示したように，2 つの行列の固有値は一致する．その共通の固有値（非負）を λ_i とすると，次のスペクトル分解を得る．

$$\boldsymbol{A} = \sum_{i=1}^{3} \lambda_i(\boldsymbol{f}_i \odot \boldsymbol{f}_i), \quad \boldsymbol{B} = \sum_{i=1}^{3} \lambda_i(\boldsymbol{g}_i \odot \boldsymbol{g}_i)$$

ただし，各固有ベクトル $\boldsymbol{f}_i$，$\boldsymbol{g}_i$ を右手系の正規直交ベクトルとする．ここで，基底変換行列として，次のような直交行列 $\boldsymbol{Q}$ を選び各々の固有ベクトルを関係づける．

$$\boldsymbol{g}_i = \boldsymbol{Q}\boldsymbol{f}_i$$

すると，この直交変換に対して，次のことがわかる．

$$\begin{aligned}\boldsymbol{Q}\boldsymbol{A}\boldsymbol{Q}^{\mathrm{t}} &= \boldsymbol{Q}\Big(\sum_{i=1}^{3} \lambda_i(\boldsymbol{f}_i \odot \boldsymbol{f}_i)\Big)\boldsymbol{Q}^{\mathrm{t}} \\ &= \sum_{i=1}^{3} \lambda_i(\boldsymbol{Q}(\boldsymbol{f}_i \odot \boldsymbol{f}_i))\boldsymbol{Q}^{\mathrm{t}}) = \sum_{i=1}^{3} \lambda_i(\boldsymbol{Q}\boldsymbol{f}_i \odot \boldsymbol{Q}\boldsymbol{f}_i) \\ &= \sum_{i=1}^{3} \lambda_i(\boldsymbol{g}_i \odot \boldsymbol{g}_i) = \boldsymbol{B} \end{aligned} \quad (8.3.2)$$

したがって，ϕ が等方の場合，

$$\phi(\boldsymbol{A}) = \phi(\boldsymbol{Q}\boldsymbol{A}\boldsymbol{Q}^{\mathrm{t}}) = \phi(\boldsymbol{B})$$

となる．□

8.4　等方テンソル関数の表現

等方テンソル関数の表現を与えるために必要な定理を述べる．

定理 8.4.1（ワン (Wang) の補助定理）． 対称線形変換 A，その行列表現を $\boldsymbol{A}$ とする．その実固有値の以下の場合に関して，次のことが成立する．

1. 相異なる 3 固有値の場合　$\{\boldsymbol{I}, \boldsymbol{A}, \boldsymbol{A}^2\}$ は線形独立
2. 重固有値の場合　$\{\boldsymbol{I}, \boldsymbol{A}\}$ は線形独立

証明　ケース 1 を示す．

相異なる 3 実固有値を λ, μ, ν とする．行列 $\boldsymbol{I}, \boldsymbol{A}, \boldsymbol{A}^2$ のスペクトル分解

$$\begin{aligned}\boldsymbol{I} &= (\boldsymbol{f}_1 \odot \boldsymbol{f}_1) + (\boldsymbol{f}_2 \odot \boldsymbol{f}_2) + (\boldsymbol{f}_3 \odot \boldsymbol{f}_3) \\ \boldsymbol{A} &= \lambda(\boldsymbol{f}_1 \odot \boldsymbol{f}_1) + \mu(\boldsymbol{f}_2 \odot \boldsymbol{f}_2) + \nu(\boldsymbol{f}_3 \odot \boldsymbol{f}_3) \\ \boldsymbol{A}^2 &= \lambda^2(\boldsymbol{f}_1 \odot \boldsymbol{f}_1) + \mu^2(\boldsymbol{f}_2 \odot \boldsymbol{f}_2) + \nu^2(\boldsymbol{f}_3 \odot \boldsymbol{f}_3)\end{aligned}$$

を行列 $\boldsymbol{I}, \boldsymbol{A}, \boldsymbol{A}^2$ の線形関係式 $\alpha\boldsymbol{I} + \beta\boldsymbol{A} + \gamma\boldsymbol{A}^2 = \boldsymbol{O}$ に代入すると，

$$\begin{aligned}&(\alpha\lambda^2 + \beta\lambda + \gamma)(\boldsymbol{f}_1 \odot \boldsymbol{f}_1) + (\alpha\mu^2 + \beta\mu + \gamma)(\boldsymbol{f}_1 \odot \boldsymbol{f}_2) \\ &+ (\alpha\nu^2 + \beta\nu + \gamma)(\boldsymbol{f}_3 \odot \boldsymbol{f}_3) = \boldsymbol{O}\end{aligned} \quad (8.4.1)$$

となる．線形変換積の組 $\{(\boldsymbol{f}_1 \odot \boldsymbol{f}_1), (\boldsymbol{f}_2 \odot \boldsymbol{f}_2), (\boldsymbol{f}_3 \odot \boldsymbol{f}_3)\}$ は線形独立であるから上式の各係数は 0 でなければならない．その条件から $\alpha = \beta = \gamma = 0$ を得る．したがって，行列の組 $\{\boldsymbol{I}, \boldsymbol{A}, \boldsymbol{A}^2\}$ は線形独立である．

ケース 2 の場合も重固有値に対するスペクトル分解を用いて同様な議論で行列の組 $\{\boldsymbol{I}, \boldsymbol{A}\}$ の線形独立性が確かめられる．□

等方テンソル関数の表現を与える前に，その性質を示す．すでに等方関数の例として式 (8.2.9)-(8.2.12) を挙げた．等方テンソル関数として式 (8.2.10) を考える．行列 $\boldsymbol{A}$ のスペクトル分解に対して以下に示すように $\boldsymbol{A}^2$ のスペクトル分解は行列 $\boldsymbol{A}$ のスペクトル分解

と同様な形式となっていることがわかる.

$$\boldsymbol{A} = \sum_{i=1}^{3} \lambda_i (\boldsymbol{f}_i \odot \boldsymbol{f}_i)$$

$$\boldsymbol{A}^2 = \sum_{i=1}^{3} (\lambda_i)^2 (\boldsymbol{f}_i \odot \boldsymbol{f}_i) = \boldsymbol{\Phi}(\boldsymbol{A})$$

この結果を一般化することによって次の定理を得る.

定理 8.4.2（移行定理 (transfer theorem)）. 対称線形変換 $\boldsymbol{A}$ のテンソル関数を $\boldsymbol{\Phi}$ とすると，以下が成立する.

$\boldsymbol{\Phi}$ が等方テンソル関数 $\iff$ $\boldsymbol{A}$ の固有ベクトルはまた $\boldsymbol{\Phi}(\boldsymbol{A})$ の固有ベクトルになる.

証明　行列 $\boldsymbol{A}$ の固有値を λ, μ, ν とし，その固有ベクトルを $\boldsymbol{f}_1, \boldsymbol{f}_2, \boldsymbol{f}_3$ とする．スペクトル分解

$$\boldsymbol{A} = \lambda(\boldsymbol{f}_1 \odot \boldsymbol{f}_1) + \mu(\boldsymbol{f}_2 \odot \boldsymbol{f}_2) + \nu(\boldsymbol{f}_3 \odot \boldsymbol{f}_3)$$

に対して，直交変換 $\boldsymbol{Q}$ として，次の鏡映 (reflection)$\boldsymbol{Q}_r$ をとる.

$$\boldsymbol{Q}_r \boldsymbol{f}_1 = -\boldsymbol{f}_1,\ \boldsymbol{Q}_r \boldsymbol{f}_2 = \boldsymbol{f}_2,\ \boldsymbol{Q}_r \boldsymbol{f}_3 = \boldsymbol{f}_3$$

すると，次式が成り立つ.

$$\begin{aligned}
\boldsymbol{Q}_r \boldsymbol{A} \boldsymbol{Q}_r^{\mathrm{t}} &= \boldsymbol{Q}_r(\lambda(\boldsymbol{f}_1 \odot \boldsymbol{f}_1) + \mu(\boldsymbol{f}_2 \odot \boldsymbol{f}_2) \\
&\quad + \nu(\boldsymbol{f}_3 \odot \boldsymbol{f}_3))\boldsymbol{Q}_r^{\mathrm{t}} \\
&= \lambda(\boldsymbol{Q}_r \boldsymbol{f}_1 \odot \boldsymbol{Q}_r \boldsymbol{f}_1) + \mu(\boldsymbol{Q}_r \boldsymbol{f}_2 \odot \boldsymbol{Q}_r \boldsymbol{f}_2) \\
&\quad + \nu(\boldsymbol{Q}_r \boldsymbol{f}_3 \odot \boldsymbol{Q}_r \boldsymbol{f}_3) \\
&= \lambda(-\boldsymbol{f}_1 \odot -\boldsymbol{f}_1) + \mu(\boldsymbol{f}_2 \odot \boldsymbol{f}_2) + \nu(\boldsymbol{f}_3 \odot \boldsymbol{f}_3) \\
&= \lambda(\boldsymbol{f}_1 \odot \boldsymbol{f}_1) + \mu(\boldsymbol{f}_2 \odot \boldsymbol{f}_2) + \nu(\boldsymbol{f}_3 \odot \boldsymbol{f}_3) \\
&= \boldsymbol{A}
\end{aligned}$$

テンソル関数 $\boldsymbol{\Phi}$ が等方関数とすると，

$$\begin{aligned}
\boldsymbol{Q}_r \boldsymbol{\Phi}(\boldsymbol{A}) \boldsymbol{Q}_r^{\mathrm{t}} &= \boldsymbol{\Phi}(\boldsymbol{Q}_r \boldsymbol{A} \boldsymbol{Q}_r^{\mathrm{t}}) \\
&= \boldsymbol{\Phi}(\boldsymbol{A}) \ \rightarrow\ \boldsymbol{Q}_r \boldsymbol{\Phi}(\boldsymbol{A}) = \boldsymbol{\Phi}(\boldsymbol{A}) \boldsymbol{Q}_r
\end{aligned}$$

となり，ベクトル $\boldsymbol{f}_1$ に対して次式を得る.

$$\boldsymbol{Q}_r(\boldsymbol{\Phi}(\boldsymbol{A})\boldsymbol{f}_1) = (\boldsymbol{\Phi}(\boldsymbol{A}))(\boldsymbol{Q}_r \boldsymbol{f}_1) = -\boldsymbol{\Phi}(\boldsymbol{A})\boldsymbol{f}_1$$

この結果変換 $\boldsymbol{Q}_r$ はベクトル $\boldsymbol{\Phi}(\boldsymbol{A})\boldsymbol{f}_1$ を $-(\boldsymbol{\Phi}(\boldsymbol{A})\boldsymbol{f}_1)$ に変換する．この変換は鏡映変換であったので，

$$\boldsymbol{\Phi}(\boldsymbol{A})\boldsymbol{f}_1 = \alpha \boldsymbol{f}_1$$

となる定数 α が定められる．したがって，テンソル関数 $\boldsymbol{\Phi}$ は固有値 α を有し，$\boldsymbol{f}_1$ はその固有ベクトルとなる．以上のことから $\boldsymbol{A}$ の固有ベクトル $\boldsymbol{f}_1$ は等方関数 $\boldsymbol{\Phi}$ の固有ベクトルとなる．逆に，テンソル関数が行列の固有ベクトルを用いて，

$$\boldsymbol{\Phi}(\boldsymbol{A}) = \sum_{i=1}^{3} \omega_i (\boldsymbol{f}_i \odot \boldsymbol{f}_i)$$

と表されているとすると，直交変換 $\boldsymbol{Q}$ によって，

$$\boldsymbol{Q}\boldsymbol{\Phi}(\boldsymbol{A})\boldsymbol{Q}^{\mathrm{t}} = \sum_{i=1}^{3} \omega_i (\boldsymbol{Q}\boldsymbol{f}_i \odot \boldsymbol{Q}\boldsymbol{f}_i) = \boldsymbol{\Phi}(\boldsymbol{A}) = \boldsymbol{\Phi}(\boldsymbol{Q}\boldsymbol{A}\boldsymbol{Q}^{\mathrm{t}})$$

となる.　□

定理 8.4.3（線形変換の積の可換性）. 積に関して可換な 2 つの線形変換を S, T とし，その表現行列を $\boldsymbol{S}, \boldsymbol{T}$ とすると以下が成り立つ.

$$\boldsymbol{v} \in E_\lambda(\boldsymbol{S}) \iff \boldsymbol{T}\boldsymbol{v} \in E_\lambda(\boldsymbol{S}) \qquad (8.4.2)$$

証明　行列 $\boldsymbol{S}$ の固有値 λ に対する固有ベクトルを $\boldsymbol{v}$ とすると，

$$\boldsymbol{S}\boldsymbol{v} = \lambda \boldsymbol{v}$$

となる．ベクトル $\boldsymbol{v}$ の行列 $\boldsymbol{T}$ による積に $\boldsymbol{S}$ を乗じると，可換性を考慮して

$$\begin{aligned}
\boldsymbol{S}\boldsymbol{T}\boldsymbol{v} &= (\boldsymbol{S}\boldsymbol{T})\boldsymbol{v} = (\boldsymbol{T}\boldsymbol{S})\boldsymbol{v} = \boldsymbol{T}(\boldsymbol{S}\boldsymbol{v}) \\
&= \boldsymbol{T}(\lambda \boldsymbol{v}) = \lambda(\boldsymbol{T}\boldsymbol{v}) \qquad (8.4.3)
\end{aligned}$$

を得る．これは，ベクトル $\boldsymbol{T}\boldsymbol{v}$ が $\boldsymbol{S}$ の固有値 λ に対する固有ベクトルであることを示している．逆に，$\boldsymbol{v}_i \in E_{\lambda_i}(\boldsymbol{S})$ とすると，$\boldsymbol{T}\boldsymbol{v}_i \in E_{\lambda_i}(\boldsymbol{S})$ であるから，

$$\boldsymbol{S}\boldsymbol{T}\boldsymbol{v}_i = \lambda_i(\boldsymbol{T}\boldsymbol{v}_i) = \boldsymbol{T}(\lambda_i \boldsymbol{v}_i) = \boldsymbol{T}\boldsymbol{S}\boldsymbol{v}_i$$

となる．ここで任意のベクトルを $\boldsymbol{u}$ とし，$\boldsymbol{S}$ の固有ベクトル $\boldsymbol{v}_i$ の線形結合 $\boldsymbol{u} = u^i \boldsymbol{v}_i$ として表すと，

$$\begin{aligned}
(\boldsymbol{S}\boldsymbol{T})\boldsymbol{u} &= (\boldsymbol{S}\boldsymbol{T})(u^i \boldsymbol{v}_i) = \boldsymbol{S}\boldsymbol{T}(u^i \boldsymbol{v}_i) = u^i \boldsymbol{S}\boldsymbol{T}\boldsymbol{v}_i \\
&= u^i \boldsymbol{T}\boldsymbol{S}\boldsymbol{v}_i = \boldsymbol{T}\boldsymbol{S}(u^i \boldsymbol{v}_i) = (\boldsymbol{T}\boldsymbol{S})\boldsymbol{u}
\end{aligned}$$

となる．したがって，$\boldsymbol{S}\boldsymbol{T} = \boldsymbol{T}\boldsymbol{S}$，すなわち，$\boldsymbol{S}$ と $\boldsymbol{T}$ は可換である.　□

線形変換の積の可換性に関して具体例を示す.

例 8.4.1.

$$\boldsymbol{S} = \begin{bmatrix} 2 & 0 & 0 \\ 0 & 1 & 0 \\ 0 & 0 & 2 \end{bmatrix},\quad \boldsymbol{T} = \begin{bmatrix} 0 & 0 & 1 \\ 0 & 1 & 0 \\ 1 & 0 & 0 \end{bmatrix},$$

$$\boldsymbol{S}\boldsymbol{T} = \begin{bmatrix} 0 & 0 & 2 \\ 0 & 1 & 0 \\ 2 & 0 & 0 \end{bmatrix} = \boldsymbol{T}\boldsymbol{S}$$

［$\boldsymbol{S}$ の固有値問題］

$$\lambda_1 = \lambda_2 = 2, \quad \lambda_3 = 1$$

$$E_2(\boldsymbol{S}) = \langle \boldsymbol{v}_1, \ \boldsymbol{v}_2 \rangle = \langle \begin{bmatrix} 1 \\ 0 \\ 0 \end{bmatrix}, \ \begin{bmatrix} 0 \\ 0 \\ 1 \end{bmatrix} \rangle$$

$$\equiv \langle \boldsymbol{e}_1, \ \boldsymbol{e}_3 \rangle$$

$$E_1(\boldsymbol{S}) = \langle \boldsymbol{v}_3 \rangle = \langle \begin{bmatrix} 0 \\ 1 \\ 0 \end{bmatrix} \rangle \equiv \langle \boldsymbol{e}_2 \rangle$$

［$\boldsymbol{T}$ による像］

$$\boldsymbol{Tv}_1 \equiv \boldsymbol{Te}_1 = \boldsymbol{e}_3 \ \in \ E_2(\boldsymbol{S})$$
$$\boldsymbol{Tv}_2 \equiv \boldsymbol{Te}_3 = \boldsymbol{e}_1 \ \in \ E_2(\boldsymbol{S})$$
$$\boldsymbol{Tv}_3 \equiv \boldsymbol{Te}_2 = \boldsymbol{e}_2 \ \in \ E_1(\boldsymbol{S})$$

したがって，行列 $\boldsymbol{S}$ の各固有ベクトル $\boldsymbol{v}_i$ に対して，その行列と可換な行列 $\boldsymbol{T}$ による像 $\boldsymbol{Tv}_i$ はすべて行列 $\boldsymbol{S}$ の固有空間に含まれることがわかる．

定理 8.4.4. すべての直交変換（直交行列）と可換な対称変換（対称行列）は次のように表される．

$$\boldsymbol{AQ} = \boldsymbol{QA} \iff \boldsymbol{A} = \lambda \boldsymbol{I} \qquad (8.4.4)$$

ただし，$\boldsymbol{A}$ は対称行列，$\boldsymbol{Q}$ は直交行列，λ は定数とする．

証明　$\boldsymbol{A} = \lambda \boldsymbol{I}$ とする．すると，次式が成り立つ．

$$\boldsymbol{A}^{\mathrm{t}} = (\lambda \boldsymbol{I})^{\mathrm{t}} = \lambda (\boldsymbol{I})^{\mathrm{t}} = \lambda \boldsymbol{I} = \boldsymbol{A}$$
$$\boldsymbol{AQ} = (\lambda \boldsymbol{I})\boldsymbol{Q} = \lambda(\boldsymbol{IQ}) = \lambda \boldsymbol{Q}$$
$$\boldsymbol{QA} = \boldsymbol{Q}(\lambda \boldsymbol{I}) = \lambda(\boldsymbol{QI}) = \lambda \boldsymbol{Q} = \boldsymbol{AQ}$$

次に対称行列のスペクトル分解，

$$\boldsymbol{A} = \sum_{i=1}^{3} \lambda_i (\boldsymbol{f}_i \odot \boldsymbol{f}_i)$$

に対して，

$$\boldsymbol{A} = \boldsymbol{QAQ}^{\mathrm{t}} = \sum_{i=1}^{3} \lambda_i (\boldsymbol{Qf}_i \odot \boldsymbol{Qf}_i) = \sum_{i=1}^{3} \lambda_i (\boldsymbol{f}_i \odot \boldsymbol{f}_i)$$

となる．したがって，$\boldsymbol{Qf}_i \in E_{\boldsymbol{A}}(\lambda_i)$ とならねばならない．そこで，直交変換 $\boldsymbol{Q}$ として，まずはじめに次のような変換をとる．

$$\boldsymbol{Q}_1 : \ \boldsymbol{Q}_1\boldsymbol{f}_1 = \boldsymbol{f}_2, \ \boldsymbol{Q}_1\boldsymbol{f}_2 = \boldsymbol{f}_1, \ \boldsymbol{Q}_1\boldsymbol{f}_3 = \boldsymbol{f}_3$$

この変換に対して，行列 $\boldsymbol{A}$ は次のようになる．

$$\boldsymbol{A} = \lambda_1(\boldsymbol{f}_2 \odot \boldsymbol{f}_2) + \lambda_2(\boldsymbol{f}_1 \odot \boldsymbol{f}_1) + \lambda_3(\boldsymbol{f}_3 \odot \boldsymbol{f}_3)$$
$$= \lambda_1(\boldsymbol{f}_1 \odot \boldsymbol{f}_1) + \lambda_2(\boldsymbol{f}_2 \odot \boldsymbol{f}_2) + \lambda_3(\boldsymbol{f}_3 \odot \boldsymbol{f}_3)$$

したがって，$\lambda_1 = \lambda_2$ を得る．次に以下の直交行列 $\boldsymbol{Q}_2$ をとる．

$$\boldsymbol{Q}_2 : \ \boldsymbol{Q}_2\boldsymbol{f}_1 = \boldsymbol{f}_3, \ \boldsymbol{Q}_2\boldsymbol{f}_2 = \boldsymbol{f}_2, \ \boldsymbol{Q}_2\boldsymbol{f}_3 = \boldsymbol{f}_1$$

すると，行列 $\boldsymbol{A}$ に対して，まったく同様にして，$\lambda_1 = \lambda_3$ を得る．以上の結果，行列 $\boldsymbol{A}$ の表現として求める表現が得られる．

$$\boldsymbol{A} = \lambda((\boldsymbol{f}_1 \odot \boldsymbol{f}_1) + (\boldsymbol{f}_2 \odot \boldsymbol{f}_2) + \boldsymbol{f}_3 \odot \boldsymbol{f}_3))$$
$$= \lambda \boldsymbol{I}$$

□

定理 8.4.5（等方テンソル関数の表現 (I)）． 対称テンソル $\boldsymbol{A}$ の対称テンソル関数 $\boldsymbol{\Phi}$ に関して，次の表現が成り立つ．

$$\boldsymbol{\Phi}; \ \text{等方} \iff \boldsymbol{\Phi}(\boldsymbol{A}) = \phi_0(\mathcal{I}_{\boldsymbol{A}})\boldsymbol{I} + \phi_1(\mathcal{I}_{\boldsymbol{A}})\boldsymbol{A} + \phi_2(\mathcal{I}_{\boldsymbol{A}})\boldsymbol{A}^2 \qquad (8.4.5)$$

ただし，ϕ_i $(i = 0, 1, 2)$ は，対称テンソル $\boldsymbol{A}$ の不変量 $\mathcal{I}_{\boldsymbol{A}}$ のスカラー関数とする．

証明　$\boldsymbol{\Phi}(\boldsymbol{A}) = \phi_i(\mathcal{I}_{\boldsymbol{A}}) \ \boldsymbol{A}^i$ $\ (i = 0, 1, 2)$ とすると，

$$\boldsymbol{\Phi}(\boldsymbol{QAQ}^{\mathrm{t}}) = \phi_i(\mathcal{I}_{\boldsymbol{QAQ}^{\mathrm{t}}})(\boldsymbol{QAQ}^{\mathrm{t}})^i$$
$$= \phi_0(\mathcal{I}_{\boldsymbol{A}})\boldsymbol{I} + \phi_1(\mathcal{I}_{\boldsymbol{A}})(\boldsymbol{QAQ}^{\mathrm{t}}) + \phi_2(\mathcal{I}_{\boldsymbol{A}})(\boldsymbol{QAQ}^{\mathrm{t}})^2$$
$$= \phi_0(\mathcal{I}_{\boldsymbol{A}})\boldsymbol{QQ}^{\mathrm{t}} + \phi_1(\mathcal{I}_{\boldsymbol{A}})(\boldsymbol{QAQ}^{\mathrm{t}}) + \phi_2(\mathcal{I}_{\boldsymbol{A}})(\boldsymbol{QA}^2\boldsymbol{Q}^{\mathrm{t}})$$
$$= \boldsymbol{Q}\big((\phi_0)(\mathcal{I}_{\boldsymbol{A}})\boldsymbol{I} + \phi_1(\mathcal{I}_{\boldsymbol{A}})\boldsymbol{A} + \phi_2(\mathcal{I}_{\boldsymbol{A}})\boldsymbol{A}^2\big)\boldsymbol{Q}^{\mathrm{t}}$$
$$= \boldsymbol{Q\Phi}(\boldsymbol{A})\boldsymbol{Q}^{\mathrm{t}}$$

となる．次に逆を証明する．$\boldsymbol{A}$ の固有値に関する 3 ケースを考える．

（ケース 1：相異なる 3 実固有値 $(\lambda_1, \lambda_2, \lambda_3)$）

行列 $\boldsymbol{A}$ のスペクトル分解を

$$\boldsymbol{A} = \sum_{i=1}^{3} \lambda_i (\boldsymbol{f}_i \odot \boldsymbol{f}_i)$$

とすると，移行定理とワンの補助定理から，

$$\boldsymbol{\Phi}(\boldsymbol{A}) = \sum_{i=1}^{3} \omega_i (\boldsymbol{f}_i \odot \boldsymbol{f}_i)$$
$$= \phi_0(\boldsymbol{A})\boldsymbol{I} + \phi_1(\boldsymbol{A})\boldsymbol{A} + \phi_2(\boldsymbol{A})\boldsymbol{A}^2$$

となるスカラー関数 ϕ_i $(i = 1, 2, 3)$ が存在する．

（ケース 2：重実固有値と実固有値 $(\lambda_1 = \lambda_2 \equiv$

λ, $\lambda_3 \equiv \mu$))

行列 $\boldsymbol{A}$ のスペクトル分解は次のようになる．

$$\boldsymbol{A} = \lambda(\boldsymbol{f}_3 \odot \boldsymbol{f}_3) + \mu(\boldsymbol{I} - (\boldsymbol{f}_3 \odot \boldsymbol{f}_3))$$

テンソル関数に対して，

$$\begin{aligned}\boldsymbol{\Phi}(\boldsymbol{A}) &= \omega_1(\boldsymbol{f}_3 \odot \boldsymbol{f}_3) + \omega_2(\boldsymbol{I} - (\boldsymbol{f}_3 \odot \boldsymbol{f}_3)) \\ &= \phi_0(\boldsymbol{A})\boldsymbol{I} + \phi_1(\boldsymbol{A})\boldsymbol{A}\end{aligned}$$

となるスカラー関数 ϕ_0, ϕ_1 が存在する．したがって，このケースでは，ケース 1 で $\phi_2(\boldsymbol{A}) = 0$ の場合となる．

（ケース 3：3 重実固有値 ($\lambda_1 = \lambda_2 = \lambda_3 \equiv \lambda$)）

この場合のスペクトル分解は，$\boldsymbol{A} = \lambda\boldsymbol{I}$ となるので，テンソル関数は $\boldsymbol{\Phi}(\boldsymbol{A}) = \omega\boldsymbol{I} = \phi_0(\boldsymbol{A})\boldsymbol{I}$ となる．したがって，ケース 1 の $\phi_1(\boldsymbol{A}) = \phi_2(\boldsymbol{A}) = 0$ の場合となる．

以上によって，すべての固有値のケースに対して，テンソル関数の以下の表現が成り立つ．

$$\boldsymbol{\Phi}(\boldsymbol{A}) = \phi_0(\boldsymbol{A})\boldsymbol{I} + \phi_1(\boldsymbol{A})\boldsymbol{A} + \phi_2(\boldsymbol{A})\boldsymbol{A}^2$$

テンソル関数は等方であるから，

$$\begin{aligned}\boldsymbol{\Phi}(\boldsymbol{A}) &= \boldsymbol{Q}^{\mathrm{t}}\boldsymbol{\Phi}(\boldsymbol{Q}\boldsymbol{A}\boldsymbol{Q}^{\mathrm{t}})\boldsymbol{Q} \\ &= \boldsymbol{Q}^{\mathrm{t}}(\phi_0(\boldsymbol{Q}\boldsymbol{A}\boldsymbol{Q}^{\mathrm{t}})\boldsymbol{I} + \phi_1(\boldsymbol{Q}\boldsymbol{A}\boldsymbol{Q}^{\mathrm{t}})\boldsymbol{Q}\boldsymbol{A}\boldsymbol{Q}^{\mathrm{t}} \\ &\quad + \phi_2(\boldsymbol{Q}\boldsymbol{A}\boldsymbol{Q}^{\mathrm{t}})\boldsymbol{Q}\boldsymbol{A}^2\boldsymbol{Q}^{\mathrm{t}})\boldsymbol{Q} \\ &= (\phi_0(\boldsymbol{Q}\boldsymbol{A}\boldsymbol{Q}^{\mathrm{t}})\boldsymbol{I} + \phi_1(\boldsymbol{Q}\boldsymbol{A}\boldsymbol{Q}^{\mathrm{t}})\boldsymbol{A} + \phi_2(\boldsymbol{Q}\boldsymbol{A}\boldsymbol{Q}^{\mathrm{t}})\boldsymbol{A}^2\end{aligned} \quad (8.4.6)$$

とならなければならない．したがって，$\{\boldsymbol{I}, \boldsymbol{A}, \boldsymbol{A}^2\}$ は線形独立であるからスカラー関数の間に次のような関係が成立する．

$$\phi_0(\boldsymbol{A}) = \phi_0(\boldsymbol{Q}\boldsymbol{A}\boldsymbol{Q}^{\mathrm{t}}), \quad \phi_1(\boldsymbol{A}) = \phi_1(\boldsymbol{Q}\boldsymbol{A}\boldsymbol{Q}^{\mathrm{t}}),$$
$$\phi_2(\boldsymbol{A}) = \phi_2(\boldsymbol{Q}\boldsymbol{A}\boldsymbol{Q}^{\mathrm{t}})$$

これらの関係は，各スカラー関数が等方であることを示している．等方スカラー関数の表現定理より，$\phi_i(\boldsymbol{A}) = \phi_i(\mathcal{I}_{\boldsymbol{A}})$ となる．すなわち，スカラー関数 ϕ_i は行列 $\boldsymbol{A}$ の不変量 $\mathcal{I}_{\boldsymbol{A}}$ のみに依存し，式 (8.4.5) を得る．

□

定理 8.4.6（等方テンソル関数の表現 (II)）． 可逆な対称テンソル $\boldsymbol{A}$ の対称テンソル関数 $\boldsymbol{\Phi}$ に関して次の表現が成り立つ．

$$\boldsymbol{\Phi};\ \text{等方} \iff \boldsymbol{\Phi}(\boldsymbol{A}) = \phi_0(\mathcal{I}_{\boldsymbol{A}})\boldsymbol{I} + \phi_1(\mathcal{I}_{\boldsymbol{A}})\boldsymbol{A} + \phi_2(\mathcal{I}_{\boldsymbol{A}})\boldsymbol{A}^{-1} \quad (8.4.7)$$

ただし，ϕ_i $(i = 0, 1, 2)$ は，対称テンソル $\boldsymbol{A}$ の不変量 $\mathcal{I}_{\boldsymbol{A}}$ のスカラー関数である．

証明　可逆な行列 $\boldsymbol{A}$ に対して，ケイリー–ハミルトンの定理 (7.2.1) から，

$$\boldsymbol{A}^2 = I_{\boldsymbol{A}}\boldsymbol{A} - II_{\boldsymbol{A}}\boldsymbol{I} + III_{\boldsymbol{A}}\boldsymbol{A}^{-1}$$

と表されるので，前定理のテンソル関数の表現 (8.4.5) に代入して，

$$\begin{aligned}\boldsymbol{\Phi}(\boldsymbol{A}) &= \phi_0(\mathcal{I}_{\boldsymbol{A}})\boldsymbol{I} + \phi_1(\mathcal{I}_{\boldsymbol{A}})\boldsymbol{A} + \phi_2(\mathcal{I}_{\boldsymbol{A}})\boldsymbol{A}^2 \\ &= \phi_0(\mathcal{I}_{\boldsymbol{A}})\boldsymbol{I} + \phi_1(\mathcal{I}_{\boldsymbol{A}})\boldsymbol{A} \\ &\quad + \phi_2(\mathcal{I}_{\boldsymbol{A}})(I_{\boldsymbol{A}}\boldsymbol{A} - II_{\boldsymbol{A}}\boldsymbol{I} + III_{\boldsymbol{A}}\boldsymbol{A}^{-1}) \\ &= (\phi_0(\mathcal{I}_{\boldsymbol{A}}) - \phi_2(\mathcal{I}_{\boldsymbol{A}})II_{\boldsymbol{A}})\boldsymbol{I} \\ &\quad + (\phi_1(\mathcal{I}_{\boldsymbol{A}}) + \phi_2(\mathcal{I}_{\boldsymbol{A}})I_{\boldsymbol{A}})\boldsymbol{A} \\ &\quad + \phi_2(\mathcal{I}_{\boldsymbol{A}})III_{\boldsymbol{A}}\boldsymbol{A}^{-1} \\ &\equiv \phi_0(\mathcal{I}_{\boldsymbol{A}})\boldsymbol{I} + \phi_1(\mathcal{I}_{\boldsymbol{A}})\boldsymbol{A} + \phi_2(\mathcal{I}_{\boldsymbol{A}})\boldsymbol{A}^{-1}\end{aligned}$$

となる．ただし，不変量のスカラー等方関数 $\phi_i(\mathcal{I}_{\boldsymbol{A}})$ を次のようにおく．

$$\begin{aligned}\phi_0(\mathcal{I}_{\boldsymbol{A}}) &:= \phi_0(\mathcal{I}_{\boldsymbol{A}}) - \phi_2(\mathcal{I}_{\boldsymbol{A}})II_{\boldsymbol{A}} \\ \phi_1(\mathcal{I}_{\boldsymbol{A}}) &:= \phi_1(\mathcal{I}_{\boldsymbol{A}}) + \phi_2(\mathcal{I}_{\boldsymbol{A}})I_{\boldsymbol{A}} \\ \phi_2(\mathcal{I}_{\boldsymbol{A}}) &:= \phi_2(\mathcal{I}_{\boldsymbol{A}})III_{\boldsymbol{A}}\end{aligned}$$

□

等方テンソル関数が対称行列に関して“線形”の場合には次のような簡単な表現となる．

定理 8.4.7（等方線形テンソル関数の表現）． 対称テンソル $\boldsymbol{A}$ のテンソル関数 $\boldsymbol{\Phi}$ に対して次の表現が成り立つ．

$$\boldsymbol{\Phi};\ \text{等方線形} \iff \boldsymbol{\Phi}(\boldsymbol{A}) = \alpha\boldsymbol{A} + \beta(\mathrm{Tr}\,(\boldsymbol{A}))\boldsymbol{I} \quad (8.4.8)$$

ただし，α, β はスカラーである．

証明　対称テンソルの行列表現を $\boldsymbol{A}$ とする．対称行列の固有値問題はすでに述べたように，固有値はすべて実数で相異なる固有値の固有ベクトルは直交する．したがって，固有ベクトルから正規直交系を構成できる．このような固有ベクトルの組を用いて行列のスペクトル分解が与えられる．そこで，はじめに単位ベクトル同士の線形変換積より与えられる行列の固有値問題を考える．

単位ベクトルを $\boldsymbol{e}$ とし，その線形変換積を $(\boldsymbol{e}\odot\boldsymbol{e})$ とする．この行列（対称行列）の固有値問題は，3つの実固有値 $\lambda_1=1$，$\lambda_2=\lambda_3=0$ とそれに対応する固有ベクトル $\boldsymbol{v}_1\equiv\boldsymbol{e}$ およびこのベクトルに直交する2つのベクトルとなる．この結果，この行列のスペクトル分解は次のように与えられる．

$$\begin{aligned}(\boldsymbol{e}\odot\boldsymbol{e})&=1(\boldsymbol{e}\odot\boldsymbol{e})+0(\boldsymbol{I}-(\boldsymbol{e}\odot\boldsymbol{e}))\\&=(1-0)(\boldsymbol{e}\odot\boldsymbol{e})+0\boldsymbol{I}\end{aligned}$$

すると，移行定理よりテンソル等方関数 $\boldsymbol{\Phi}$ は，この行列に対して次の表現となる．

$$\boldsymbol{\Phi}(\boldsymbol{e}\odot\boldsymbol{e})=\alpha(\boldsymbol{e})(\boldsymbol{e}\odot\boldsymbol{e})+\beta(\boldsymbol{e})\boldsymbol{I}$$

ただし，α，β は行列 $(\boldsymbol{e}\odot\boldsymbol{e})$ に依存するスカラー関数となるので，上記のようにベクトル $\boldsymbol{e}$ への依存性を表すことにする．このスカラー関数の性質を明らかにするためにベクトル $\boldsymbol{e}$ に対して，直交変換 $\boldsymbol{Q}$ を用いて得られる単位ベクトル $\boldsymbol{f}$，すなわち，$\boldsymbol{f}=\boldsymbol{Qe}$ を考える．すると，次式が成立する．

$$\boldsymbol{Q}(\boldsymbol{e}\odot\boldsymbol{e})\boldsymbol{Q}^{\mathrm{t}}=(\boldsymbol{Qe}\odot\boldsymbol{Qe})=(\boldsymbol{f}\odot\boldsymbol{f})$$

ここで，テンソル関数 $\boldsymbol{\Phi}$ の等方性を考慮すると，

$$\begin{aligned}\boldsymbol{Q\Phi}[(\boldsymbol{e}\odot\boldsymbol{e})]\boldsymbol{Q}^{\mathrm{t}}&=\boldsymbol{Q}(\alpha(\boldsymbol{e})(\boldsymbol{e}\odot\boldsymbol{e})+\beta(\boldsymbol{e})\boldsymbol{I})\boldsymbol{Q}^{\mathrm{t}}\\&=\alpha(\boldsymbol{e})(\boldsymbol{f}\odot\boldsymbol{f})+\beta(\boldsymbol{e})\boldsymbol{I}\\&=\alpha(\boldsymbol{f})(\boldsymbol{f}\odot\boldsymbol{f})+\beta(\boldsymbol{f})\boldsymbol{I}\end{aligned}$$

となる．すると，ワンの補助定理8.4.1から，$(\boldsymbol{f}\odot\boldsymbol{f})$ と $\boldsymbol{I}$ とは線形独立であるから，スカラー関数に関して次の結果を得る．

$$\alpha(\boldsymbol{e})=\alpha(\boldsymbol{f})\equiv\alpha,\quad \beta(\boldsymbol{e})=\beta(\boldsymbol{f})\equiv\beta$$

すなわち，単位ベクトル同士の線形変換積として与えられる行列の等方テンソル関数の表現における係数としてのスカラー関数はその行列に依存しないこととなる．以上の準備から，任意の対称行列 $\boldsymbol{A}$ の等方線形テンソル関数の表現を与える．対称行列 $\boldsymbol{A}$ のスペクトル分解を，

$$\boldsymbol{A}=\sum_{i=1}^{3}\lambda_i(\boldsymbol{e}_i\odot\boldsymbol{e}_i)\quad(\ \mathrm{Tr}\,(\boldsymbol{A})=\lambda_1+\lambda_2+\lambda_3\ )$$

とすると，その等方線形テンソル関数は次のように表される．

$$\begin{aligned}\boldsymbol{\Phi}(\boldsymbol{A})&=\sum_{i=1}^{3}\lambda_i\boldsymbol{\Phi}(\boldsymbol{e}_i\odot\boldsymbol{e}_i)\\&=\alpha(\sum_{i=1}^{3}\lambda_i(\boldsymbol{e}_i\odot\boldsymbol{e}_i))+\beta(\sum_{i=1}^{3}\lambda_i)\boldsymbol{I}\\&=\alpha\boldsymbol{A}+\beta(\mathrm{Tr}\,(\boldsymbol{A}))\boldsymbol{I}\end{aligned}$$

次に逆を考える．線形テンソル関数の上記の表現に対して，

$$\begin{aligned}\boldsymbol{Q\Phi}(\boldsymbol{A})\boldsymbol{Q}^{\mathrm{t}}&=\boldsymbol{Q}(\alpha\boldsymbol{A}+\beta(\mathrm{Tr}\,(\boldsymbol{A}))\boldsymbol{I})\boldsymbol{Q}^{\mathrm{t}}\\&=\alpha(\boldsymbol{QAQ}^{\mathrm{t}})+\beta(\mathrm{Tr}\,(\boldsymbol{A}))(\boldsymbol{QIQ}^{\mathrm{t}})\\&=\alpha(\boldsymbol{QAQ}^{\mathrm{t}})+\beta(\mathrm{Tr}\,(\boldsymbol{QAQ}^{\mathrm{t}}))\boldsymbol{I}\\&=\boldsymbol{\Phi QAQ}^{\mathrm{t}}\end{aligned}$$

となり，線形テンソル関数 $\boldsymbol{\Phi}$ は等方である．□

さらに，この定理から次の系を得る．

系 8.4.8（トレースフリー等方線形テンソル関数の表現）． 対称テンソルのトレースがゼロの場合の線形テンソル関数は次の表現となる．

$$\boldsymbol{\Phi};\ \text{トレースフリー等方線形}\quad\Longleftrightarrow\quad\boldsymbol{\Phi}(\boldsymbol{A})=\alpha\boldsymbol{A}\tag{8.4.9}$$

ただし，α はスカラーである．

なお，上記の等方線形テンソル関数の表現を連続体力学の構成式に適用する．等方物体のテンソルとして，対称歪テンソル $\boldsymbol{E}$ をとる場合，いわゆる線形の“応力-歪関係式”は，歪テンソルの等方線形テンソル関数 $\boldsymbol{\Phi}$ を用いて次のように表される．

$$\boldsymbol{T}:=\boldsymbol{\Phi}(\boldsymbol{E})=2\mu\boldsymbol{E}+\lambda(\mathrm{Tr}(\boldsymbol{E}))\boldsymbol{I}\tag{8.4.10}$$

ただし，$\boldsymbol{T}$ はコーシー応力テンソル，$\boldsymbol{E}$ は線形歪テンソル，係数 α，β の代わりにラメ係数 (Lamé moduli)μ，λ を用いる．この表現から応力テンソルのトレースをとると，

$$\mathrm{Tr}\,(\boldsymbol{T})=(3\lambda+2\mu)(\mathrm{Tr}\,(\boldsymbol{E}))\ \rightarrow\ \mathrm{Tr}\,(\boldsymbol{E})=\frac{1}{(2\mu+3\lambda)}$$

となるので，次のような表現も得られる．

$$\boldsymbol{T}=\frac{E}{(1+\nu)}\boldsymbol{E}+\frac{\nu}{(1+\nu)}(\mathrm{Tr}\,(\boldsymbol{T}))\boldsymbol{I}$$

ただし，上記の応力-歪関係式の係数は以下の弾性係数またはヤング係数 (Youngs modulus)E とポアソン比 (Poisson's ratio)ν を用いて表されている．

$$E:=\frac{\mu(2\mu+3\lambda)}{(\mu+\lambda)},\quad \nu:=\frac{\lambda}{2(\mu+\lambda)}\tag{8.4.11}$$

以上の展開により，テンソルを変量とする等方関数の表現において，テンソル，つまり線形変換とその行列のスペクトル分解が重要な役割を果たしていることがわかる．

8.5 演習問題

[1] 線形変換 A の S-行列を $\boldsymbol{A}$ とする．次のテンソル変量スカラー値関数 ϕ が等方関数であることを確かめよ．

(1) $\phi(\boldsymbol{A}) := \mathrm{Tr}(\boldsymbol{A})$

(2) $\phi(\boldsymbol{A}) := \mathrm{Tr}(\boldsymbol{A}^2)$

(3) $\phi(\boldsymbol{A}) := \det \boldsymbol{A}$

[2] 次のテンソル変量テンソル値関数 $\boldsymbol{\Phi}$ が等方関数であることを確かめよ．

(1) $\boldsymbol{\Phi}(\boldsymbol{A}) := \boldsymbol{A}$

(2) $\boldsymbol{\Phi}(\boldsymbol{A}) := \boldsymbol{A}^2$

(3) $\boldsymbol{\Phi}(\boldsymbol{A}) := \boldsymbol{A}^n$ （$n \geq 1$：整数）

解答

[1] $\phi(\boldsymbol{QAQ}^{\mathrm{t}}) = \phi(\boldsymbol{A})$ を確かめればよい．

(1) $\phi(\boldsymbol{QAQ}^{\mathrm{t}}) = \mathrm{Tr}\boldsymbol{QAQ}^{\mathrm{t}} = \mathrm{Tr}\boldsymbol{AQ}^{\mathrm{t}}\boldsymbol{Q} = \mathrm{Tr}\,\boldsymbol{A} = \phi(\boldsymbol{A})$

(2) $\phi(\boldsymbol{QAQ}^{\mathrm{t}}) = \mathrm{Tr}((\boldsymbol{QAQ}^{\mathrm{t}})(\boldsymbol{QAQ}^{\mathrm{t}})) = \mathrm{Tr}\boldsymbol{QA}^2\boldsymbol{Q}^{\mathrm{t}} = \phi(\boldsymbol{A})$

(3) $\phi(\boldsymbol{QAQ}^{\mathrm{t}}) = \det \boldsymbol{QAQ}^{\mathrm{t}} = (\det \boldsymbol{Q})(\det \boldsymbol{A})(\det \boldsymbol{Q}^{\mathrm{t}}) = \det \boldsymbol{A}$

[2] $\boldsymbol{\Phi}(\boldsymbol{QAQ}^{\mathrm{t}}) = \boldsymbol{Q}(\boldsymbol{\Phi}(\boldsymbol{A}))\boldsymbol{Q}^{\mathrm{t}}$ を確かめればよい．

(1) $\boldsymbol{\Phi}(\boldsymbol{QAQ}^{\mathrm{t}}) = \boldsymbol{QAQ}^{\mathrm{t}} = \boldsymbol{Q}(\boldsymbol{\Phi}(\boldsymbol{A}))\boldsymbol{Q}^{\mathrm{t}}$

(2) $\boldsymbol{\Phi}(\boldsymbol{QAQ}^{\mathrm{t}}) = (\boldsymbol{QAQ}^{\mathrm{t}})^2 = \boldsymbol{Q}(\boldsymbol{A}^2)\boldsymbol{Q}^{\mathrm{t}} = \boldsymbol{Q}(\boldsymbol{\Phi A}))\boldsymbol{Q}^{\mathrm{t}}$

(3) $\boldsymbol{\Phi}(\boldsymbol{QAQ}^{\mathrm{t}}) = (\boldsymbol{QAQ}^{\mathrm{t}})^n = \boldsymbol{Q}(\boldsymbol{A}^n)\boldsymbol{Q}^{\mathrm{t}} = \boldsymbol{Q}(\boldsymbol{\Phi}(\boldsymbol{A}))\boldsymbol{Q}^{\mathrm{t}}$

ウィラード・ギブズ

Josiah Willard Gibbs (1839-1903)．熱力学および統計力学分野での貢献が有名である．ベクトルを初めて教育に導入した．現在では線形変換（線形写像）とよばれる「線形関数」を表現するために 2 つのベクトルを並べたダイアド積 (dyad product) およびその線形和であるダイアディクス (dyadics) を導入し，ベクトル解析を展開した．これらの概念は現在でも線形変換を表現するうえで有効である

文献紹介

第2部の内容は，次の解説論文に基づいて作成した．

[1] 登坂宣好：テンソル代数・テンソル解析―連続体力学の数理的基礎―，第1講～第4講，計算工学（日本計算工学会誌），Vol.20，No.1-4，2015.

第2部の冒頭で述べたように，テンソルは連続体力学，特に「有理連続体力学における最も基本的かつ本質的な量」である．有理連続体力学の詳細は次の文献を参照されたい．なおこれらには，本書第8章の内容も含まれている．

[2] Trusdell, C. and Noll, W.: The Non-Linear Field Theories of Mechanics, Encyclopedia of Physics III/3, Springer-Verlag, 1965.

[3] 徳岡辰雄（杉山勝 編）：有理連続体力学の基礎，共立出版（1999）.

[4] Gurtin. M.E.: *An Introduction to Continuum Mechanics*, Academic Press, 2003.

次の書籍では，連続体力学に関して「連続体力学は応用線形代数学に他ならない」と線形代数の重要性が指摘されている．まったく同感である．

[5] 清水昭比古：連続体力学の話法―流体力学，材料力学の前に―，森北出版（2012）.

第3章では，大学初年次の半期に講義される線形代数の基礎概念を証明および例（例題）なしでまとめた．線形代数の教科書は邦書も数多く出版されているので，復習を兼ねて基礎を再確認することが容易である．その中から例および例題，問題演習が豊富に含まれているものをいくつか挙げておく．

[6] 銀林浩：ベクトルから固有値問題へ―線形代数学序説―，現代数学社（1971）.

[7] 三宅敏恒：入門線形代数，培風館（1991）.

[8] 磯裕介，大西和榮，登坂宣好：工学系の基礎数学（第2版），彰国社（2004）.

さらにアメリカの大学で使用される次の線形代数の教科書は，説明が丁寧で話題も豊富であり，読みごたえがある．

[9] Martin, A.D. and Mizel, V. J.: *Introduction to Linear Algebra*, McGraw-Hill, 1966.

[10] ラング・S.（芹沢正三 訳）：ラング線形代数学，ダイヤモンド社（1971）.

第4章のベクトルと線形変換の行列表現は[9]を参考にした．[10]には多重線形積，群，環に関する話題も含まれている．線形代数学の応用は多方面にわたっている．そのような応用を目指し，理論と応用を一体化したことに特徴を有する次の書物（MIT での教科書）が有名である．

[11] ストラング・G.（井上昭 訳）：線形代数とその応用，産業図書（1978）.

[11]の書籍は，連立1次方程式の解法から出発し，一般逆行列と特異値分解，行列の数値計算，線形計画法とゲーム理論まで展開されている．特異値分解については本書でも第7章で述べた．ただし線形変換の行列表現は正方行列にかぎっている．特異値分解の有効性は非正方行列の一般逆行列を求める際にその真価を発揮することを添えておく．7章で触れられなかった特異値分解については，次の書籍を参照されたい．

[12] 柳井晴夫，竹内啓：射影行列・一般逆行列・特異値分解（UP応用数学選書 10），東京大学出版会（1983）.

特異値分解に基づく一般逆行列は逆問題に応用されている．逆問題とその解法については次の書籍がある．

[13] 岡本良夫（武者利光 監修）：逆問題とその解き方，オーム社（1992）．

[14] 登坂宣好，大西和榮，山本昌宏：逆問題の数理と解法—偏微分方程式の逆解法—，東京大学出版会（1999）．

[15] 村上章，登坂宣好，堀宗朗，鈴木誠：有限要素法・境界要素法による逆問題解析—カルマンフィルタと等価介在物法の応用—，コロナ社（2002）．

第5章で導入したベクトルの線形変換積は，2つのベクトルを用いて1つの線形変換を表す演算である．この線形変換積による線形変換積の表現は2階テンソルを表すのにきわめて有効であることを述べた．この表現は連続体力学の理論構成に用いられる．この線形変換積の概念はギブズによる次の書物でダイアド（ダイアド積）とよばれた演算に対応している．

[16] Gibbs, J.W. and Willad, E. B.: *Vector Analysis: A Text-Book for the Use of Students of Mathematics and Physics; Founded upon Lecture of J. W. Gibbs*, Yale University Press, 1901.

ダイアドを線形変換積と捉えなおすとともに，ギブズのベクトル解析の成果を再評価したい．なお，次の書物にもダイアドとその応用が述べられているので参照されたい．

[17] 皆川七郎：応用ベクトル解析，朝倉書店（1970）．

[18] 棚橋隆彦：連続体の力学(5)—ベクトル演算と物理成分—，理工図書（1988）．

第2部の根幹は線形変換の表現である．線形変換の固有値問題を解いて得られるスペクトル分解がその表現を考える際の基礎を与える．線形変換のスペクトル分解については，次の書籍を薦めたい．

[19] 笠原晧司：線形代数と固有値問題—スペクトル分解を中心に—，現代数学社（1972）．

さらにスペクトル分解の線形連立常微分方程式への応用に関しては，次の書籍を参照されたい．

[20] 笠原晧司：新微分方程式対話—固有値を軸として—，現代数学社（1970）．

[21] 登坂宣好：微分方程式の解法と応用—スペクトル分解とたたみ込み積分を中心として—，東京大学出版会（2010）．

この線形連立微分方程式の解法では，実変数の指数関数の拡張である行列の指数関数とその表現が重要な役割を果たしている．本書でも第6章で交代線形変換の指数関数として登場している．

線形代数の固有値問題は，上記のように微分方程式のみならず積分方程式と深くかかわっている．すなわち，固有値問題は解析学と密接な関係があり，線形代数学の解析化が関数解析学へとつながってくる．関数解析学の書籍は数多く出版されているが，まずは次の書物を参照されたい．

[22] 志賀浩二：固有値問題30講，朝倉書店（1991）．

本書の第1部と第2部を結びつけることによって，スカラー場，ベクトル場，そして2階テンソル場に関する理論としてのベクトル解析およびテンソル解析が構築できる．残念ながらその内容は本書で載せられなかったが，読者には引き続き勉強を進めてもらいたい．ベクトル解析の入門書としては以下を薦める．

[23] Marsden, J.E. and A. Tromba: *Vector Calculus*, W. H. Freeman, 1976.

[24] 藤本淳夫：ベクトル解析，培風館（1979）．

[25] 森毅：ベクトル解析，日本評論社（1989）．

[26] 志賀浩二：ベクトル解析30講，朝倉書店（1989）．

第2部で導入したベクトル演算のほかに，ウェッジ積（外積）とよばれる重要な演算も定義され，外積代数へと展開される．この外積代数を含んだベクトル解析のより進んだ書籍として次を紹介しておく．

[27] ニッカーソン，K. K.，スペンサー，D. C.，スティーンロッド，N. E.（原田重春，佐藤正二 訳）：現代ベクトル解析，岩波書店（1965）．
[28] 有馬哲，浅枝陽：ベクトル場と電磁気場（電磁気学と相対論のためのベクトル解析），東京図書（1987）．
[29] 新井朝雄：現代ベクトル解析の原理と応用，共立出版（2006）．
[30] 太田浩一：ナブラのための協奏曲—ベクトル解析と微分積分，共立出版（2015）．

あとがきに代えて

第2部を執筆していて「線形」という極めて単純であるが，抽象的な演算則だけで豊富な内容を含む論理体系が築かれていることに改めて驚きと楽しさを味わうことができた．著者が感じたこの驚きと楽しさを読者と共有できたとしたら望外の喜びである．線形代数学に含まれる豊富な知の体系を各自の専門分野での問題解決のために適用し，オリジナルな成果を挙げ，さらに，線形の世界からより複雑な非線形の世界への飛躍を目指して研鑽を積まれることを期待したい．その飛躍に対する原動力が「線形」に対する深い理解力であると信じている．

索　引

執筆者一覧

牛島邦晴（うしじま くにはる）［第 1 部］

2002 年 東京理科大学工学研究科機械工学博士課程修了，博士（工学）．その後，東京理科大学工学部嘱託助手，九州産業大学工学部機械工学科講師，イギリス・リバプール大学の訪問研究員，九州産業大学工学部機械工学科准教授を経て，2014 年 4 月より東京理科大学工学部機械工学科准教授．

登坂宣好（とさか のぶよし）［第 2 部］

1971 年 東京大学大学院工学系研究科博士課程修了，工学博士．日本大学教授（生産工学部）を経て，東京理科大学工学部機械工学科・大学院理工学研究科機械工学専攻非常勤講師，（財）電力中央研究所・環境科学研究所客員研究員，Fellow of Wessex Institute，東京電機大学未来科学部客員教授を歴任．

陳　玳珩（ちん だいこう）［第 1 部］

1986 年 九州大学大学院工学研究科機械工学専攻博士課程終了，工学博士．1987 年 中国江南大学機械工学科副教授，1989 年 九州工業大学情報工学部機械システム工学科助教授，1996 年 東京理科大学工学部機械工学科教授を経て，2014 年 東京理科大学名誉教授ならびに中国江蘇大学土木工程・力学学院教授．

理工系の基礎　工学の基幹数学

平成 30 年 1 月 25 日　発　　行
令和 6 年 4 月 15 日　第 3 刷発行

著作者　牛　島　邦　晴
　　　　登　坂　宣　好
　　　　陳　　　玳　珩

発行者　池　田　和　博

発行所　丸善出版株式会社
〒101-0051 東京都千代田区神田神保町二丁目 17 番
編集：電話 (03)3512-3266／FAX (03)3512-3272
営業：電話 (03)3512-3256／FAX (03)3512-3270
https://www.maruzen-publishing.co.jp

組版印刷・大日本法令印刷株式会社／製本・株式会社 松岳社

ISBN 978-4-621-30268-2　C 3341　Printed in Japan